新工科应用型人才培养计算机类系列教材

校级重点立项教材

计算机系统结构

单博炜　编著

西安电子科技大学出版社

内 容 简 介

本书系统讲述了计算机系统结构的基本概念、基本原理、构成技术及其性能分析方法，同时介绍了近年来该领域相关技术的重要进展以及最新的发展趋势。

全书共 5 章。第 1 章为计算机系统结构导论，讲述计算机系统结构的基本概念，计算机系统结构中并行处理技术的发展，计算机系统的分类，计算机性能的评价。第 2 章为指令系统，讲述数据表示，指令系统的优化设计，计算机指令系统的发展方向。第 3 章为流水线技术与向量处理技术，讲述标量流水线技术，流水线性能分析，流水线的调度技术，超标量、VLIW 结构及超流水线等指令级并行技术，向量处理技术。第 4 章为存储系统，讲述计算机的存储系统及性能，并行存储系统，虚拟存储器和 Cache。第 5 章为并行处理机，讲述计算机并行处理技术，SIMD 计算机的互连网络等。

本书内容丰富，技术先进，概念清晰，重点突出。每章均有一定数量的例题和习题。

本书可作为高等院校计算机专业本科生或研究生的教材，也可作为相关领域研究人员的参考书。

图书在版编目(CIP)数据

计算机系统结构 / 单博炜编著. —西安：西安电子科技大学出版社，2022.7
ISBN 978–7–5606–6512–2

Ⅰ. ①计… Ⅱ. ①单… Ⅲ. ①计算机体系结构 Ⅳ. ①TP303

中国版本图书馆 CIP 数据核字(2022)第 095619 号

策　　划　李惠萍
责任编辑　张紫薇　李惠萍
出版发行　西安电子科技大学出版社(西安市太白南路 2 号)
电　　话　(029) 88202421　88201467　　　　邮　　编　710071
网　　址　www.xduph.com　　　　　　　　电子邮箱　xdupfxb001@163.com
经　　销　新华书店
印刷单位　陕西精工印务有限公司
版　　次　2022 年 8 月第 1 版　　2022 年 8 月第 1 次印刷
开　　本　787 毫米×1092 毫米　1/16　印张 13
字　　数　304 千字
印　　数　1～2000 册
定　　价　31.00 元
ISBN　978–7–5606–6512–2 / TP

XDUP 6814001–1
如有印装问题可调换

前　　言

近年来，作为计算机科学技术的重要发展方向，计算机系统结构在许多方面都取得了重大的进展。例如，超标量、超流水线和超标量超流水线相结合的系统结构在微处理机中已经得到了广泛应用；多处理机及其互连网络得到了进一步提高和完善，大规模并行处理系统产品相继面世。计算机系统结构由低级向高级发展的过程，也是并行处理技术不断发展的过程。如今涉及计算机系统结构的相关知识，几乎都离不开并行处理的概念和技术。由于近年来有关计算机系统结构与并行处理的新技术不断涌现，更加系统全面地学习和掌握计算机系统结构的基本原理、组成方式、关键技术和设计方法等方面的知识，具有越来越重要的作用和意义。

本书是高等院校计算机专业计算机系统结构课程的本科生和研究生通用教材。全书共 5 章，分为两大部分，第一部分为第 1~4 章，介绍计算机系统结构的基本概念、基本原理和相关技术与分析方法，包括计算机系统结构导论(含计算机系统结构与分类、计算机性能分析方法等)、指令系统、流水线技术与向量处理技术和存储系统。这部分属于课程必讲的核心知识。第二部分为第 5 章并行处理机，各学校老师可根据自己的教学计划选择讲解。

本书内容具有如下主要特色：

(1) 内容充实。本书基础知识充分，在阐述基本原理的基础上，给出设计方法和实例分析；叙述深入浅出，易于理解，以帮助读者更好地理解一些比较抽象的概念。

(2) 取材先进。在指令系统、流水线技术、并行处理机、多处理机及数据流计算机系统结构等章节中，引用了近年来计算机系统结构方面比较成熟的研究成果和技术，使读者有机会比较全面、系统地了解当今计算机系统结构的发展前沿。

(3) 重点突出。每章末都安排有本章小结，对知识要点进行详细的归纳整理，有助于读者对知识结构建立清晰的概念，从而全面、系统地掌握知识内容。

(4) 示例丰富。各章节均配有较丰富的例题，解题过程详细，思路清晰，有助于读者理解基本原理，掌握基本方法。

本课程应在"数字逻辑设计""计算机组成原理""程序设计语言""数据结构"等课程之后开设，也可以在"操作系统"和"数据结构"课程之后开设，或与它们同时开设。

本书由单博炜主编，在编写过程中得到了长安大学周立教授的指导和帮助，在此表示衷心的感谢。

由于作者水平有限，书中难免出现疏漏和不足之处，敬请广大读者批评指正。

编　者

2022 年 4 月

目　　录

第 1 章　计算机系统结构导论

自从第一台电子计算机诞生以来，计算机技术一直处于发展和变革之中。回顾计算机半个多世纪的发展历程，计算机系统性能的提高，主要是依靠电子器件技术和计算机系统结构的不断发展。本章介绍了计算机系统结构的基本概念和计算机系统的多级层次结构；分析了计算机系统结构、计算机系统组成与计算机系统实现的含义、研究内容以及三者之间的相互关系；讨论了计算机系统并行处理技术发展的主要途径与计算机系统的分类；研究了计算机系统结构的一般性能评价标准。

1.1　计算机系统结构的基本概念

1.1.1　计算机系统的层次结构

计算机系统(computer system)由硬件(hardware)和软件(software)组成。从计算机语言的角度，可以按功能把计算机系统划分成多级层次结构，如图 1.1 所示。

这个层次结构中的每一级都对应一个机器，其组成如图 1.2 所示。这里的"机器"只对一定的观察者存在，它的功能体现在广义语言上，对该语言提供解释手段，然后作用于信息处理或控制对象，并从对象上获得必要的状态信息。作为某一层次的观察者，只需通过该层次的语言了解和使用计算机，而并不需要关心其他层次机器是如何工作和实现功能的。

某级机器具备了上述功能，能将本级机器的语言转换为下级机器能够识别和处理的形式，就完成了本级机器的实现。层次结构中的 M0 级机器为硬联逻辑，M1 级机器由硬联逻辑实现，M2 级机器由微程序(固件)实现，M3 级至 M6 级主要由软件实现。我们将主要由软件实现的机器称为虚拟机器，以区别由硬件或固件实现的实际机器(物理机器)。计算机系统层次结构的每一级详细介绍如下：

M0 级为硬联逻辑，是实现微指令本身的控制逻辑。

M1 级是微程序机器级，该级的机器语言是微指令集。程序员用微指令编写的微程序一般是直接由硬联逻辑解释实现的，M0 级和 M1 级构成机器的硬件内核。

M2 级是传统机器级，该级的机器语言是机器的指令系统。机器语言程序员用该级指令系统的机器指令集所编写的程序，由 M1 级微程序进行解释。

计算机系统中也可以没有 M1 机器级。这些计算机系统是用硬件直接实现传统机器的指令集的，因而不必由任何解释程序进行干预。我们目前使用的 RISC(Reduced Instruction

Set Computer，精简指令系统计算机)技术就是采用这样的设计思想，处理器的指令集全部用硬件直接实现，以提高指令的执行速度。

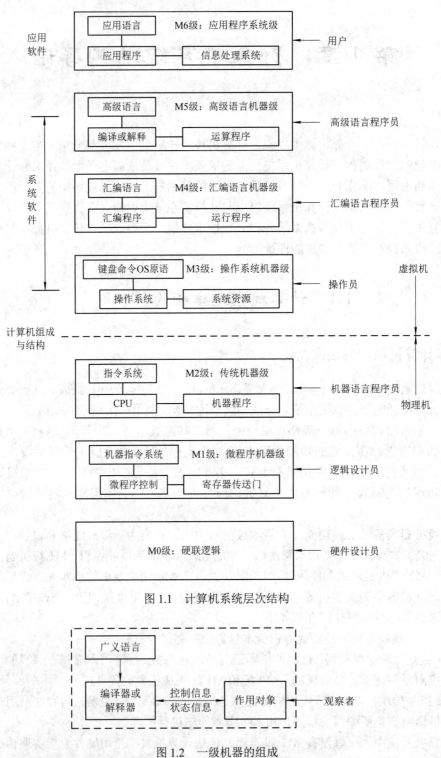

图 1.1　计算机系统层次结构

图 1.2　一级机器的组成

M3 级是操作系统机器级。从操作系统的基本功能来看，一方面它要直接管理传统机器中的软硬件资源，另一方面它又是传统机器的引申。这一级的机器语言中的多数指令是传统机器的指令。此外，这一级还提供操作系统级指令，以实现传统机器不具备的某些基本操作和数据结构，如文件系统与文件管理的基本操作、存储体系管理、多线程管理及设备管理等。

M4 级是汇编语言机器级。这一级的机器语言是汇编语言。用汇编语言编写的程序首先被翻译成 M3 级或 M2 级语言，然后再由相应的机器进行解释。完成汇编语言程序翻译的程序称为汇编程序。

M5 级是高级语言机器级。这一级的机器语言就是各种高级语言。用高级语言编写的程序一般由编译程序翻译成 M4 级或 M3 级机器上的语言。个别的高级语言也可用解释的方法实现。

M6 级是应用程序系统级。这一级的机器语言是应用语言，是为使计算机满足某种用途而专门设计的，因此这一级语言就是各种面向问题的应用语言。用应用语言编写的程序一般由应用程序包翻译到 M5 级上。

按功能把计算机系统划分成多级层次结构，有利于正确理解计算机系统的工作，明确软件、硬件和固件在计算机系统中的地位和作用；有利于理解各种语言的实质及其实现；有利于探索新的虚拟机器实现方法，设计新的计算机系统。从学科领域来划分，大致可以认为：M0～M1 级属于计算机组织与结构范围，M3～M5 级属于系统软件范围，M6 级是应用软件。但各级之间可能存在某些交叉。

各虚拟机器级的实现主要靠翻译(translation)或解释(interpretation)，或者是这两者的结合。翻译和解释是语言实现的两种基本技术。它们都是执行一串 N 级指令来实现 $N+1$ 级指令，但二者仍存在着差别：翻译技术是先把 $N+1$ 级程序全部变换成 N 级程序后，再去执行新产生的 N 级程序，在执行过程中 $N+1$ 级程序不再被访问；而解释技术是每当一条 $N+1$ 级指令被译码后，就直接去执行一串等效的 N 级指令，然后再去取下一条 $N+1$ 级的指令，依次重复进行。在这个过程中不产生翻译出来的程序，因此解释过程是边变换边执行的过程。在实现新的虚拟机器时，这两种技术都被广泛使用。一般来说，解释执行过程比翻译所花的时间多，但它对存储空间的占用较少。

软件和硬件在逻辑功能上是等效的。从原理上讲，同一逻辑功能既能用软件实现，也可用硬件或固件实现，只是性能、价格以及实现的难易程度不同而已。一般来说，硬件实现的特点是速度快，但灵活性较差，且会增加硬件成本；软件实现的特点是灵活性较好，硬件成本低，但其实现速度慢。计算机系统采用何种实现方式，要从效率、速度、价格、资源状况、可靠性等多方面全盘考虑。在满足应用的前提下，软硬件功能分配的原则主要看能否充分利用硬件、器件技术的现状和最新进展，是否有利于各种组成、实现技术的采用，以及是否能对各种软件的实现提供较好的硬件支持。由此对软件、硬件及固件的取舍进行综合平衡，使计算机系统有较高的性价比。

从目前软、硬件技术的发展速度及实现成本上看，随着器件技术，特别是半导体集成技术的高速发展，以前由软件实现的功能，会越来越多地由硬件来实现。总体来说，软件硬化是目前计算机系统发展的主要趋势。

1.1.2　计算机系统的结构、组成与实现

1. 计算机系统结构

计算机系统结构(computer architecture)也称为计算机体系结构，这一概念从 20 世纪 70 年代开始被广泛采用。由于器件技术发展迅速，计算机硬、软件界面在动态变化，对计算机系统结构定义的理解至今仍未统一。

1964 年 C. M. Amdahl 在介绍 IBM 360 系统时提出"计算机体系结构是程序设计者所看到的计算机的属性，即概念性结构与功能特性"。然而，从计算机系统的层次结构概念出发，处于不同层次的程序设计者所看到的计算机属性显然是不一样的。在计算机技术中，对这种"本来存在的事物或属性，但从某种角度看却好像不存在"的现象称为透明性(transparency)。通常，在一个计算机系统中，低层机器的概念性结构和功能特性对高层机器的程序设计者来说往往是透明的。所谓"系统结构"是指计算机系统中各级之间界面的定义及其上下级的功能分配。层次结构中的各级机器都有自己的系统结构。Amdahl 提出的系统结构是指传统机器级的系统结构，即机器语言程序设计者或编译程序设计者所看到的计算机物理系统的抽象或定义。在此界面之上包括计算机系统所有软件的功能，而界面之下则是计算机系统硬件和固件的功能。故这个界面实际上是计算机软件与硬件之间的分界面。在本课程中，计算机系统结构研究的是对传统机器级界面的确定，以及软、硬件之间的功能分配。

对于目前的通用型机器，计算机系统结构研究的内容一般包括：

(1) 数据表示，即硬件能直接识别和处理的数据类型和格式等。

(2) 寻址方式，包括最小寻址单位，寻址方式的种类、表示和地址计算等。

(3) 寄存器组织，包括操作数寄存器、变址寄存器、控制寄存器及某些专用寄存器的定义、数量和使用约定。

(4) 指令系统，包括机器指令的操作类型和格式，指令间的排序方式和控制机构等。

(5) 存储系统，包括最小编址单位、编址方式、存储容量、最大可编址空间等。

(6) 中断机构，包括中断的类型、中断分级、中断处理程序的功能和入口地址等。

(7) 机器工作状态，如管态、目态等的定义和切换。

(8) I/O 系统，包括 I/O 设备的连接方式，主机与 I/O 设备之间的数据传送方式和格式，传送的数据量，以及 I/O 操作的结束与出错标志等。

(9) 信息保护，包括信息保护方式和硬件对信息保护的支持等。

这些就是机器语言程序员为了使其编写的程序能在机器上正确运行，所需要了解和遵循的计算机属性。

2. 计算机组成

计算机组成(computer organization)是计算机系统结构的逻辑实现，包括机器内部的数据流和控制流的组成以及逻辑设计等。计算机组成的任务是在计算机系统结构确定分配给硬件系统的功能及其概念结构之后，研究各组成部分的内部构造和相互之间的联系，以实现机器指令级要求的各种功能和性能。这种相互联系包括各功能部件的配置、相互连接和

相互作用。各功能部件的性能参数相互匹配，是计算机组成合理的重要标志，相应地就有许多计算机组成方法。例如，为了使存储器的容量更大、速度更快，人们研究出了层次存储系统和虚拟存储技术。在层次存储系统中，又有高速缓存、多体交叉编址存储、多寄存器组和堆栈等技术。为了使输入/输出设备与处理机间的信息流量达到平衡，人们研究出了通道、外围处理机等技术。为了提高处理机速度，人们又研究出了先行控制、流水线、多执行部件等技术。在各功能部件的内部结构研究方面，产生了许多组合逻辑、时序逻辑的高效设计方法和结构。例如，在运算器方面，出现了多种自动调度算法和结构等。

计算机组成的设计是按希望达到的性能价格之比，使各种设备和部件最佳、最合理地组成计算机，以实现所确定的计算机系统结构。一般计算机组成设计要确定的内容包括：

(1) 数据通路的宽度，指在数据总线上能一次并行传送的信息位数。

(2) 专用部件的设置，包括设置哪些专用部件，如乘除法专用部件、浮点运算部件、字符处理部件、地址运算部件，以及每种专用部件的个数。这些都取决于机器所需达到的速度、专用部件的使用频度及允许的价格等因素。

(3) 各种操作对部件的共享程度。若部件共享程度高，则价格便宜，但会由于共享部件的分时使用而降低操作的速度；若设置多个功能部件降低共享程度，并通过增加并行度来提高速度，则系统的价格会随之升高。

(4) 功能部件的并行度，如功能部件的控制和处理方式是采用顺序串行方式，还是采用重叠、流水、分布处理方式。

(5) 控制机构的组成方式，如控制机构是采用硬联控制还是微程序控制，是采用单机处理还是多机处理或功能分布处理。

(6) 缓冲和排队技术，包括在部件之间如何设置及设置多大容量的缓冲器来弥补它们的速度差异；在安排等待处理事件的顺序时，采用随机、先进先出、先进后出、优先级、循环队等方式中的哪一种。

(7) 预估、预判技术，如采用何种原则来预测未来行为，以优化性能和进行优化处理。

(8) 可靠性技术，如采用怎样的冗余技术和容错技术来提高可靠性。

3. 计算机实现

计算机实现(computer implementation)是指计算机组成的物理实现，包括处理机、主存等部件的物理结构，器件的集成度和速度，器件、模块、插件、底板的划分与连接，专用器件的设计，微组装技术，信号传输，电源、冷却及整机装配技术等。计算机实现着眼于器件技术和微组装技术，其中，器件技术在实现技术中起着主导作用。

4. 计算机系统结构、组成和实现三者的关系

计算机系统结构、计算机组成和计算机实现是三个不相同的概念。计算机系统结构是计算机系统的软、硬件的界面；计算机组成是计算机系统结构的逻辑实现；计算机实现是计算机组成的物理实现。它们各自包含不同的内容，但又相互联系且相互影响。

指令系统的定义属于系统结构。指令的实现，如取指令、译码、取操作数、运算、送结果等具体操作的安排及其时序指令属于系统组成。而实现这些指令功能的具体电路、器件设计及装配技术等属于系统实现。

指令系统中是否包含乘、除法指令属于系统结构范畴。而乘、除法指令是用专门的

乘法器、除法器实现，还是用加法器以累加配上右移或左移操作实现，则属于系统组成范畴。乘法器、除法器或加法器的物理实现，如器件选择及所用的微组装技术等属于系统实现范畴。

在主存系统中，主存容量与编址方式(即按位、按字节还是按字访问)的确定属于系统结构的内容。而主存的速度、逻辑结构等属于系统组成的内容。至于存储器芯片选定、逻辑电路的设计、主存部件组装连接等则属于系统实现的内容。

具有相同系统结构的计算机可根据其性价比要求不同而采用不同的组成技术。例如，具有相同指令系统的计算机，指令的读取、译码、取操作数、运算、存结果既可以采用顺序方式进行解释，也可采用流水方式让它们在时间上重叠进行来提高速度。又如乘法指令可以利用专用乘法器来实现，也可以通过加法器重复相加、移位来实现，这主要取决于对速度的要求、乘法指令出现的频度和所采用的乘法运算方法。显然，前一种方法可以有效地提高乘法运算速度，而后一种方法则可以降低系统的价格。

同样，一种计算机组成也可以采用多种不同的计算机实现。例如，在主存器件的选择上，可以选择 TTL 型的器件，也可以采用 MOS 型器件；既可以采用单片超大规模集成电路(Very Large Scale Integration，VLSI)，也可以采用多片大规模集成电路(LSI)或中规模集成电路(MSI)组成；既可以选择响应速度较快的芯片，也可以选择响应速度较慢的芯片。这实际上是在速度、价格等因素之间进行取舍。换句话说，采用什么样的实现技术主要考虑器件技术的现状及所要达到的性价比。

计算机实现是计算机系统结构和计算机组成的基础。计算机实现，其中尤其是器件技术的发展，对计算机系统结构有着很大的影响。例如，器件技术的发展使系统结构由大型机下移到小型机及微机的速度加快，早期用于大型机的各种数据表示、指令系统、操作系统很快便应用到了小型机以及微机上。而计算机组成也会影响计算机系统结构，目前 PC 机中的 CPU 已经普遍采用了早期在大型机中才使用的超标量技术，并引入了超长指令字(VLIW)技术，有些机器还使用了超流水线技术。

系统结构的设计必须结合应用去考虑，且为软件和算法的实现提供更多更好的支持。同时，还要考虑可能采用和准备采用的组成技术，即计算机系统结构的设计应考虑减少对各种组成及实现技术的使用限制，在一种系统结构中，应允许有多种不同的组成和实现技术，既能方便地在低档机器上以简单、低成本的组成实现，也能在高档机器上以较高的成本、复杂的组成实现。例如，在 IBM 370 系列机中，由低到高有不同档次的机器，它们的中央处理器都具有相同的基本指令系统，只是指令的分析、执行方式不同，在低档机器上用顺序方式处理，在高档机器上用并行方式处理。又如，在数据通路宽度的组成和实现上，不同档次的机器可以分别采用 8 位、16 位、32 位和 64 位的位宽。IBM370 系列机采用通道方式进行输入/输出，其组成又可以分为在低档机器中采用的结合型通道和在高档机器中采用的独立型通道。

应当看到，系统结构、组成和实现所包含的具体内容在不同时期或随不同的计算机系统会有所变化。在某些计算机系统中作为系统结构的内容，在另一些计算机系统中可能是系统组成和系统实现的内容，软件的硬化和硬件的软化都反映了这一事实。随着各种新技术的出现和发展，特别是器件技术的发展，可以将许多功能集成在单一芯片之中，使系统结构、组成和实现融合于一体，系统结构、组成和实现三者之间的界限越来越模糊。

计算机系统结构设计的任务是进行软、硬件的功能分配，确定传统机器的软、硬件界面。但对于"计算机系统结构"这门学科来讲，实际上也包括计算机组成方面的内容。因此，计算机系统结构研究的是软、硬件的功能分配以及如何最佳、最合理地实现分配给硬件的功能。我们也可以把着眼于软、硬件功能分配和确定程序设计者所看到的机器级界面的计算机系统结构，称为从程序设计者来看的计算机系统结构；把着眼于如何最佳、最合理地实现分配给硬件的功能的计算机组成称为从计算机设计者来看的计算机系统结构。

1.1.3 计算机系统的特性

计算机系统在功能和结构方面都具有多层次的特性。从影响计算机系统结构的其他因素考虑，计算机系统有以下重要特性。

1. 计算机等级

计算机系统通常被分为巨型、大型、中型、小型、微型等若干等级。但随着技术的进步，各等级的计算机性能指标都不断提高，如果按性能指标来划分计算机等级，那么一台计算机的等级将随时间而下移。各型机器的性能、价格随时间变化的趋势大致可用图 1.3 所示的计算机性能下移示意图来说明，其中虚线称为等性能线。由图 1.3 可见，各型机器所具备的性能是随时间动态下移的，但其价格却在相当长的一段时间内基本不变，因此，有人主张用价格来划分机器的不同等级。

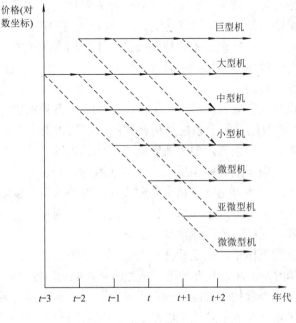

图 1.3 计算机性能下移示意图

由此可见，计算机工业在处理性能和价格的关系上可以有两种途径：一种是维持价格不变，充分利用器件技术等的进展不断提高机器的性能，即沿图 1.3 中的实线水平发展；另一种是在性能基本不变的情况下，利用器件技术等的进展不断降低机器的价格，即沿图 1.3 中的虚线往下发展。基于这种思想，不同等级的计算机可采用不同的发展策略，如下所述。

(1) 在同等级范围内以合理的价格获得尽可能好的性能，逐渐向高档机发展，称为最佳性价比设计。

(2) 维持一定适用的基本性能而争取最低价格，称为最低价格设计。其结果往往是从低档向下分化出新的计算机等级。

(3) 以获取最高性能为主要目标而不惜增加价格，称为最高性能设计。其结果是产生当时最高性能及价格等级的计算机。

第一类设计主要针对大、中型计算机需要的用户，设计生产出性价比更好的中型计算机和超小型计算机；第二类设计以普及应用计算机为目标，设计生产数量众多的微、小型计算机；第三类设计只为满足少数用户的特殊需要。

从系统结构的观点来看，各型计算机的性能随时间下移，实质上是在低档(型)机上引用甚至照搬高档(型)机的系统结构和组成。这种低档机承袭高档机系统结构的状况正符合了小型机和微型机的设计原则，即充分发挥器件技术进步的优势，以尽可能低的价格在低档机上实现高档机已有的结构和组成。不必花很大力量专门去研究和采用新的系统结构和组成技术，这将有利于计算机工业的快速发展和计算机应用的广泛普及。从计算机技术发展过程可以看到，系统结构和组成下移的速度越来越快，例如，超高速缓冲存储器和虚拟存储器从大型机下移到小型机所花的时间不到六年，巨型阵列机问世不过七年，小型机上就有了可扩充的高速阵列处理部件。

2. 系列机

所谓系列机，是指在软、硬件界面上设计好一种系统结构，然后软件设计者按此系统结构设计系统软件；硬件设计者根据机器速度、性能、价格的不同，选择不同的功能区间，采用不同的硬件技术和组成与实现技术，研制并提供不同档次的机器。在系列机上必须保证用户看到机器属性的一致性，例如，IBM AS 400 系列，数据总线有 16、32、64 位的区别，但数据表示方式是一致的。

系列机之间必须保持软件兼容(software compatibility)。系列机软件兼容是指同一个软件(目标程序)可以不加修改地运行于系统结构相同的各档次机器中，而且所得结果一致。软件兼容包括向上兼容和向下兼容，向上兼容是指在低档机器上编写的软件，不加修改就可以运行于高档机器上；向下兼容则相反。一般不使用向下兼容方式。软件兼容还有向前兼容和向后兼容之分，向后兼容是指在某个时期投入市场的该型号机器上编写的软件，不加修改就可以运行于在它之后投入市场的机器上；向前兼容则相反。对系列机而言，必须保证做到软件向后兼容，同时力争做到软件向上兼容。

为了减少编写软件的工作量，降低软件开发成本，延长成熟软件的生命周期，应该注意在研究新的系统结构时，解决好软件的可移植性(portability)问题。所谓软件的可移植性，是指软件不用修改或只需少量加工就能由一台机器换到另一台机器上运行，即同一软件用于不同的环境。系列机软件兼容的特性，能够很好地解决同一系列计算机结构内的软件的可移植问题，这一技术已成为当前计算机设计普遍采用的技术。

系列机为了保证软件的兼容性，要求系统结构一致，这无疑又成为妨碍计算机系统结构发展的重要因素。实际上，为适应性能不断提高和应用领域不断扩大的需要，应允许系列机中时间较后推出的各档机的系统结构有所发展和变化。但是，这种改变只应该是为提高机器总的性能所做的必要扩充，而且主要是为改进系统软件的性能来修改系统软件(如编译系统)，尽可能不影响高级语言应用软件的兼容性，尤其是不允许缩小或删改运行已有软件的那部分指令和结构。例如，在后推出的各档机器上，可以为提高编译效率和运算速度增加浮点运算指令；为满足事务处理从而增加事务处理指令及其所需功能；为提高操作系统的效率和质量增加操作系统专用指令和硬件等。因此，可以对系列机的软件向下兼容和向前兼容不做要求，向上兼容在某种情况下也可能做不到(如在低档机器上增加了面向事务处理的指令)，但向后兼容是肯定要做到的。

不同公司厂家生产的具有相同系统结构的计算机称为兼容机(compatible machine)。它的设计思想与系列机的设计思想是一致的。兼容机还可以对原有的系统结构进行某种扩充，使之具有更强的功能，例如，长城 0520 与 IBM PC 兼容，但有较强的汉字处理能力。

3. 模拟与仿真

系列机解决了在具有相同系统结构的各种机器之间实现软件移植的问题。为了实现软件在不同系统结构的机器之间移植，就必须做到能在一种机器的系统结构上实现另一种机器的系统结构。从计算机系统结构的层次模型来看，就是要在一种机器的系统结构上实现另一种机器的指令系统。一般可采用模拟方法或仿真方法。

要求在 A 机器上用虚拟机的概念实现 B 机器的指令系统，如图 1.4 所示，即 B 机器的每一条机器指令由 A 机器的一段机器语言程序去解释执行，从而可使 B 机器的程序能在 A 机器上运行。这种用机器语言程序解释实现软件移植的方法称为模拟(simulation)，被模拟的 B 机器称为虚拟机(virtual machine)，A 机器称为宿主机(host machine)。

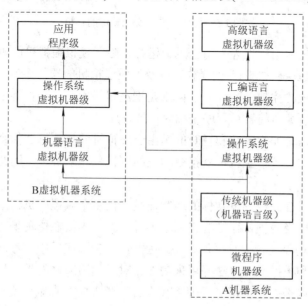

图 1.4　用模拟方法实现软件的移植

　　若 A 机器采用微程序控制，则被模拟的 B 机器的每条机器指令需要通过二重解释。显然，如果直接用 A 机器的微程序去解释 B 机器的机器指令可以加快解释过程，如图 1.5 所示。这种用微程序直接解释另一种机器指令系统实现软件移植的方法称为仿真(emulation)。进行仿真工作的 A 机器称为宿主机，被仿真的 B 机器称为目标机(target machine)，为仿真所编写的解释微程序称为仿真微程序。仿真与模拟的主要区别在于解释所用的语言：仿真用微程序解释，其解释程序在微程序存储器中，而模拟用机器语言解释，其解释程序在主存储器中。

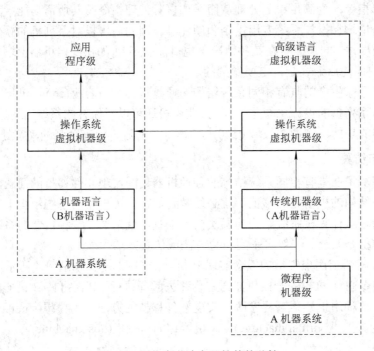

图 1.5　用仿真方法实现软件的移植

　　为了使虚拟机的应用软件能在宿主机上运行，除了模拟虚拟机的机器语言外，还得模拟其存储体系、I/O 系统、控制台的操作，以及形成虚拟机的操作系统。让虚拟机的操作系统受宿主机操作系统的控制，图 1.4 实际上是把虚拟机操作系统作为宿主机的应用程序来看待。所有为模拟所编写的解释程序统称为模拟程序。

　　模拟程序的编写是非常复杂和耗时的。由于虚拟机的每条机器指令不能直接被宿主机的硬件执行，而是由多条宿主机机器指令构成的解释程序来解释，因此，模拟程序的运行速度显著降低。

　　用仿真方法可以提高被移植软件的运行速度，但由于微程序机器级结构深度依赖于机器的系统结构，所以当两种机器结构差别较大时，就很难依靠仿真来实现软件移植，特别是当其 I/O 系统结构差别较大时更是如此。因此，在实际应用中，不同系列机之间的软件移植往往通过仿真和模拟两种方法并用来实现。对于使用频繁而易于仿真的机器指令，尽可能采用仿真方法以提高速度，对于使用较少且用微程序仿真难以实现的某些指令及 I/O 系统等操作则宜采用模拟方法。

1.2　计算机系统结构中并行处理技术的发展

研究计算机系统结构的目的是提高计算机系统的性能。开发计算机系统的并行性，是计算机系统结构的重要研究内容之一。本节首先对冯·诺依曼系统结构进行分析，然后叙述系统结构中的并行性的概念，再从单机系统和多机系统两个方面对并行性的发展进行归纳，以得到对计算机系统结构中并行技术发展的全面了解和认识。

1.2.1　冯·诺依曼型计算机系统结构

冯·诺依曼型计算机由运算器、控制器、存储器、输入设备和输出设备五个部分组成，在结构上有以下特点：

(1) 机器以运算器为中心，I/O 设备与存储器之间的数据传送都要经过运算器。各部件的操作及部件之间的相互联系都由控制器集中控制。

(2) 采用存储程序的思想。机器各部分的操作是在事先存放于存储器中的程序的控制之下顺序执行一条条指令来完成的，而且将存储器中的指令和数据同等对待，不加区别地送到运算器，因此，由指令组成的程序可以在运行过程中被修改。

(3) 存储器按地址访问。它是一个顺序、线性编址的一维空间，每个存储单元的位数是固定的。

(4) 由指令计数器指明要执行的指令在存储器中的地址。可以根据运算结果改变指令计数器的值，以此改变指令执行顺序。

(5) 指令由操作码和操作数地址码两部分组成。操作数的数据类型(如定点数、浮点数、十进制数、双精度数、逻辑数、字符串等)由操作码指明，操作数不能判定它本身是何种数据类型。

(6) 数据以二进制编码，并采用二进制运算。

(7) 软件与硬件完全分开，硬件结构采用固定性逻辑，即其功能是不变的，完全依靠编写软件来适应不同的应用需要。

随着计算机应用领域的扩大和计算机技术的发展，人们已经逐渐认识到早期计算机所采用的冯·诺依曼型结构存在的问题，不断地对这种结构加以改进并开发出全新的系统结构。冯·诺依曼型结构的主要问题和改进的主要表现有以下几个方面：

(1) 由于机器以运算器为中心，使得低速的输入/输出和高速的运算必须互相等待、串行进行，而所有部件的操作由控制器集中控制，这将使控制器的负担过重，从而严重影响机器速度和设备利用率的提高。因此，后来将机器的结构改为以主存储器为中心，让系统的输入/输出与 CPU 的操作并行，多种输入和输出并行，并进一步发展为分布处理和并行处理。

(2) 存储程序和程序控制的思想，使机器各部分的操作是在指令顺序执行的控制下完成的。但如果程序中大量相邻指令间的数据互不相关，单纯顺序执行指令就难以最大限度地发挥系统的并行处理能力，从而严重影响计算机性能的提高。于是，出现了所谓的数据流计算机。在数据流计算机中，只要一条指令所需要的操作数都准备好了，这条指令就马上可以被激发执行，完全不需要程序计数器控制。当前指令的执行结果又会激发另一条或另一批指令的执行，指令的执行与指令在程序中出现的次序完全无关。数据流计算机能最大限度地满足程序的并行性。

(3) 虽然指令和数据混存于同一存储器中，可因它们共用一套存储器外围电路而节省硬件，并因对指令和数据不加区别地同等对待而简化了存储管理，但由于程序执行过程中，指令可像操作数一样被修改，因此不利于程序的调试和排错，不利于实现程序的可再入性(reenterability)和程序的递归调用，不利于指令和数据的并行存取以及在计算机组成上采用重叠、流水方式来提高速度。所以，绝大多数计算机已改进为指令在执行过程中不允许修改的工作方式。有的机器还将指令和数据分别存放在两个独立编址且可以同时被访问的不同存储器中。

(4) 存储器构成按地址访问的顺序并用一维线性空间表示，虽然有结构简单、价格便宜、访问速度快等优点，但存储器的一维线性空间表示与应用中经常需要的栈、树、图、多维数组等这些非线性、多维、离散的数据结构相矛盾。过去是将这些数据结构经软件变换映射到一维线性空间，结果不仅使软件更加复杂，效率降低，而且不适合对大量数据的快速并行查找。这方面所做的改进包括：使存储器同时具有按字、字节、位的多种编址方式编址；采用虚拟存储技术；把单一主存改为多体交叉编址的并行存储器；采用按内容访问的相联存储器实现高速相联查找；通过增设一定数量的通用寄存器来减少访问主存的次数；在 CPU 和主存之间设置高差缓冲存储器(cache)；使计算机具有高级寻址能力的数据表示等。

(5) 为了进一步开发利用求解问题和程序隐含的并行性，提高运行的速度和效率，人们将原来 CPU 的顺序执行组成方式改为先行控制、重叠、流水等组成方式。同时开发指令内、指令间、任务间、作业间等不同级别上的并行性，出现了向量处理机、并行处理机、多处理机、分布式处理机等计算机系统结构。进一步研发以非控制流方式驱动的数据流计算机以及更为复杂的并行算法。

(6) 由于机器指令中的操作数不表示它本身的数据类型，而由操作码指出对何种数据类型的操作数进行操作，因此每增加一种操作数类型，就要增加一组处理这种类型操作数的指令，这将导致指令系统日益庞大复杂。在高级语言中操作符与数据类型无关，操作数的类型是由数据类型说明语句说明的。这种机器语言与高级语言之间存在的语义差别，过去通过编译程序来弥补，从而加重了编译的负担，增大了辅助开销。为此，人们为计算机系统增设了许多高级数据表示，如自定义数据表示，让每个数据自身带有数据类型标志，使指令具有可对多种数据类型进行操作的通用性，从而简化机器指令系统和编译。

(7) 软件与硬件截然分开，硬件结构的完全固定，这样会导致无法更合理地进行软硬功能的分配，难以优化系统结构的设计。当求解的问题和应用要求变化时，将会使机器性价比明显下降。因此现在特别强调软硬结合，比如采用可以灵活地选择和改变指令系统与结构的动态自适应机器。要求研制出智能计算机系统结构来有效地支持知识和信息处理，对知识进行逻辑推理，特别是能利用经验知识对不完全确定的事实进行非精确性的推理。

　　总之，现在的计算机系统结构已在冯·诺依曼系统结构基础上不断地进行了改进，发生了很大的变化，改进的主要特点是通过各种途径来提高计算机系统结构中的并行处理能力，今后对新型计算机系统结构的研究，仍需探讨如何发展高度的并行处理能力。

1.2.2　并行性概念

　　所谓并行性(parallelism)是指在同一时刻或是同一时间间隔内完成两种或两种以上性质相同或不相同的工作。只要时间上相互重叠，就存在并行性。严格来讲，把两个或多个事件在同一时刻发生的并行性叫作同时性(simultaneity)；把两个或多个事件在同一时间间隔内发生的并行性叫作并发性(concurrency)。以 n 位并行加法为例，由于存在着进位信号的传播延迟时间，全部 n 位加法结果并不是在同一时刻获得的，因此并不存在同时性，而只存在并发性的关系。如果有 m 个存储器模块能同时读出信息，则属于同时性。以后，除非特殊说明，本书不严格区分是哪种并行性。

　　所谓并行处理，是指一种相对于串行处理的信息处理方式，它着重开发计算过程中存在的并发事件。在进行并行处理时，其每次处理的规模大小可能是不同的，规模大小可用并行性颗粒度(granularity)来表示。

　　颗粒度用于衡量软件进程所含计算量的大小，最简单的方法是用程序段中指令的条数来表示。颗粒度的大小决定了并行处理的基本程序段是指令、循环，还是子任务、任务或作业。颗粒度一般可分为细粒度、中粒度和粗粒度三种，若程序段中指令条数小于 500 条，则称为细粒度，500～2000 条指令之间称为中粒度，大于 2000 条的称为粗粒度。

　　假定系统中共有 n 个处理器，颗粒度大小 G 还可用以下公式来表示：

$$G = \frac{T_{\mathrm{W}}}{T_{\mathrm{C}}}$$

式中，T_{W} 表示所有处理器工作负载(workload)的总和，即 $T_{\mathrm{W}} = \sum_{i=1}^{n} t_{\mathrm{W}_i}$，这里的工作负载实际上就是进行计算的时间；$T_{\mathrm{C}}$ 表示所有处理器的通信开销(communication overhead)的总和，即 $T_{\mathrm{C}} = \sum_{i=1}^{n} t_{\mathrm{C}_i}$，这里的通信开销实际上就是进行通信的时间。

　　由 G 的表达式可见，当工作负载一定时，颗粒度越细，表明通信开销越大；反之，颗粒度越粗，表明通信开销越小。

　　计算机系统中的并行性有不同的等级。根据并行进程中颗粒度的不同，来观察程序的执行过程，从低到高可分为以下几个并行性等级。

　　(1) 指令内部并行：指指令内部的微操作之间的并行。

　　(2) 指令级并行(ILP, Instruction Level Parallel)：指并行执行两条或多条指令。

　　(3) 任务级或过程级并行：指并行执行两个或多个过程或任务(程序段)。

　　(4) 作业或程序级并行：指在多个作业或程序间的并行。

　　在单处理机系统中，这种并行性上升到某一级别后(如任务级并行或作业级并行)，就要通过软件(如操作系统中的进程管理、作业管理)来实现。而在多处理机系统中，由于已有了完成各个任务或作业的处理机，其并行性是由硬件实现的。因此，实现并行性也有一个软硬件功能分配的问题，往往也需要折中考虑。

从处理数据的角度看，并行性从低到高可以分为以下几个等级。

(1) 字串位串：同时只对一个字的一位进行处理。这是最基本的串行处理方式，不存在并行性。

(2) 字串位并：同时对一个字的全部位进行处理，不同字之间是串行的。这里已开始出现并行性。

(3) 字并位串：同时对许多字的同一位(称位片)进行处理。这种方式有较高的并行性。

(4) 全并行：同时对许多字的全部或部分位进行处理。这是最高一级的并行。

通常，并行处理是指在这些层次的一级或多级上的并行性开发。层次越高的并行处理，颗粒度就越粗，而越低层上的并行处理颗粒度就较细。粗粒度并行性的开发主要采用多指令流多数据流(MIMD)方式，它开发的主要是功能并行性。而细粒度并行性的开发则主要采用单指令流多数据流(SIMD)方式，它开发的主要是数据并行性。

在一个计算机系统中，可同时采取多种并行性措施，既可以有执行程序方面的并行性，又可以有处理数据方面的并行性。当并行性提高到一定级别时则称之为进入并行处理领域。例如，执行程序的并行性达到任务或过程级并行，或者处理数据的并行性达到字并位串一级，即可认为进入并行处理领域。所以，并行处理(parallel processing)是信息处理的一种有效形式，它着重挖掘计算过程中的并行事件，使并行性达到较高的级别。并行处理是硬件、系统结构、软件、算法、语言等多方面综合研究的领域。

1.2.3　提高并行性的技术途径

提高计算机系统并行性的措施有很多，但其基本思想均可纳入下列三种技术途径：

(1) 时间重叠(time interleaving)。在并行性概念中引入时间因素，即多个处理过程在时间上相互错开，轮流重叠地使用同一套硬件设备的各个部分，以加快硬件周转来提高处理速度。时间重叠原则上不要求重复的硬件设备，能保证计算机系统具有较高的性价比。

(2) 资源重复(resource replication)。在并行性概念中引入空间因素，是根据"以数量取胜"的原则，通过重复设置资源，尤其是硬件资源，大幅度提高了计算机系统的性能。随着硬件价格的降低，这种方式在单处理机中被广泛采用，而多处理机本身就是资源重复的结果。

(3) 资源共享(resource sharing)。这是一种软件方法，它使多个任务按一定时间顺序轮流使用同一套资源。资源共享既降低了成本，提高了系统资源利用率，也可以相应地提高整个系统的性能。例如，多道程序、分时系统就是遵循资源共享这一途径产生的。

计算机系统结构设计中并行性技术的应用使计算机系统结构由低级向高级发展，形成不同类型的多处理机系统。并行处理技术的发展过程可分为单机系统和多机系统两个方向，如图 1.6 所示。

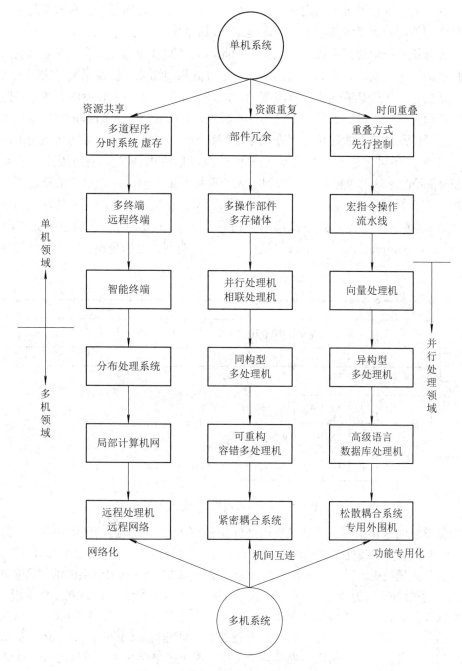

图 1.6　计算机系统并行处理技术的发展

　　首先看单机系统中并行技术的发展。在发展高性能单处理机过程中，起着主导作用的技术途径是时间重叠。实现的基础是部件功能专用化思想，即把一种工作按功能分割为若干相互联系的部分，把每一部分指定给专门的部件来完成，然后按时间重叠原则把各部分执行过程在时间上重叠起来，使所有部件依次分工完成一组同样的工作。例如，将解释指令的过程分成取指令(IF)、指令译码(ID)、指令执行(EX)、访问存储器(M)和写结果(WB)等五个子过程，并对应设置五个专用的部件，把它们的工作按时间重叠关系重叠起来，使得在处理机内部能同时处理多条指令，从而提高处理机的速度，如图 1.7 所示。这些处理技术开发了计算机系统中的指令级并行结构。因此，从时间重叠途径来看，单处理机由低性能向高性能的发展主要就是不断地对功能部件进行分离和细化，以及平衡好它们之间的频带，尤其是注意克服信息流通中影响速度的"瓶颈"来发展出高并行度的系统。按照时间重叠的技术途径进一步发展到采用专门的流水线处理机(pipeline processor)时，就进入了并行处理的领域。这种流水线结构可以在指令步骤和操作步骤上实现，分别构成指令流水线和操作流水线。还可以进一步发展到处理机一级，形成以任务重叠为特征的宏流水线(macro-pipeline)，这就由单处理机发展到了多处理机系统。例如，把语言编译过程分为扫描、分析、生成等部分，分别设立专门的处理机，与执行机器语言的通用处理机相连，进行流水处理。显然，这类多处理机属于非对称型(asymmetrical)或异构型多处理机系统(heterogeneous multiprocessor system)，它由多个不同类型，至少是担负不同功能的处理机组成。

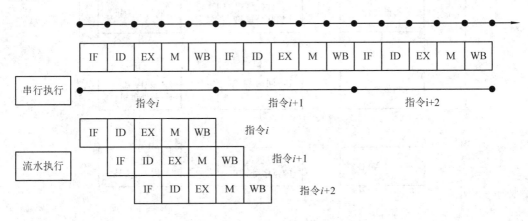

图 1.7　指令串行执行和流水执行

从资源重复的途径来看，单处理机由低性能向高性能发展，最初是将按位串行改为按字并行，后来在非流水线处理机或流水线处理机中，都发展出了多操作部件和多体存储器。在多操作部件处理机中，通用部件被分解成专门部件(如加/减法部件、乘法部件、逻辑运算部件等)。一条指令所需的操作部件只要没被占用，就可以开始执行，这就是指令级并行。进一步可以重复设置多个相同的处理单元，在同一个控制器指挥下，按照同一条指令的要求对向量的各元素同时进行操作，这就是所谓的并行处理机(parallel processor)。从指令和数据处理的角度看，它用一条指令处理多个数据，属于按单指令流多数据流(SIMD)方式工作的多处理器系统。并行处理机在指令内部实现了数据处理的全并行，从而把单处理机的并行性又提高了一步，进入了并行处理领域。多并行处理机本身还是单处理机。再提高其并行性，使其达到数据集级并行，多个处理单元同时处理一组数据，这就是阵列处理机。如果进一步提高其并行性使其达到任务级并行，则每个处理单元都必须有自己的控制器，能独立地解释指令而成为独立处理机，这就进入了多处理机范畴，也就是同时有多条指令处理多个数据，这就进入了并行处理的领域。由于每个处理(器)机是同类型的，且完成同样的功能，所以是一种对称型 (symmetrical) 或同构型多处理机系统 (homogeneous multiprocessor system)。同构型多处理机系统也可以是基于处理机一级冗余的容错多处理机，让多个处理机中的一部分作为备用处理机以随时顶替出故障的工作处理机，从而提高系统工作的可靠性。多处理机系统还可以进一步发展成为一种可变结构的系统或可重构系统，在这种系统中，一旦某个处理机在运行中出现故障就被"切"掉，则系统可以重新组织，降低规格继续运行。由于对称型系统具有很强的模块性，便于使用 VLSI 实现，因此特别便于系统扩展。

从资源共享的途径来看，最初在单处理机上采用多道程序和分时操作，这实质上是用单处理机模拟多处理机的功能，形成所谓虚拟机的概念。比如分时系统，在多终端情况下，每个终端上的用户感到好像自己有一台处理机一样。类似的思想发展了虚拟存储器、虚拟处理机技术。随着远程终端、计算机网络和微型机、小型机的发展，可采用真正的处理机代替虚拟处理机，构成以分散为特征的多处理机系统，以此代替以集中为特征的分时系统，这就进入到了并行处理领域。这种有大量分散、重复的处理机资源(一般是具有独立功能的单处理机)相互连接在一起，在操作系统(可以是集中的，也可以是分散的)的全局控制下统一协调工作而最少依赖于集中的程序、数据或硬件的系统称为分布处理系统(distributed processing system)。分布式处理系统的发展促使计算机网络与并行处理系统之间的差距不断缩小，以近距离、宽频带、快响应为特点的计算机局域网作为支持环境所发展起来的机群系统就是分布式处理系统的一个很好的例子。由于近年来局域网的信息传输速率有较大提高，所以可以满足多任务并行处理的需要。显然，分时系统实现的是并行性中的并发性，而分布式处理系统实现的是并行性中的同时性。

我们再看多机系统中并行性的发展。多机系统也遵循着时间重叠、资源重复和资源共享的技术途径，向着三种不同的多处理机方向发展，但它在采取的技术措施上与单机系统稍有些差别。多计算机系统和多处理机系统是有差别的。多计算机系统是由多台独立的计算机组成的系统，各个计算机分别受各自独立的操作系统控制，计算机之间通过通道或通信线路进行通信，通过文件或数据集的交互作用来实现作业、任务级并行。多处理机系统是由多台处理机组成的单一计算机系统，各台处理机共享同一主存并有各自的控制部件，可以执行各自独立的程序。多处理机系统由统一的操作系统控制，由于它们共享主存，各处理机同它们执行的程序之间不但能以文件和数据集方式实现交互作用，也能以向量或单个数据方式实现交互作用，因而不仅可实现任务级并行，还可以实现同一任务中的指令间的并行，甚至可以同时执行多条指令对同一数组进行的数据全并行处理。由于早期的多处理机中采用各处理机直接共享主存，所以它与多计算机系统在并行处理功能和结构上都有着明显的不同。现在，许多多处理机系统除了共享主存之外，每个处理机都带有自己的局部存储器，其本身就构成了一台完整的计算机，这样，其与多计算机系统在结构上的差别就不明显了，但在操作系统和并行性方面的差别还是明显的。通常将多处理机系统和多计算机系统称为多机系统。

为了反映多机系统各机器之间物理连接的紧密程度和交互作用能力的强弱，引入了耦合度的概念。多机系统的耦合度，可分为最低耦合、松散耦合和紧密耦合。

(1) 最低耦合系统(least coupled system)的耦合度最低，各计算机之间没有物理连接，也无共享的联机硬件资源，只是通过某种中间存储介质对交互作用提供支持。

(2) 松散耦合系统(loosely coupled system)或称间接耦合系统(indirectly coupled system)，一般是通过通道或通信线路实现计算机间的互连，共享某些外围设备(例如，磁盘、磁带等)，机间的相互作用在文件或数据集一级进行。松散耦合系统常表现为两种形式：一种是多台计算机和共享的外围设备连接，不同机器之间实现功能上的分工(功能专用化)，机器处理的结果以文件或数据集的形式送到共享的外围设备，供其他机器继续处理；另一种是通过通信线路连接成计算机网络，以求得更大范围内的资源共享。

(3) 紧密耦合系统(tightly coupled system)或称直接耦合系统(directly coupled system)，一般通过总线或高速开关实现计算机间的互连，可以共享主存，具有较高的信息传输率，可以实现数据集一级、任务级、作业级的并行，在统一的操作系统管理下获得各处理机的高效率和负载的均衡性。它可以是以主辅机方式配合工作的非对称型系统，但更多的是对称型多处理机系统。

在单机系统中，要做到时间重叠必须有多个专用功能部件，即把某些功能分离开，由专门部件去完成；在多处理机中则是将处理功能分散给各专用处理机去完成，即功能专用化。各处理机之间按照时间重叠原理工作。早期是把一些辅助性功能由主机分离出来，交给一些较小的专用计算机去完成，如输入/输出功能的分离，导致系统由通道处理向专用外围处理机发展。它们之间往往采取松散耦合方式，形成各种松散耦合系统。这种发展的趋势，使许多主要功能，如数组运算、高级语言编译、数据库管理等，也逐渐分离出来，交由专用处理机完成，处理机间的耦合程度也逐渐加强，发展成异构型多处理机系统。

为了提高系统的可靠性，系统开始由单机系统的部件级冗余上升到处理机一级的冗余，设置多台相同类型的计算机构成容错多处理机系统。继而，提高机间互连网络的灵活性和可重构性，发展为可重构系统(reconfigurable system)。随着硬件价格的降低，现在人们更多的是通过多处理机的并行处理来提高整个系统的速度。通过进一步改进机间互连网络，使之具有实现进程或程序一级的高速并行处理能力，可演变成各种紧密耦合系统。为使并行处理的任务能在处理机之间随机地进行调度，必须使各个处理机具有同等的功能，这样就发展成了同构型的多处理机系统。

要实现远距离多台计算机之间的资源共享，只有依靠网络化运行，将通信功能从主机中分离出来，由专用通信处理机完成。计算机网络按其通信距离可划分为远程网络(WAN)和局域网络(LAN)。远程网络距离远，通信速率较低，Internet 就是典型的跨洲的远程网络。

局域网距离近，通信速率高。如智能化大楼内的计算机网络，使用分布式光纤数据连接(FDDI，Fiber Distributed Data Interface)、异步传输模式(ATM，Asynchronous Transfer Mode)、同步光纤网络(SONET，Synchronous Optical Network)等技术可使通信速率超过 1000 Mb/s。这已经接近多处理机的数据传输速率。局域网成为分布式处理系统发展的基础。

表 1.1 对上述三种多处理机进行了简单的比较和总结。由表 1.1 可以看出，分布式系统与其他两类多处理机系统在概念上存在着交叉。无论是单机系统还是多机系统，都是按不同的技术途径向三种不同类型的多处理机系统发展。

表 1.1　三种类型多处理机系统的比较

项　目	同构型多处理机系统	异构型多处理机系统	分布式处理系统
目的	提高系统性能 (可靠性、速度)	提高系统使用效率	兼顾效率与性能
技术途径	资源重复 (机间互连)	时间重叠 (功能专用化)	资源共享 (网络化)
组成	同类型 (同等功能)	不同类型 (不同功能)	不限制
分工方式	任务分布	功能分布	硬件、软件、数据等各种资源分布
工作方式	一个作业由多机协同并行地完成	一个作业由多机协同串行地完成	一个作业由一台处理机完成，必要时才请求他机协作
控制形式	常采用浮动控制方式	采用专用控制方式	分布控制方式
耦合度	紧密耦合	松散耦合	松散、紧密耦合
对互连网络的要求	快速、灵活、可重构	专用	快速、灵活、简单、通用

1.3　计算机系统的分类

研究计算机系统的分类方法有助于认识计算机系统的结构和组成的特点，理解系统的工作原理和性能。

从不同的角度，可以提出不同的分类方法，这里主要介绍两种常用的分类方法。

1. Flynn 分类法

计算机系统的基本工作过程是执行指令序列，对数据序列进行处理。Michael. J. Flynn 于 1966 年提出按指令流和数据流的多倍性对计算机系统结构进行分类的方法。指令流(instruction stream)是指机器执行的指令序列；数据流(data stream)是指由指令流调用的数据序列，包括输入数据和中间结果；多倍性(multiplicity)是指在系统瓶颈部件上，同时处于同一执行阶段的指令或数据的最大可能个数。Flynn 分类法按照指令流和数据流的不同组织方式，把计算机系统的结构分为四类，各类基本结构如图 1.8 所示(不包括 I/O 设备)。

(1) 单指令流单数据流(SISD，Single Instruction Stream Single Data Stream)。这种结构是传统的单处理器计算机结构，其指令按顺序执行，如图 1.8(a)所示，在指令的执行阶段可采用流水线处理。在这类结构中，有的可能设置多个并行存储体和多个执行部件。但是，只要指令部件一次只对一条指令进行译码并且只对一个执行部件分配数据，则仍属于 SISD 类。因此，SISD 处理机系统可以是流水线的，可以有一个以上的功能部件，但所有功能部件均由一个控制部件管理。

(2) 单指令流多数据流(SIMD，Single Instruction Stream Multiple Data Stream)。这种结构的计算机典型的是阵列处理机(并行处理机)，如图 1.8(b)所示。在同一个控制部件(CU)

管理下，有多个处理单元(PU)，共享存储器可以有多个存储器模块，所有 PU 均收到从 CU 送来的同一条指令，但操作对象却是来自不同数据流的数据。

(3) 多指令流单数据流(MISD，Multiple Instruction Stream Single Data Stream)。这种形式的系统结构如图 1.8(c)所示。系统中有多个处理单元 PU，各自有相应的控制部件 CU，每个 PU 接收不同的指令，但运算对象是同一个数据流及其派生数据流(例如中间结果)，一个处理单元的输出作为另一个处理单元的输入。这类系统目前没有实际机器。

(4) 多指令流多数据流(MIMD，Multiple Instruction Stream Multiple Data Stream)。这种形式的系统是指在作业、任务、指令、数组各级能实现全面并行的多处理机系统，如图 1.8(d)所示。它可以是共享存储器的紧密耦合系统，也可以是通过消息传递进行通信的松散耦合系统。

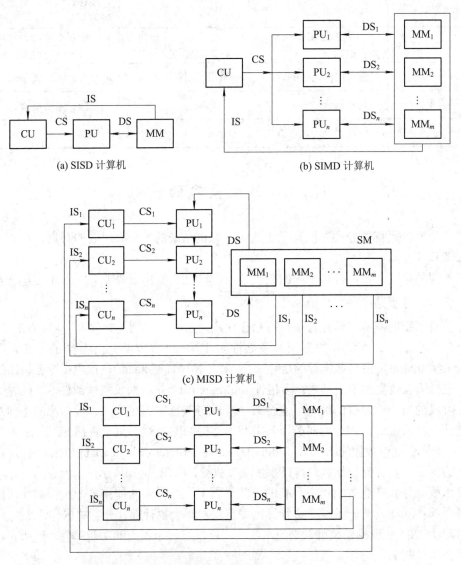

(a) SISD 计算机

(b) SIMD 计算机

(c) MISD 计算机

(d) MIMD 计算机

图 1.8   Flynn 分类法各类系统的结构

2. 冯氏分类法

1972 年，美籍华人冯泽云提出用最大并行度(degree of parallelism)对计算机系统结构进行分类。所谓最大并行度 P_m，是指计算机系统在单位时间内能够处理的最大的二进制位数。设一个时钟周期 Δt_i，能处理的二进制位数为 p_i，则 T 个时钟周期内平均并行度 P_a 为

$$P_a = \frac{\sum_{i=1}^{T} p_i}{T}$$

平均并行度取决于系统的运用程度，它与应用程序有关。因此，系统在 T 个时钟周期内的平均利用率 μ 为

$$\mu = \frac{P_a}{P_m} = \frac{\sum_{i=1}^{T} p_i}{T P_m}$$

最大并行度 P_m 定量地反映了对数据处理的并行性。

$$P_m = n \cdot m$$

式中，n 表示同时处理时一个字中的二进制位数；m 表示能同时处理的字数。

按计算机对数据处理的方式，由 P_m 值可得下列四种计算机系统结构类型。

(1) 字串位串(WSBS)。其 $n=1$，$m=1$，这是第一代计算机发展初期的纯串行计算机，如 EDVAC。

(2) 字串位并(WSBP)。其 $n>1$，$m=1$，这是传统并行的单处理机，我们日常使用的大多数机器都属于这种类型。

(3) 字并位串(WPBS)。其 $n=1$，$m>1$(即位片处理)，型号如 STARAN、早期的 MPP、DAP 等，它们都是 20 世纪 70 年代研制的并行处理机。

(4) 字并位并(WPBP)，其 $n>1$，$m>1$(即全并行处理)，型号如 Cmmp、ILLIAC-IV 以及 PEPE 等，它们都具有很好的并行性。

Flynn 分类法的典型产品如表 1.2 所示，冯氏分类法的典型产品如表 1.3 所示。

表 1.2　Flynn 分类法产品

类　别		型　号
SISD	用单个功能部件	IBM701, IBM1401, IBM7090, PDP-11, VAX-11/780
	用多个功能部件	IBM360/91, IBM370/168UP, CDC6600, B-5000
SIMD	数据全并行处理	ILLIAC-IV, PEPE, BSP, STAR-100, TIASC, AP-120B, IBM3838, CRAY-1, CYBER-205, VP-200, CDC- NASF
	数据位片串行处理	STARAN, MPP, DAP
MIMD	松散耦合	IBM370/168MP, UNIVAC1100180, IBM3081/3084, C_m^*
	紧密耦合	Burroughs D-825, Cmmp, CRAY-2, S-1, CRAY-XMP, HEP

表 1.3　冯氏分类法产品

处理方式	机器型号与并行度
WSBS	$P_m\text{(EDVAC)} = (1,1)$
WSBP	$P_m\text{(IBM370/168)} = (32, 1)$, $P_m\text{(CDC6600)} = (60, 1)$ $P_m\text{(B7700)} = (48, 1)$, $P_m\text{(PDP-11)} = (16, 1)$ $P_m\text{(VAX-11/780)} = (32, 1)$, $P_m\text{(Z-80)} = (8, 1)$
WPBS	$P_m\text{(STARAN)} = (1,256)$, $P_m\text{(MPP)} = (1,16384)$, $P_m\text{(DAP)} = (1,4096)$
WPBP	$P_m\text{(ILLIAC-IV)} = (64, 64)$, $P_m\text{(TIASC)} = (64, 32)$ $P_m\text{(Cmmp)} = (16, 16)$, $P_m\text{(S-1)} = (36, 16)$

1.4　计算机性能的评价

我们强调计算机系统的性价比，强调计算机的性能设计，那么怎样评价计算机系统的性能呢？本节针对其中的一些基本概念和原则进行讨论。

1.4.1　计算机系统设计和测评的基本原则

1. 常性事件优先原则

经常性事件优先原则是计算机系统结构设计中最重要和最常用的原则。这个原则的基本思想是：对于经常发生的事件，赋予它优先的处理权和资源使用权，加快它的处理速度，以便提高整个系统的性能。

在进行计算机设计时，如果需要权衡，就必须侧重常见事件，使最常发生的事件优先。此原则也适用于资源分配，着重改进经常性事件性能，能够明显提高计算机性能。通常，经常性事件的处理比较简单，容易使之更快完成。例如，CPU 在进行加法运算时，运算结果可能产生溢出，但无溢出为更经常发生的事件。因此，应针对无溢出情况进行优化设计，加快无溢出加法计算速度。虽然发生溢出时机器速度可能会减慢，但由于溢出事件发生概率很小，所以总体上机器性能还是提高了。

2. Amdahl 定律

如何确定经常性事件以及如何加快处理这些事件是 Amdahl 定律所解决的问题。Amdahl 定律指出：系统中某部件由于采用某种更快的执行方式后，整个系统性能的提高与这种执行方式在系统中的使用频率或占总执行时间的比例有关。

Amdahl 定律定义了加速比的概念。假设对机器进行某种改进，那么机器系统的加速比就是

$$系统加速比 = \frac{系统性能_{改进后}}{系统性能_{改进前}} = \frac{总执行时间_{改进前}}{总执行时间_{改进后}}$$

Amdahl 定律能够快速得出改进所获得的效益。系统加速比依赖于两个因素：

(1) 可改进部分在原系统执行时间中所占的比例。例如，一个需运行 60 s 的程序中有 20 s 的运算可以加速，那么该比例就是 20/60。这个值用可改进比例(F_e)表示，F_e 总是小于或等于 1。

$$可改进比例 F_e = \frac{可改进执行时间_{改进前}}{总执行时间_{改进前}}, \quad F_e < 1$$

(2) 可改进部分改进以后的性能提高。例如，系统改进后执行程序，其中可改进部分花费的时间为 2 s，而改进前该部分需花费的时间为 5 s，则性能提高为 5/2。用部件加速比 S_e 表示性能提高比，一般情况下 S_e 是大于 1 的。

$$部件加速比 S_e = \frac{改进部分执行时间_{改进前}}{改进部分执行时间_{改进后}}, \quad S_e > 1$$

由此，得到下列结论：

(1) 改进后系统的总执行时间 T_n：

$$T_n = (1 - F_e) \times T_0 + \frac{F_e \times T_0}{S_e} = T_0 \left[(1 - F_e) + \frac{F_e}{S_e} \right]$$

式中，T_0 为改进前系统的总执行时间。

(2) 改进前后整个系统的加速比 S_n：

$$S_n = \frac{T_0}{T_n} = \frac{1}{(1 - F_e) + \dfrac{F_e}{S_e}}$$

式中，$(1 - F_e)$ 表示不可改进比例。当 $F_e = 0$，即无改进部分时，$S_n = 1$，所以系统性能提高幅度受改进部分所占比例的限制。当 $S_e \to \infty$ 时，有 $S_n = \dfrac{1}{1 - F_e}$，由此得到 Amdahl 定律的一个重要推论：若只针对整个系统的一部分进行优化，则系统获取的性能改善极限值受 F_e 的约束，系统加速比不大于 $\dfrac{1}{1 - F_e}$。

【例 1.1】 设在系统整个运行时间中某部件的处理时间占 30%，若改进后速度加快到原来的 15 倍，问整个系统性能将提高多少？

解：由题可知 $F_e = 0.3$，$S_e = 15$，则

$$S_n = \frac{1}{(1 - 0.3) + \dfrac{0.3}{15}} = \frac{1}{0.72} \approx 1.39$$

【例 1.2】 若在整个测试程序的执行时间中，求浮点数平方根 FPSQR 的操作占 10%。现有两种改进方案：一种是采用 FPSQR 硬件，使其处理速度加快到原来的 10 倍；另一种是使所有浮点数指令 FP 的执行速度加快到原来的 4 倍，并设 FP 指令占整个程序执行时间的 40%。请比较两种方案的优劣。

解：硬件方案，$F_e = 0.1$，$S_e = 10$，则有

$$S_n = \frac{1}{(1-0.1)+\dfrac{0.1}{10}} = \frac{1}{0.91} \approx 1.10$$

FP 加速方案，$F_e = 0.4$，$S_e = 4$，则有

$$S_n = \frac{1}{(1-0.4)+\dfrac{0.4}{4}} = \frac{1}{0.7} \approx 1.43$$

比较结果可知，FP 加速方案更优。注意，此结论的前提是程序量的 40% 为 FP 指令。

3. 程序访问的局部性原理

所谓程序访问的局部性原理，是指程序在执行过程中所访问地址的分布有相对簇聚的倾向，这种簇聚表现在指令和数据两方面。程序局部性包括时间上的局部性和空间上的局部性：前者是指程序即将用到的信息很可能是目前正在使用的信息；后者是指程序即将用到的信息很可能与目前正在使用的信息在程序空间上是相邻或相近的。

程序访问的局部性原理是计算机系统结构设计的基础之一。在很多地方，尤其在处理与存储相关的问题时，经常运用这一原理。程序访问的局部性原理为我们提供了设计计算机系统时，解决高性能和低成本之间的矛盾的有效途径。

1.4.2　CPU 性能公式

为了衡量 CPU 的性能，可以将程序执行的时间进行分解。一个程序在计算机上运行所花费的 CPU 时间可表示为

$$CPU时间 = \frac{总CPU时钟周期数}{时钟频率f}$$

或

$$CPU\ 时间 = 总\ CPU\ 时钟周期数 \times 时钟周期\ T$$

若将程序执行过程中所处理的指令数记为 IC，可以获得一个与计算机系统结构有关的参数，即每条指令的平均时钟周期数 CPI(Clock Cycles Per Instruction)：

$$CPI = \frac{总CPU时钟周期数}{IC}$$

程序执行的 CPU 时间可写为

$$CPU时间 = \frac{CPI \times IC}{f} = CPI \times IC \times T$$

这个公式通常称为 CPU 性能公式，它表明 CPU 性能与三种系统结构技术相关。

(1) 时钟频率 f：反映了计算机的实现技术和计算机的组织。

(2) 机器指令的平均时钟周期数 CPI：反映了计算机系统结构的组织和指令集的设计与实现。

(3) 程序使用的指令条数 IC：反映了计算机指令集的结构和编译技术。

在程序执行过程中，要用到不同类型的指令。假设计算机系统有 n 种指令，IC_i 表示第 i 种指令在程序中执行的次数，CPI_i 表示执行一条第 i 种指令所需的平均时钟周期数，则程序执行的 CPU 时间为

$$CPU时间 = \frac{\sum_{i=1}^{n}(CPI_i \times IC_i)}{f}$$

则 CPI 可表示为

$$CPI = \frac{\sum_{i=1}^{n}(CPI_i \times IC_i)}{IC} = \sum_{i=1}^{n}\left(CPI_i \times \frac{IC_i}{IC}\right)$$

式中，$\dfrac{IC_i}{IC}$ 表示第 i 种指令在程序中所占的比例。上面这些公式均称为 CPU 性能公式。

【例 1.3】 若浮点数指令 FP 占全部指令的 30%，其中浮点数平方根 FPSQR 指令占全部指令的 4%，FP 操作的 CPI 为 5，FPSQR 操作的 CPI 为 20，其他指令的平均 CPI 为 1.25。现提出两种改进方案，一种是把 FPSQR 操作的 CPI 减至 3，另一种是把所有 FP 操作的 CPI 减至 3，试比较两种方案对系统性能的提高程度。

解： 改进之前，系统的指令平均时钟周期数 CPI 为

$$CPI = \sum_{i=1}^{n}\left(CPI_i \times \frac{IC_i}{IC}\right) = (5 \times 30\%) + (1.25 \times 70\%) \approx 2.38$$

方案 A： 如果使 FPSQR 操作的时钟周期数由 $CPI_{FPSQR} = 20$ 降至 $CPI'_{FPSQR} = 3$，则整个系统的 CPI 为

$$CPI_A = CPI - (CPI_{FPSQR} - CPI'_{FPSQR}) \times 4\% = 2.38 - (20-3) \times 4\% \approx 1.7$$

方案 B： 如果使所有 FP 操作的平均时钟周期数由 $CPI_{FP} = 5$ 降至 $CPI'_{FP} = 3$，则整个系统的 CPI 为

$$CPI_B = CPI - (CPI_{FP} - CPI'_{FP}) \times 30\% = 2.38 - (5-3) \times 30\% \approx 1.78$$

从降低整个系统的指令平均时钟周期数的程度来看，方案 A 优于方案 B。

分别计算两种方案的加速比：

$$S_A = \frac{改进前的CPU执行时间}{方案A的CPU执行时间} = \frac{IC \times 时钟周期 \times CPI}{IC \times 时钟周期 \times CPI_A} = \frac{CPI}{CPI_A} = \frac{2.38}{1.7} \approx 1.4$$

$$S_B = \frac{CPI}{CPI_B} = \frac{2.38}{1.78} \approx 1.34$$

从加速比来看，同样得出方案 A 优于方案 B 的结论。

【例 1.4】 设机器 A 和机器 B 对条件转移采用的处理方法不同。CPU_A 采用比较指令和条件转移指令的处理方法，实现一次条件转移需执行两条指令，条件转移指令和比较指令各占执行指令总数的 15%。CPU_B 采用比较指令与条件转移指令合一的处理方法，实现一次条件转移只需执行一条指令。若规定两台机器执行条件转移指令需 2 个时钟周期，其他

指令只需 1 个时钟周期，CPU$_B$ 的时钟周期比 CPU$_A$ 慢 20%，请比较：

(1) CPU$_A$ 和 CPU$_B$ 哪个工作速度更快？

(2) 若 CPU$_B$ 的时钟周期只比 CPU$_A$ 慢 10%，则哪个 CPU 工作速度更快？

解：(1) 计算机 A 的 CPI$_A$ 为

$$CPI_A = 0.15 \times 2 + 0.85 \times 1 = 1.15$$

$$CPU_A 时间 = IC_A \times CPI_A \times T_A = 1.15T_A \times IC_A$$

IC$_A$ 是 CPU$_A$ 的指令条数。由于 CPU$_B$ 无比较指令，所以 IC$_B$ = 0.85IC$_A$，使 CPU$_B$ 的转移指令所占比例为

$$\frac{15\%}{85\%} = 17.65\%$$

计算机 B 的 CPI$_B$ 为

$$CPI_B = 0.18 \times 2 + 0.82 \times 1 = 1.18$$

又因为 CPU$_B$ 的 T_B 比 CPU$_A$ 的 T_A 慢 20%，所以 $T_B = 1.2T_A$。

$$CPU_B 时间 = IC_B \times CPI_B \times T_B = 0.85IC_A \times 1.18 \times 1.2T_A = 1.2T_A \times IC_A$$

比较可知，CPU$_A$ 时间 < CPU$_B$ 时间，故 CPU$_A$ 比 CPU$_B$ 工作速度快。

(2) 此时有 $T_B = 1.1T_A$，据前结论有

$$CPU_A 时间 = 1.15T_A \times IC_A$$

$$CPU_B 时间 = 0.85IC_A \times 1.18 \times 1.1T_A = 1.1T_A \times IC_A$$

因此 CPU$_B$ 时间 < CPU$_A$ 时间，故 CPU$_B$ 的工作速度更快些。

1.4.3 系统结构的性能评价标准

衡量计算机性能的唯一固定而且可靠的标准就是机器真正执行程序的时间。这里的执行时间是计算机在完成一个任务时，包括访问磁盘、访问存储器、I/O 操作及系统开销所花费的全部时间，也称为计算机的响应时间。

CPU 时间是指 CPU 工作的时间，不包括 I/O 等待时间。它可分为 CPU 执行用户程序的用户 CPU 时间和 CPU 花费在操作系统上的系统 CPU 时间。在此讨论的 CPU 性能指的是用户 CPU 时间。

因此，计算机性能可分为基于响应时间的"系统性能"度量方法和基于用户 CPU 时间的"CPU 性能"度量方法。下面主要讨论 CPU 性能。

1. MIPS 和 MFLOPS

MIPS(Million Instructions Per Second)，即百万条指令每秒，是目前较为流行的描述计算机性能的替代标准之一。对于一个给定的程序，MIPS 定义为

$$MIPS = \frac{指令条数}{程序执行时间 \times 10^6} = \frac{时钟频率}{CPI \times 10^6}$$

MIPS 是单位时间内执行指令的次数。若用 T_e 表示程序的执行时间，则 T_e 的表达式为

$$T_e = \frac{指令条数}{MIPS \times 10^6}$$

【例 1.5】 已知某处理机的 CPI = 0.5，时钟频率为 450 MHz，试计算该处理机的运算速度。

解： 由于处理机的时钟频率为 f_c = 450 MHz，可求得运算速度为

$$\frac{f_c}{CPI \times 10^6} = \frac{450 \times 10^6}{0.5 \times 10^6} = 900 \text{ MIPS}$$

即该处理机的运算速度为 900 MIPS。

机器的 MIPS 越高，说明机器速度越快，故 MIPS 可从一定程度上反映机器的性能。但是用 MIPS 评价机器的性能存在以下问题：

(1) MIPS 依赖于机器的指令集，所以用 MIPS 来衡量指令集不同的机器的性能优劣是很不准确的。

(2) 在同一台机器上，MIPS 会因程序不同而发生变化，有时其差异会很大。

(3) MIPS 的评价结果可能与采用正确的性能评价方法的评价结果相反。

一个典型例子就是具有可选硬件浮点运算部件的机器。因为浮点运算速度低于整数运算，所以很多机器提供可选的硬件浮点运算部件。结果是用硬件实现浮点运算的时间少，而用软件实现浮点运算的 MIPS 高，导致 MIPS 评价结果与机器实际性能相反。

因此 MIPS 标准只适宜于评价标量机，因为在标量机中执行一条指令，一般可得到一个运算结果，而在向量机中，执行一条向量指令通常可得到多个运算结果。所以，用 MIPS 来衡量向量机是不合适的。

另一种替代标准是 MFLOPS(Million Floating Point Operations Per Second)，即百万次浮点运算每秒。MFLOPS 的定义为

$$MFLOPS = \frac{程序中浮点操作次数}{程序执行时间 \times 10^6}$$

由于 MFLOPS 衡量机器性能时存在下述缺陷，故它也不能作为系统性能评价的标准。

(1) MFLOPS 只能衡量机器浮点操作的性能，而不能体现机器的整体性能。例如编译程序，不管机器的性能有多好，它的 MFLOPS 都不会太高。

(2) MFLOPS 的衡量是基于浮点操作而非指令来进行的，所以它可以用来比较不同指令集的机器之间的浮点操作性能，但比较的结果并不可靠。由于不同机器的浮点运算集可能不同，例如，机器 A 有浮点除法指令，而机器 B 没有，它们对浮点操作的支持就会不同，完成程序中的浮点除法时，前者的浮点操作次数比后者少得多，执行时间也少于后者，所以难以按 MFLOPS 评价它们的性能优劣。

(3) MFLOPS 取决于机器和程序两个方面，不同程序在同一机器上的 MFLOPS 会不相同。例如，运行由 100%浮点加法组成的程序所得到的 MFLOPS 值将比运行由 100%浮点除法组成的程序所得到的 MFLOPS 值高。因此用单个程序的 MFLOPS 值不能反映机器的性能。

MFLOPS 和 MIPS 之间的量值关系没有统一标准，一般认为在标量计算机中执行一次浮点运算需要 2～5 条指令，平均约需 3 条指令，故有 1MFLOPS≈3MIPS。

【**例 1.6**】 用一台处理机执行标准测试程序，程序所含的各类指令数量和执行每类指令所用时钟周期数如表 1.4 所示，处理机的时钟频率为 50 MHz，求有效 CPI、MIPS 速率和程序的执行时间。

表 1.4　标准测试程序中各类指令数和相应所需的时钟周期数

指令类型	整数运算	数据传送	浮点运算	控制传送
指令数	43 000	34 000	17 000	6000
时钟周期数	1	2	2	2

解：指令的总数为

$$43\ 000 + 34\ 000 + 17\ 000 + 6000 = 100\ 000\ \text{条}$$

其中各类指令所占的比例分别是：整数运算为 43%，数据传送为 34%，浮点运算为 17%，控制传送为 6%。

(1) 有效 CPI 为

$$1 \times 0.43 + 2 \times 0.34 + 2 \times 0.17 + 2 \times 0.06 = 1.57\ \text{CPI}$$

(2) MIPS 速率为

$$\frac{1}{1.57} \times 50 \approx 31.85\ \text{MIPS}$$

(3) 程序的执行时间为

$$100\ 000 \times \frac{1.57}{50 \times 10^6} \approx 0.00\ 314\ \text{s} \approx 3140\ \text{μs}$$

2. 性能测试

机器的性能需要采用基准测试程序来测试评价，衡量计算机性能的标准是程序的执行时间。基准测试程序是为比较测试机器性能而专门编写的程序，它考虑了各种操作和各种程序的比例，可以是一组或多组程序。将 n 个测试程序在机器上运行，记录它们的执行时间，然后可按下述方法对 n 个执行时间进行处理来评价机器性能。

(1) 平均执行时间。平均执行时间是各测试程序执行时间的算术平均值。其计算公式为

$$A_m = \frac{1}{n} \sum_{i=1}^{n} T_i$$

其中，T_i 为第 i 个测试程序的执行时间。

(2) 加权执行时间。加权执行时间是各测试程序执行时间的加权平均值。其计算公式为

$$A_m = \frac{1}{n} \sum_{i=1}^{n} W_i T_i$$

其中，权因子 W_i 是第 i 个测试程序在总共 n 个测试程序中所占的权重，$\sum_{i=1}^{n} W_i = 1$。

本 章 小 结

本章主要讨论了计算机系统结构的基本概念。

首先，在计算机系统层次结构概念的基础上，定义了计算机系统结构，并阐述了计算机组成和计算机实现的含义以及它们和计算机系统结构之间的关系。然后进一步探讨了计算机系统中对系统结构产生影响的重要特性。

计算机系统结构研究的主要内容之一就是通过并行性技术提高计算机系统的性能。本章讲述了并行性技术的基本概念，讨论了提高计算机系统并行性所采用的时间重叠、资源重复和资源共享三种技术途径，以及从单机或多机系统沿不同技术途径发展而形成的同构型、异构型和分布式处理等不同类型的多处理机系统。在此基础上介绍了计算机系统结构的 Flynn 分类方法和冯氏分类方法。

对计算机系统技术性能进行定量分析是研究和发展现代计算机的重要手段之一。本章介绍了计算机系统性能的评价标准，讨论了对计算机系统进行定量分析的技术和方法。

习　题　1

1-1　解释下列术语：

透明性	翻译	解释
模拟	仿真	并行性
同时性	并发性	时间重叠
资源重复	资源共享	异构型多处理机系统
同构型多处理机系统	CPI	MIPS
MFLOPS		

1-2　一个经解释实现的计算机可以按功能划分为四级。每一级为了执行一条指令需要下一级的 N 条指令解释。若执行第一级的一条指令需要的时间为 K ns，那么执行第二、三、四级的一条指令各需要多少时间？

1-3　有一个计算机系统可按功能划分成四级，各级的指令都不相同，每一级的指令都比其下一级的指令在效能上强 M 倍，即第 i 级的一条指令能完成第 $i-1$ 级的 M 条指令的计算量。假设第 i 级的一条指令需要第 $i-1$ 级的 N 条指令解释，现有一段第一级的程序，需要的运行时间为 K s，则在第二、三、四级上的一段等效程序各需运行多长时间？

1-4　什么是计算机系统结构？什么是计算机组成？什么是计算机实现？说明三者的关系和相互之间的影响。

1-5　什么是透明性？对于计算机系统结构，下列操作、部件哪些是透明的？哪些是不透明的？

(1) 存储器的模 m 交叉存取

(2) 浮点数据表示

(3) I/O 系统是采用通道方式还是 I/O 处理机方式

(4) 阵列运算部件

(5) 数据总线宽度

(6) 通道是采用结合型的还是独立型的

(7) 访问方式保护

(8) 程序性中断

(9) 串行、重叠还是流水控制方式

(10) 堆栈指令

(11) 存储器的最小编址单位

(12) Cache 存储器

1-6　从机器(汇编)语言程序员角度看，以下模块哪些是透明的？

(1) 指令地址寄存器

(2) 指令缓冲器

(3) 时标发生器

(4) 条件码寄存器

(5) 乘法器

(6) 主存地址寄存器

(7) 磁盘外设

(8) 先行进位链

(9) 移位器

(10) 通用寄存器

(11) 中断字寄存器

1-7　硬件和软件在什么意义上是等效的？在什么意义上又是不等效的？试举例说明。

1-8　简要说明提高计算机系统并行性的三种技术途径，并各举一例。

1-9　如果某计算机系统有三个部件可以改进，且这三个部件经改进后达到的加速比分别为 $S_{e1} = 30$，$S_{e2} = 20$，$S_{e3} = 10$。

(1) 如果部件 1 和部件 2 改进前的执行时间占整个系统执行时间的比例都为 30%，那么，部件 3 改进前的执行时间占整个系统执行时间的比例为多少，才能使三个部件都改进后的整个系统的加速比 S_n 达到 10？

(2) 如果三个部件改进前执行时间占整个系统执行时间的比例分别是 30%、30%和 20%，那么，三个部件都改进后系统的加速比是多少？未改进部件执行时间在改进后的系统执行时间中占的比例是多少？

1-10　在一个时钟频率 f 为 40 MHz 的处理机上执行一个典型测试程序，该程序有四种类型的指令，每种类型的指令在程序中出现的条数和每种指令的 CPI 如表 1.5 所示。计算这个测试程序在该处理机上运行的 CPI 和相应的 MIPS。

表 1.5　指令在程序中出现的条数和每种指令的 CPI

指令类型	指令条数	CPI
ALU	120 000	1
加载/存储指令(Cache 命中时)	36 000	2
转移指令	24 000	3
访存指令(Cache 不命中时)	20 000	8

1-11　用一台时钟频率为 40 MHz 的处理机执行标准测试程序，程序含有的各类指令条数和各类指令的平均时钟周期数如表 1.6 所示。计算这个测试程序的 CPI、MIPS 和执行时间。

表 1.6　各类指令条数和指令的平均时钟周期数

指令类型	指令条数	平均时钟周期数
整数运算	45 000	1
数据传送	32 000	2
浮点运算	15 000	2
控制传送	8000	2

1-12　某个处理机的时钟频率为 15 MHz，执行测试程序的速率为 10 MIPS，假设每次存储器存取需 1 个时钟周期的时间。

(1) 处理机的 CPI 值是多少？

(2) 假设将处理机的时钟频率提高到 30 MHz，但存储器的工作速率不变，这使得每次存储器存取需 2 个时钟周期。如果测试程序的 30%指令需要 1 次访存，5%指令需要 2 次访存，其他指令不需要访存，试求测试程序在改进后的处理机上执行的 MIPS。

1-13　某台计算机只有 Load/Store(加载/存储)指令能对存储器进行读/写操作，其他指令只对寄存器进行操作。根据程序跟踪实验结果，已知各类指令所占指令总数的比例及各类指令的平均周期数(CPI)如表 1.7 所示。

表 1.7　指令比例及指令的平均周期数

指令类型	比例	CPI
算逻指令	44%	1
Load 指令	20%	2
Store 运算	12%	2
转移传送	24%	2

(1) 求该指令系统的指令平均周期数。

(2) 算术和逻辑(简称算逻)运算中，有 25%的指令的两个操作数中的一个已在寄存器中，另一个操作数必须在算逻指令执行前用 Load 指令从存储器取到寄存器中。因此，有人建议增加另一种寄存器存储器(R-M)型的算逻指令，它可从寄存器中取一个操作数，并直接从存储器中取另一个操作数，假设这种指令的 CPI 为 2，求新指令系统的指令平均周期数。

第 2 章　指 令 系 统

数据表示、寻址方式和指令系统是计算机系统中软、硬功能分配的主要界面。本章从这几方面讨论在计算机系统结构设计中如何给程序设计者提供合理的机器级界面，指令系统的改进对计算机系统结构产生的影响以及发展趋势。

2.1　数 据 表 示

2.1.1　数据表示的基本概念

数据表示指的是能由机器硬件直接识别和引用的数据类型。数据表示直接与计算机的数据处理部件相对应，当机器定义了某种数据类型的运算指令并设置了相应的处理硬件，能够直接对这种类型的数据进行处理时，机器就具有了该类型的数据表示。

数据结构研究的是实际应用中所要用到的各种数据元素或信息单元之间的结构关系。常见的数据结构有标量、向量、串、队、栈、阵列、链表、树、图等。数据结构不一定能被机器直接识别和处理，但可通过软件映像，将其变换成机器中所具有的各种数据表示来实现。因此，数据表示是数据结构的子集，机器具有不同的数据表示就可以为数据结构的实现提供不同程度的支持，故数据结构和数据表示是机器软、硬件的交界面。在机器中如何进行软、硬功能的分配，合理设置数据表示，以对应用中遇到的数据结构得到较高的实现效率等问题，是计算机系统结构设计研究的内容。

早期的机器只有定点数据表示。随着计算机技术的发展和机器功能的不断提高，现在逻辑(布尔)数、定点数(整数)、浮点数(实数)、十进制数、字符串等，都已成为计算机的基本数据表示。一般计算机的数据字长有 8 位、16 位、32 位等。计算机的指令系统可支持对字节(8 位)、半字(16 位)、单字(32 位)和双字(64 位)的运算。变址操作的设置为向量、阵列数据结构的实现提供了直接支持，可以不必修改程序，仅用循环的办法就能实现对整个向量、阵列的各个元素进行运算处理。然而，目前计算机系统中存储器一维顺序存储的线性结构与数据结构中经常要求的多维离散结构仍存在很大差距，不利于数据结构的实现。而且数据结构的发展总是领先于机器的数据表示，根据实现数据结构的需要来设计和改进系统结构成为我们的重要任务。在计算机中确定数据表示，应从其能否提高运算速度、能否减少 CPU 与主存间的通信量和系统开销，以及它的通用性和利用率等各种因素加以综合考虑。下面讨论计算机中的几种高级数据表示。

2.1.2　高级数据表示

1. 自定义数据表示

对于处理运算符和数据类型的关系,高级语言和机器语言的差别很大。高级语言用类型说明语句指明数据的类型,让数据类型直接与数据本身联系在一起,运算符对不同类型的数据是通用的。传统的机器语言中对数据没有类型说明,而使用不同的指令操作码区分对不同类型数据的操作。编译时要把高级语言程序中的数据类型说明语句和运算符变换成机器语言中不同类型指令的操作码,并验证操作数类型的合法性,这会增加编译的负担。为了在数据表示上缩短高级语言与机器语言的语义差距,可采用自定义数据表示。

自定义数据表示包括带标志符的数据表示和数据描述符两类。

1) 带标志符的数据表示

定义每个数据由类型标志位和数据值两部分组成,用类型标志位指明数据值部分究竟是二进制整数、十进制整数、浮点数、字符串,还是地址字,将数据类型与数据本身直接联系在一起。这样,机器语言中的操作码可以同高级语言中的运算符一样,对各种数据类型的操作通用。我们称这种数据表示为带标志符的数据表示。标志符由编译程序建立,对高级语言程序来说是透明的,以减轻应用程序员的负担。

采用标志符数据表示的机器,具有简化指令系统和程序设计,简化编译程序及编译过程,方便实现一致性校验,能够用硬件自动完成数据类型转换,以及支持数据库系统的实现与数据类型无关的要求等优点。

采用标志符数据表示后,每个数据字增设标志符,会使程序所占用的主存空间增加。但因指令种类减少会缩短操作码的位数,使指令长度缩短,则可能会节省程序所占的总存储空间。另外,采用标志符数据表示可简化编译,使编译程序所占用的程序空间减少,而且因数据类型变换和一致性检查等功能改用硬件实现,也可节省目的程序所占用的主存空间。因此最终可能减少系统存储资源的开销。

同时,机器执行每条指令都需要增加按标志符确定数据类型及判断操作数之间相容性等操作,因此单条指令的执行速度肯定会有所下降,但程序的编写时间和调试时间则会减少。所以,引入标志符数据表示虽然对计算机的微观性能(如机器的运算速度)不利,但对宏观性能(解题总开销)是有利的。

2) 数据描述符

对于向量、数组、记录这类每个元素都具有相同属性的数据,可定义一个数据描述符来说明其共同的类型信息。数据描述符和标志符的差别在于:标志符与每个数据相连,共同存在一个存储单元中,描述单个数据的类型特征;描述符则与数据分开存放,用来描述所要访问的数据是整块数据还是单个数据,访问该数据块或数据元素所需要的地址,以及其他特征信息等。标志符与数据一同出现在程序中并同时被访问,而采用数据描述符时程序中只出现描述符,只有当描述符被访问时才根据其中的信息形成操作数地址,然后再访问数据。

描述符方法为向量、数组数据结构的实现提供了一定的支持,有利于简化编译中的代码生成，可比变址法更快地形成元素地址。但它并不能直接支持并行性运算。

2. 向量、数组数据表示

向量、数组数据表示是为支持向量、数组数据结构的实现和快速运算而设置的。

在具有向量、数组数据表示的向量处理机中，硬件上设置有以流水或阵列方式处理的高速运算器，而其指令系统中则包含功能丰富的向量或阵列运算指令。只需一条如下的向量运算指令

向量运算类型	*A* 向量参数	*B* 向量参数	*C* 向量参数

就可以方便地实现诸如

$$c_i = a_i + 5 + b_i, \qquad i = 10, 11, \cdots, 1000$$

的向量运算功能。指令中源向量 *A*、*B* 及结果向量 *C* 的向量参数包括其基地址、位移量、向量长度和向量元素步距等参数。

引入向量、数组数据表示，能快速形成元素地址，而且便于实现把整个向量的各个元素成块预取到中央处理机，用一条向量、数组指令同时实现对整个向量、数组的高速处理，同时编译程序也得到简化。

3. 堆栈数据表示

为了能高效实现编译和子程序调用中的堆栈数据结构，很多机器都设置有堆栈数据表示。具有堆栈数据表示的机器称为堆栈机器。

堆栈机器对堆栈数据结构实现的支持体现在以下几个方面：

(1) 有功能丰富的堆栈操作类指令，可对堆栈中的数据直接进行各种运算和处理。

(2) 由若干高速寄存器组成的硬件堆栈，并控制它与主存中的堆栈区在逻辑上组成一个整体，使堆栈具有寄存器的访问速度和主存的容量。

(3) 有力地支持子程序的嵌套和递归调用。嵌套调用指的是一个子程序调用另一个子程序，递归调用则指的是一个子程序直接或经过别的子程序间接调用自己，故又分别称为直接递归和间接递归。子程序调用中，地址和现场的保护及恢复、参数的传递等操作与堆栈"后进先出"的访问规律非常符合。堆栈机器不但可以方便地实现这些功能，还能及时地释放不用的单元，并在访问堆栈时可较多地使用零地址指令、缩短指令长度，从而使堆栈机器上程序的总位数及程序执行所需用到的存储单元数更少，存储效率更高。

(4) 有力地支持高级语言程序的编译。在寄存器型机器中，对算术表达式进行编译时，在排列运算顺序和寄存器的分配与优化方面是比较麻烦的，但在堆栈机器中则很容易通过逆波兰式来实现。例如，在机器 HP-3000 中除一般的访存指令外还有一组堆栈指令，格式为

0000	堆栈操作码 A	堆栈操作码 B

主操作码为 0000 时表示为堆栈指令。如果是双操作数运算指令，其功能为按照先 A 操作后 B 操作的顺序将栈顶和次栈顶的两个操作数进行运算，结果存于原操作数所在位置，它属于零地址双操作的指令格式。如有高级语言算术表达式为

$$A / B + C * (D + E)$$

则其逆波兰表达式为

$$AB/CDE+*+$$

作为编译时的中间语言，直接生成堆栈机器指令程序为

LOAD	A	; sp←sp+1, M(sp) ← M(A)
LOAD	B	; sp←sp+1, M(sp) ← M(B)
DIV	DEL	; 除法，sp←sp-1
LOAD	C	
LOAD	D	
ADDM	E	; M(sp) ← M(sp)+ M(A)
MUL	ADD	; 乘法，加法

在堆栈机器中的实现过程如图 2.1 所示。

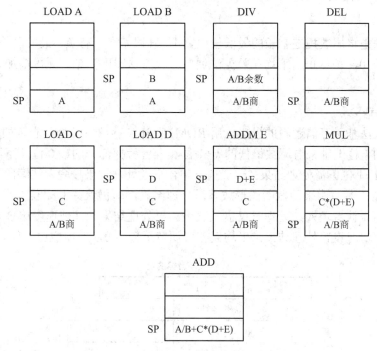

图 2.1　逆波兰式在堆栈机器中的实现过程

由此看到，在堆栈机器中实现算术表达式，可以简化编译，在较大程度上缩小高级语言和机器语言之间的语义差距。

2.1.3　浮点数尾数的下溢处理

在基本数据表示中也存在像如何减少运算中的精度损失等许多需要考虑的问题，如浮点数运算过程中因相乘或各种右移，会使尾数超出运算器和存储器的字长范围。超长尾数部分丢弃会造成精度损失，如果用两倍字长存储和运算来保证精度，则会增加存储空间和运算时间。对于一般的应用，应考虑在尾数的下溢处理中如何采取措施以尽量减少运算中的精度损失。

尾数下溢主要出现在加、减法中的对阶、右移规格化及乘法中取单倍长乘积的情况下。下面是几种常用的尾数下溢处理方法。

1. 截断法

截断法是简单地将下溢部分截去。其最大误差在整数二进制运算中接近于 1，在分数二进制运算中接近于 2^{-m}(m 为尾数的二进制位数)。对正数误差恒为负，统计平均误差为负且无法调节。该方法误差较大，但实现简单，无需增加硬件及处理时间。

2. 舍入法

舍入法是将尾数多保留一位(溢出部分的最高位)，处理时该保留位加 1 后舍去。其误差有正有负，最大误差小于截断法，平均误差无法调节。统计平均误差接近于 0，稍偏正。该方法实现简单，增加硬件少，但处理速度慢。处理时间最长的情况是从尾数最低位向最高位进位，并发生上溢而需要右移规格化。

3. 恒置 1 法

恒置 1 法是将尾数规定字长的最低位恒置 1。其误差有正有负，最大误差为 1。统计平均误差接近于 0，稍偏正。平均误差无法调节。该方法实现简单，无需增加硬件，处理速度快。

4. 查表舍入法

查表舍入法基于存储逻辑的思想，用 ROM 或 PLA 存放下溢处理表，如图 2.2 所示。下溢处理表的 k 位地址来自尾数最低的 $k-1$ 位和准备舍掉部分的最高位，下溢处理表的内容则是 2^k 个 $k-1$ 位下溢处理结果。一般情况下，下溢处理结果按舍入法编码；当尾数的最低 $k-1$ 位为全 1 时，则采用截断法形成下溢处理结果，即仍保持 $k-1$ 位为全 1。下溢处理表中的内容由设计者填入，处理时仅需从表中读出处理结果，处理速度比舍入法快。该方法可根据具体情况设置处理结果，平均误差可调节至趋于 0，但需增加硬件。

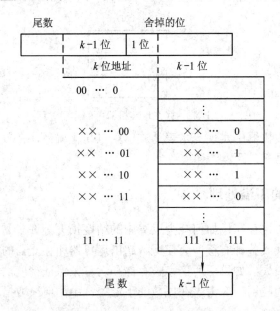

图 2.2　ROM 查表舍入原理

2.2 指令系统的优化设计

指令系统是程序设计者看到的机器主要属性和软、硬件的主要界面,它对计算机功能的确定至关重要。指令系统的设计主要包括指令功能设计和指令格式设计两方面,其内容与前述数据表示以及寻址方式密切相关。本节从寻址方式及相关问题入手,着重讨论指令格式的优化及指令系统的改进和发展的途径。

2.2.1 寻址方式分析

指令寻找所需操作数或信息的方式称为寻址方式。计算机用到的数据、指令等信息通常保存在通用寄存器、主存、堆栈以及设备寄存器或某些专门寄存器等部件中。为了访问这些部件,首先要对它们进行编址。

1. 编址方式

部件的编址方式一般有以下几种:

(1) 各种部件分类独立编址,构成多个一维的线性地址空间。用不同的指令访问不同的部件。

(2) 各种部件统一编址,构成一个一维线性地址空间。在指令中通过不同的地址访问不同的部件。

(3) 隐式编址。对如堆栈或某些专用寄存器等部件,采用事先约定好的方式隐式寻址,以加快对其寻址和访问的速度。

目前,大多数计算机都采用将主存、通用寄存器、堆栈分类编址,并分别形成面向寄存器、堆栈和主存的寻址方式。由指令格式中的地址码形成操作数的物理地址的方式和过程,在计算机组成原理课中已有过详细的介绍,如立即寻址、直接寻址、间接寻址、相对寻址和变址寻址等,在此不再讨论。

2. 程序定位技术

程序员编写程序时使用的地址称为逻辑地址,而主存物理地址指的是程序在主存中的实际地址,计算机只能根据物理地址寻址和访问信息。所谓程序定位就是把指令和数据的逻辑地址转换成主存物理地址的过程。程序定位技术可分为三种:直接定位、静态再定位和动态再定位。

1) 直接定位

程序员在编写程序时直接指明程序和数据在实际主存中存放的位置。此时主存物理地址和逻辑地址是一致的,从而由逻辑地址构成的程序空间和由主存物理地址构成的主存空间(也称实存空间)也是一致的。这种定位方式只在初期的计算机中应用过。后来出现的操作系统可以管理主存中同时存放的多道程序,而程序员编程时并不知道该程序将存放在主存中什么位置,所以各道程序的逻辑地址都是从 0 开始编址。当程序装入主存时需要进行逻辑地址空间到物理地址空间的变换,即进行程序的定位。

2) 静态再定位

这是在目的程序装入主存时通过调用装入程序，用软件方法把目的程序的逻辑地址变换成物理地址，而在程序执行过程中，物理地址不再改变的程序定位技术。由于这种技术基于 Von Neumann 型机器指令可修改的特点，不符合程序可再入性的要求，所以逐渐也被淘汰。

3) 动态再定位

程序不做任何变换直接装入主存，同时将装入主存的起始地址存入对应该道程序使用的基址寄存器。在程序执行时，通过地址加法器将逻辑地址加上基址寄存器的程序起始地址(简称基址)形成物理地址后访问主存。这是借鉴数据变址寻址的思想而拓展的程序基址寻址定位方法，其过程如图 2.3 所示。我们将这种只在执行每条指令时才形成访存物理地址的方法称为动态再定位。

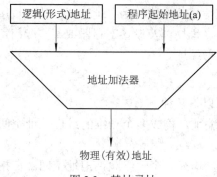

图 2.3　基址寻址

3. 按整数边界存储

通常一台机器中存放的信息有多种不同的宽度，这些信息在存储器中如何存放，关系到物理地址空间的信息分布问题。按字节编址的机器可寻址到字节，但机器的信息宽度有多种，如 IBM370 的信息有字节(8 位)、半字(双字节)、单字(4 字节)和双字(8 字节)等不同宽度。主存宽度 64 位，即一个存储周期可访问 8 个字节。各种宽度的信息均按其首字节的字节地址进行访问。信息在存储器中的分布方式有两种。一种是任意存储，如图 2.4(a)所示。这样可能会出现一个信息跨主存边界存储的情况，这时对宽度小于或等于主存宽度的信息也要用两个存储周期才能访问到，使访问速度显著降低。另一种是按整数边界存储。为了避免发生信息跨主存边界存储的情况，以保证任何时候都只用一个存储周期访问到所需信息，要求信息在主存中存放的地址必须是该信息宽度(字节数)的整数倍，如图 2.4(b)所示。这时各种宽度的信息在存储器中存放的地址必须满足：

字节信息地址为×…××××

半字信息地址为×…×××0

单字信息地址为×…××00

双字信息地址为×…×000

这就是信息在存储器中按整数边界存储的概念。信息在存储器中按整数边界存储，虽然可以保证访问速度，但会造成存储空间的浪费。随着主存器件价格的不断下降，主存容量显著扩大，目前在权衡速度和价格时，为了保证访问速度，一般都要求在主存中必须按整数边界存储信息。

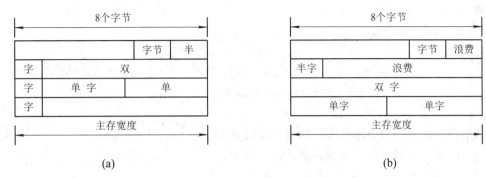

图 2.4 存储器中的信息存储方式

2.2.2 指令格式的优化

指令系统优化设计的实质是指令格式的优化,其目标是用最短的位数来表示指令内容,使程序中指令的平均字长最短,以节省程序的存储空间。同时,要尽量降低硬件实现的复杂程度。指令由操作码和地址码两部分组成,所以指令格式的优化也要从这两方面入手,并考虑其综合效果。

1. 操作码的优化

操作码优化编码的目的是缩短指令字的长度,减少程序的总位数及增加指令字所能表示的操作信息和地址信息。对操作码编码质量的评价方法是首先求出操作码的信息源熵,即信息源所包含的平均信息量。按信息论观点,当各种指令的出现是相互独立的(实际情况并不都是如此)时候,二进制操作码的信息源熵为 $H = -\sum p_i \log_2 p_i$,其中 p_i 表示第 i 种操作码在程序中出现的概率(使用频度)。然后计算采用实际编码方案的信息冗余量

$$1 - \frac{H}{\text{操作码实际平均长度}}$$

此冗余量越小编码质量越高;或者计算实际编码的平均码长 $\sum_{i=1}^{n} p_i \cdot l_i$ (l_i 表示第 i 种操作码的码长),其值接近 H 的编码质量高。

【例 2.1】 设有一台模型机,共有七种不同功能的指令,各指令的使用频度如表 2.1 所示,计算该指令集的信息源熵。

表 2.1 某模型机指令使用频度

指令	使用频度(p_i)
I_1	0.45
I_2	0.30
I_3	0.15
I_4	0.05
I_5	0.03
I_6	0.01
I_7	0.01

解：计算指令的信息源熵为

$$H = -\sum p_i \log_2 p_i$$

$$= 0.45 \times 1.152 + 0.30 \times 1.737 + 0.15 \times 2.737 + 0.05 \times 4.322 +$$

$$0.03 \times 5.059 + 0.01 \times 6.644 + 0.01 \times 6.644$$

$$= 1.95 \ \text{位}$$

结果说明这七种指令的最少平均编码位数只需 1.95 位。操作码的表示方法有等长操作码编码、Huffman 编码和扩展操作码编码。我们通过前面的实例来介绍以上三种编码方法并比较各自的特点。

1) 等长操作码编码

所有操作码编码长度相同，且对 N 种操作码采用等长操作码编码时，其编码长度至少需要 $n = \lceil \log_2 N \rceil$（注：$\lfloor \ \rfloor$ 表示向下取整，$\lceil \ \rceil$ 表示向上取整。）位。如对表 2.1 给出指令集，若采用等长操作码编码则平均码长为 3 位，相对于指令信息源熵的信息冗余量为 $1 - \dfrac{1.95}{3} \approx 35\%$。

等长操作码的特点是编码简单，规整性好，实现容易，但信息冗余量大，会造成存储空间的浪费。

2) Huffman 编码

Huffman 编码是将 Huffman 压缩概念运用于指令操作码而得到的一种编码，目的是缩短操作码的平均码长。操作码的 Huffman 压缩思想是当各种指令出现的频度不均等时，对出现频度最高的指令用最短的位数来表示，而对出现频度较低的指令用较长的位数来表示，会使表示的平均位数缩短。Huffman 编码的一般过程为

① 利用最小概率合并法，构造 Huffman 树。

② 对 Huffman 树的所有分支进行代码分配，两个分支按左 1 右 0 或者相反均可。

③ 从根结点开始，沿分支到达各频度指令所经过的代码序列即为该频度指令的 Huffman 编码。

应当指出，用上述方法构造的 Huffman 树以及各指令的 Huffman 编码均不是唯一的，但采用 Huffman 编码所得操作码的平均长度是唯一的。

【例 2.2】 对表 2.1 给出指令集进行 Huffman 编码，并计算编码的平均码长和信息冗余量。

解：采用最小概率合并法构造的 Huffman 树如图 2.5 所示。根据 Huffman 树设计的 Huffman 编码如表 2.2 所示。计算 Huffman 编码的平均码长为

$$l = \sum_{i=1}^{7} p_i \cdot l_i = 0.45 \times 1 + 0.30 \times 2 + 0.15 \times 3 + 0.05 \times 4 + 0.03 \times 5 + 0.01 \times 6 + 0.01 \times 6 = 1.97$$

Huffman 编码的信息冗余量为

$$1 - \frac{H}{l} = 1 - \frac{1.95}{1.97} \approx 1.0\%$$

与采用 3 位等长操作码的信息冗余量 35%相比要小得多。

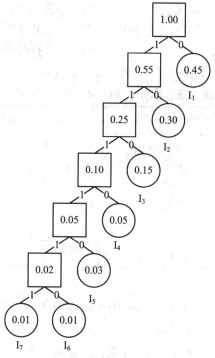

图 2.5 用 Huffman 树进行操作码编码

Huffman 编码方法形成的操作码很不规整，例 2.2 中的七条指令就形成了六种不同长度的操作码。这样既不利于硬件的译码，也不利于软件的编译，同时也很难与地址码配合实现指令格式的整体优化。Huffman 编码的特点是平均码长短，信息冗余量小，但编码规整性差，实现困难。

表 2.2 操作码的 Huffman 编码

指令	使用频度 p_i	Huffman 编码	OP 码长 l_i
I_1	0.45	0	1
I_2	0.30	10	2
I_3	0.15	110	3
I_4	0.05	1110	4
I_5	0.03	11110	5
I_6	0.01	111110	6
I_7	0.01	111111	6

3) 扩展操作码编码

扩展操作码编码实际是一种结合 Huffman 压缩思想的不等长二进制编码方式。它的操作码长度只限于几种码长，以便于实现和分级译码。编码仍保持 Huffman 压缩思想的用短码表示概率高的操作码，用长码表示概率低的操作码，以降低信息冗余量。扩展编码法有等长扩展编码法和不等长扩展编码法两种，区别在于不同码长操作码的扩展位数是否相同。

【例 2.3】 对表 2.1 给出的指令集分别采用等长扩展和不等长扩展方式进行编码，并计算编码的平均码长和信息冗余量。

解： 对给定指令集采用 2-4 等长扩展编码和 1-2-3-5 不等长扩展编码。

(1) 2-4 等长扩展编码：用三个 2 位编码表示三种使用频度高的指令，留一个 2 位编码 11 作为将操作码扩展为 4 位的标志，4 位编码中低 2 位的四个编码可以分别表示其余四种使用频度较低的指令。具体编码如表 2.3 所示。

表 2.3　操作码的 2-4 等长扩展编码

指令	使用频度 p_i	2-4 等长扩展编码	OP 码长 l_i
I_1	0.45	00	2
I_2	0.30	01	2
I_3	0.15	10	2
I_4	0.05	1100	4
I_5	0.03	1101	4
I_6	0.01	1110	4
I_7	0.01	1111	4

操作码平均码长为

$$l = (0.45 + 0.30 + 0.15) \times 2 + (0.05 + 0.03 + 0.01 + 0.01) \times 4 = 2.20 \text{ 位}$$

编码的信息冗余量为

$$1 - \frac{1.95}{2.20} \approx 11.4\%$$

(2) 1-2-3-7 不等长扩展编码方案可以构成 7 个编码，具体编码如表 2.4 所示。

表 2.4　操作码的 1-2-3-5 不长扩展编码

指令	使用频度 p_i	1-2-3-5 不等长扩展编码	OP 码长 l_i
I_1	0.45	0	1
I_2	0.30	10	2
I_3	0.15	110	3
I_4	0.05	11100	5
I_5	0.03	11101	5
I_6	0.01	11110	5
I_7	0.01	11111	5

操作码平均码长为

$$l = 0.45 \times 1 + 0.30 \times 2 + 0.15 \times 3 + (0.05 + 0.03 + 0.01 + 0.01) \times 5 = 2.00 \text{ 位}$$

编码的信息冗余量为

$$1 - \frac{1.95}{2.00} = 2.5\%$$

扩展操作码编码的特点是平均码长较短，信息冗余量较小，编码规整性好，实现较容易。这是一种很实用的优化编码方法。

操作码的扩展编码会因选择扩展标志不同而形成多种不同的扩展编码方案。例如，对

4-8-12 等长扩展编码，就可以有 15/15/15 和 8/64/512 等多种扩展编码方法。这两种扩展法的具体编码方法如图 2.6 所示。

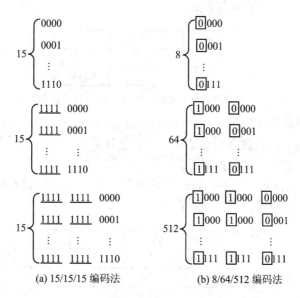

(a) 15/15/15 编码法   (b) 8/64/512 编码法

图 2.6　操作码等长扩展编码的扩展方法

应根据系统中指令的使用频度分布和指令系统的大小来决定选择何种扩展编码方法。若系统中有 15 种指令的使用频度较高，另 15 种指令次之，其余指令的使用频度很小，且指令总数不超过 45 条，则采用 15/15/15 扩展编码方法较合适。如果有 8 种指令的使用频度较高，另 64 种指令的使用频度稍低，则可采用 8/64/512 扩展编码方法。无论采用哪种扩展编码方法，编码质量的评价标准始终是看操作码平均长度是否最短，或信息冗余量是否最小。

2. 地址码的优化

地址码是指令字中的另一部分重要信息，其编码长度主要与指令中地址码的个数、操作数存放的位置(通用寄存器、主存储器、堆栈等)、存储设备的寻址空间大小、编址方式、寻址方式等有关。操作码优化编码使其具有多种长度，在不同的主存存储方式中，会产生不同的结果。如果主存是按位编址，指令连续存储(如图 2.7 所示)，则操作码的优化表示会直接使程序总存储位数减少。然而，有些指令却因出现跨边界存储而需两个主存周期才能读出，这会使机器速度明显下降。

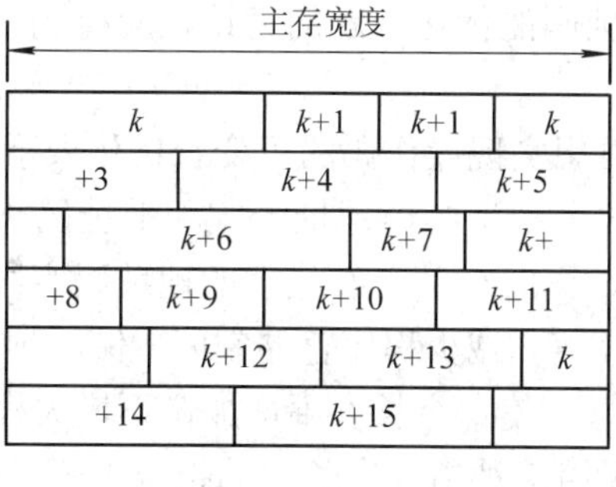

主存宽度

k		$k+1$	$k+1$	k
+3		$k+4$		$k+5$
	$k+6$		$k+7$	$k+$
+8	$k+9$		$k+10$	$k+11$
		$k+12$	$k+13$	k
+14		$k+15$		

图 2.7　在按位编址的主存中存储任意长指令字

为了保持访存取指令的速度，指令字遵循按整数边界存储的原则。如果地址码的长度固定，则操作码优化所带来的位数的减少，可能只会使指令字内出现空白浪费(冗余)，却并不能减少程序的总位数，如图 2.8 所示。

操作码	空白浪费	地址码
短操作码	空白浪费	地址码
		地址码

图 2.8　按整数边界存储的主存中存储等长地址码指令

因此，要使操作码长度因优化缩短而出现的空位被充分利用，只有地址码也是可变长的，才可以占用这些位，这就必须对地址码部分进行优化。通常，一个操作数的地址码长度可以有很宽的变化范围，其依据如下。

(1) 由于指令中操作数个数的不同，可采用多种地址制，如零地址指令、一地址指令、二地址指令、三地址指令等，如图 2.9 所示。

	操作码	地址码	地址码	地址码
三地址制	操作码	地址码	地址码	地址码
二地址制	操作码		地址码	地址码
一地址制	操作码			地址码

图 2.9　在定长指令字内实现多种地址制

(2) 同一种地址制还可采用多种地址形式和长度，也可以考虑利用空白位直接存放操作数或常数等，如图 2.10 所示。

	操作码		R_d	R_s
寄存器-寄存器型	操作码		R_d	R_s
寄存器-存储器型	操作码	访存地址S		R
带直接操作数	操作码	直接操作数	R_1	R_2

图 2.10　同一种地址制中的多种地址形式和长度

(3) 在指令中采用多种寻址方式，可以在地址码长缩短的情况下满足较大寻址范围的要求。如操作数的寻址可采用基址寻址、基址加变址寻址、段寻址、寄存器寻址、相对寻址、寄存器间接寻址等多种寻址方式，并可分别具有不同的码长。变长的地址码和优化的可变长操作码相配合，才能最终减少程序的总位数。

3. 指令格式优化

通过前面对操作码和地址码的优化问题的讨论，应得到指令格式的优化设计可由以下方法实现。

(1) 运用 Huffman 压缩思想实现操作码的可变长优化表示。

(2) 多种不同的寻址方式、地址制、地址形式和地址码长度与可变长操作码相结合。让最常用的指令操作码最短，同时令其具有最多的地址码字段信息使其指令的功能增强。可减少指令条数，提高运行速度，减少程序存储空间。使用频度低的指令操作码字段较长，但采用较少的地址码字段信息，使指令长度不增加，不增大程序存储空间。

(3) 还可以进一步考虑采用多种指令字长度的指令格式，如单字长指令、双字长指令、三字长指令等。这比只有一种长度的定长指令字方式更能减少信息的冗余量，缩短程序的长度。

综上所述，指令格式的优化就是指通过采用多种不同的寻址方式、地址制、地址形式和地址码长度以及多种指令字长，并将它们与可变长操作码的优化表示相结合，目的是构成信息冗余量尽可能小的指令字。

【例 2.4】 某模型机共有七条指令，各指令的使用频度分别为 35%、25%、20%、10%、5%、3%、2%。该模型机有 8 位和 16 位两种指令字长，采用 2-4 扩展操作码。8 位字长指令为寄存器-寄存器(R-R)二地址类型，16 位字长指令为寄存器-存储器(R-S)二地址变址寻址(-128≤变址范围≤127)类型。

(1) 设计该机的两种指令格式，标出各字段位数并给出操作码编码。

(2) 该机允许使用多少个可编址的通用寄存器？多少个变址寄存器？

(3) 计算操作码的平均码长。

解：(1) 七条指令的 2-4 扩展操作码编码如表 2.5 所示。

表 2.5 指令的 2-4 扩展操作码编码

指令	使用频度 p_i	2-4 扩展操作码编码
I_1	0.35	00
I_2	0.25	01
I_3	0.20	10
I_4	0.10	1100
I_5	0.05	1101
I_6	0.03	1110
I_7	0.02	1111

为了加快高使用频度指令的执行速度并减少程序存储开销，设计有 2 位操作码长度的三条指令采用短指令格式且操作在通用寄存器之间进行，而其他的指令则采用长指令格式，操作在寄存器和存储器之间进行。由于 R-R 型指令长度为 8 位，操作码占 2 位，所以源寄存器、目的寄存器编码部分各占 3 位，其格式如下：

2 位	3 位	3 位
操作码 OP	源寄存器 R_s	目的寄存器 R_d

R-R 型：

由变址寻址的位移量范围(-128～+127)可知，R-S 型指令格式中偏移地址占 8 位，由于操作码占 4 位，源寄存器编码占 3 位，R-S 型指令长度为 16 位，所以变址寄存器的编码只占 1 位，R-S 型指令格式如下：

4 位	3 位	1 位	8 位
操作码 OP	源寄存器 R_s	目的寄存器 R_d	偏移地址

R-S 型：

(2) 由(1)中设计的指令格式中通用寄存器编码占 3 位，变址寄存器编码占 1 位可知：该机允许使用八个可编址的通用寄存器和两个变址寄存器。

(3) 根据表 2.5 计算操作码的平均码长为

$$\sum_{i=1}^{7} p_i \cdot l_i = (0.35 + 0.25 + 0.20) \times 2 + (0.10 + 0.05 + 0.03 + 0.02) \times 4 = 2.4 \text{ 位}$$

2.3　计算机指令系统的发展方向

为了使计算机系统具有更强的功能、更高的性能和更好的性价比，满足日益复杂多样的应用需要，在机器指令系统的设计、发展和改进上有两种不同的方向：一个方向是增强指令功能，实现软件功能向硬件功能转移，基于这种思想设计实现的计算机系统称为复杂指令系统计算机(CISC，Complex Instruction Set Computer)；另一个方向是尽可能地降低指令功能及结构的复杂程度，以达到简化实现、提高性能的目的，基于这种思想设计实现的计算机系统称为精简指令系统计算机(RISC，Reduced Instruction Set Computer)。

2.3.1　CISC

CISC 结构实现的途径是增强原有指令的功能以及通过设置新指令取代原来由子程序完成的功能，实现软件功能的硬化，以达到减少程序的指令条数，提高性能的目的。

1. 按 CISC 方向改进指令系统

1) 面向目标程序增强指令功能

对大量目标程序及其执行情况进行统计分析，可发现有些指令或者指令串的使用频率较高。如果增强这些指令的功能，并加快其执行，或者将常用的指令串用一条新的指令来替代，不但会减少目标程序存取指令的次数，加快目标程序的执行，而且也会有效地缩小程序目标代码的长度。这种面向目标程序增强指令功能主要利用如下一些方法。

(1) 高运算型指令功能。

在一些高性能计算机中，为了提高运算速度，减少程序调用的额外开销，将那些常用的计算函数及子程序用一条指令来实现，如 sin、cos、tan、e^x 等。至于一台机器将哪些子程序指令化，则需要在增加硬件成本与提高机器性能之间进行合理的折中。

(2) 提高传送指令功能。

一般在数据处理计算机和通用计算机中，都设有成组的传送指令，其主要功能是将主存中的一组数据传送到 CPU。由于对向量、数组等处理的需要，也有在寄存器之间或寄存器与处理部件之间设置一些一次就能传送多个数据的指令，如向量计算机中的向量传送指令等。

(3) 增加程序控制指令功能。

在 CISC 计算机中一般均设置多种程序控制指令。可通过指令提供的偏移量与现行程序计数器内容相加获得新地址从而实现转移，或者通过常规的寻址方式把新地址送入程序计数器来实现转移，以此达到缩小程序空间，提高软件运行效率的目的。

实现以上这些具有较强功能的指令的硬件开销较大，所以只有对频繁使用的子程序或指令串，用较强功能的新指令替换才划算。

2) 面向高级语言的优化实现改进指令系统

目前的高级语言大都是由编译程序编译的。但由于高级语言和机器语言存在的语义差异，使得经编译形成的目标程序往往比直接用机器语言编写的程序长，需要更多的运行时间，而且编译程序本身的运行时间也在总运行时间中占有较大比例。另外，当需要由目标程序回溯源程序的错误时也比较困难。为此，在 CISC 计算机指令系统功能设计中，可以考虑使用面向高级语言和编译程序的优化来增强相应的指令功能。

(1) 增加对高级语言和编译系统支持的指令功能。

可对源程序中各种高级语言语句进行使用频度的统计分析，对使用频度高的语句，可设置专用指令或增加相应指令的功能，以提高其编译和执行速度。另外，可以从面向编译程序，尤其是优化代码生成的角度考虑增加指令系统的规整性来改进指令系统，以简化操作和优化管理。所谓规整性，是指没有或尽量减少例外情况和特殊应用，所有运算都能对称、均匀地在存储器单元或寄存器单元之间进行。

采取以上措施后，机器语言与高级语言之间的语义差异将显著减小。这种机器统称为面向高级语言的机器。

(2) 高级语言计算机指令系统。

提供对高级语言和编译程序的支持，实质是在语言编译实现中增加对高级语言解释的成分。如果按此思路继续改进，直至几乎没有语义差距，则可达到使高级语言成为机器的汇编语言，即高级语言和机器语言是一一对应的。这种机器称为间接执行型高级语言机器，它用汇编的方法(可以用软件或硬件实现)把高级语言源程序翻译成机器语言程序。

高级语言机器本身也可以没有机器语言，或者说高级语言就作为机器语言，它可以直接用硬件或固件对高级语言源程序的语句逐条进行解释并执行，这样就无需编译或汇编过程。由于是逐条解释，当发现有程序设计错误时，错误现场容易保存，因而也容易排除错误。另外，解释方法对实现交互式语言有利。这种机器称为直接执行型高级语言机器。

(3) 面向操作系统的优化实现改进指令系统。

计算机体系结构与操作系统是紧密联系的，操作系统的实现在很大程度上取决于体系结构的支持，主要表现在对操作系统中的进程管理、存储管理、设备管理、中断处理、系统工作状态的建立与切换等方面的支持。虽然指令系统并不能全面反映体系结构对操作系统的支持，但仍反映了其主要方面。我们可以通过设置操作系统专用的指令，如支持系统工作状态和访问方式转移的指令、支持进程转移的指令、支持进程同步和互斥的指令等，以软件硬化的措施来达到优化实现操作系统的目的。

2. CISC 结构的分析

按照强化指令系统功能的方向改进和发展计算机，也将使机器指令格式发生变化，如采用指令操作码扩展技术来表示数量不断增多的指令。为减少地址码的位数而在指令中使用多种地址制和寻址方式，使指令的长度不定、格式复杂，结果是导致机器指令系统越来越庞大和复杂。在 20 世纪 70 年代后期，人们已经感到日趋庞杂的指令系统不仅不易实现，而且还有可能降低系统的效率。1979 年，美国加州大学以 Patterson 为首的一批科学家对 CISC 指令系统结构的合理性进行了深入研究，结果表明 CISC 结构有以下特点和问题：

(1) 指令系统庞大。CISC 的指令系统一般在 200 条以上，可以适应不同应用领域的需要，可以减少编程所需要的代码行数，减轻程序员的负担。但庞大的指令系统使得高级语言编译程序选择目标指令的范围很大，从而难以优化编译生成真正高效的机器语言程序，也使编译程序本身太长、太复杂。

(2) 采用多种不同的寻址方式且指令的长度可变，指令格式复杂。多种寻址方式的使用有利于简化高级语言的编译，但指令功能和结构的复杂使完成指令的译码、分析和执行的控制器硬件非常复杂，增加了 VLSI 设计的难度，不利于单片集成和设计自动化技术的采用，增加了设计时间和成本，而且容易产生设计错误，从而降低了系统的可靠性。

(3) 由于 CISC 指令系统中的许多复杂指令需要很复杂的操作，使得执行速度很低，而且各指令的功能不均衡性，不利于采用先进的计算机体系结构技术(如流水技术)来提高系统的性能。

(4) 指令系统中包含特殊用途的指令，使各种指令的使用频度相差悬殊。据统计，约有 20% 的指令使用频度较高，约占整个运行时间的 80%，而另外 80% 左右的指令只在 20% 的运行时间内才会用到。这就是所谓的 20%～80% 规律。这不仅增加了机器设计人员的负担，也降低了系统的效率及性价比。

2.3.2　RISC

1. RISC 的基本思想

针对 CISC 结构存在的这些问题，Patterson 等人提出了 RISC 结构的设想，通过精简指令来使计算机结构变得简单、合理、高效。他们提出了设计 RISC 机器应当遵循的一般原则有：

(1) 精简的指令系统。只选取使用频度最高的基本指令，并根据对操作系统、高级语言和应用环境等的支持增设一些最有用的指令。

(2) 减少指令系统可采用的寻址方式种类，一般不超过三种。

(3) 在指令格式的设计上尽可能地简化和规整，并让全部指令尽可能等长。

(4) 每条指令的功能应尽可能简单，大多数指令在一个机器周期内完成。

(5) 处理器中设置大量的通用寄存器，只允许 LOAD 和 STORE 指令访问存储器，其他指令操作均在寄存器之间进行。

(6) 大多数指令采用硬联控制实现，以提高指令执行速度，少数指令采用微程序实现。

1981 年，Patterson 等人研制成功 32 位的 RISC I 微处理器，在共 31 种指令中，有算术逻辑指令 12 种，访问存储器指令 8 种，程序控制指令 7 种，其他指令 4 种；有 3 种数据类型；只有变址寻址和相对寻址两种寻址方式；主存按字节编址，指令采用三地址，有少量二地址和一地址指令，指令字长都是 32 位；时钟频率为 8 MHz，所有指令都在一个机器周期(500 ns)内完成；只有访问存储器指令可以访存，其他指令的操作都在通用寄存器之间进行；CPU 中共设置 78 个通用寄存器，但每个过程只能看到其中的一部分寄存器，即后文要讲述的寄存器窗口技术。由于 RISC I 微处理器的控制器部分只占 CPU 面积的 6%，所以有较大的面积用于安排较多的寄存器。而属于 CISC 型微处理器的 MC68000 的控制器部分占芯片面积的 50%，Z8000 的控制器部分占芯片面积的 53%，因此，它们的芯片上无法安排数量众多的寄存器，只能更多地访问存储器。RISC I 的性能比当时最先进的商品化微处理器 MC68000 和 28002 快 3～4 倍，有些方面甚至超过了 PDP-11/70 和 VAX-11/780 等小型机。

1983 年推出的 RISC II 微处理器，增加了采用变址寻址方式的 5 种取数指令和 3 种存数指令，使用单一的变址寻址方式；通用寄存器增加到 138 个；时钟频率提高到 12 MHz，指令执行周期缩短为 330 ns；控制器部分只占芯片面积的 10%。

RISC 结构在使用相同的芯片技术和相同的运行时钟下，其运行速度将是 CISC 的 2～4 倍。由于 RISC 处理器的指令集是精简的，因此 RISC 处理器比相应的 CISC 处理器设计更简单，所需设计时间更短，占用芯片面积更小，所以它的内存管理单元、浮点单元等都能设计在同一块芯片上，并可以比 CISC 处理器应用更多先进的技术，开发更快的下一代处理器。从目前来看，高效率的流水线和优化编译技术是现代 RISC 系统必须十分注重的两点。RISC 的特点使它便于采用流水线技术，来进一步提高 RISC 处理机的性能。由于 RISC 精简了支持编译的某些专门指令，使 RISC 机器的编译程序要比 CISC 的难写，所以 RISC 应注重支持优化编译技术，以生成优化的机器代码。

2. RISC 采用的基本技术

RISC 技术的主要特点是 CPU 的指令集大大简化，并且关注如何用简单的指令来提高机器的性能，特别是提高运行速度，从而能有效地提高 CPU 的速度。为此，RISC 结构采用了如下几种基本技术。

1) 遵循按 RISC 机器一般原则设计的技术

指令系统只选择使用频度最高的基本指令，并根据对操作系统、高级语言和应用环境等的支持增设一些最有用的指令。在指令功能的复杂程度与硬件实现的复杂程度及指令执行时间之间进行合理的权衡。

采用简单的指令格式、规整的指令字长和简单的寻址方式。RISC 结构的指令基本上是单字长并按整数边界存储，以保证一条指令可一次取出。而且指令中操作码字段、操作数字段都尽可能具有统一的格式，指令格式的规整也使指令的操作更规整，这样使编码控制逻辑简化，提高了译码操作的效率，并有利于流水技术的应用。

2) 采用 LOAD/STORE 结构及重叠寄存器窗口技术

为了减少访存次数，提高执行速度，RISC 机器采用了 LOAD/STORE 结构，只允许 LOAD 指令和 STORE 指令执行存储器操作。这可以简化指令功能，缩短指令周期。同时为了使大多数指令的操作能在寄存器间进行，能更简单有效地支持高级语言中大量出现的过程调用，减少过程调用中程序现场转移所需的辅助操作，并能更简单直接地实现过程与过程之间的参数传递，大多数 RISC 机器的 CPU 中都设置有数量较大的寄存器组，让每个过程使用一个有限数量的寄存器窗口，并让各个过程的寄存器窗口部分重叠。这就是加州大学伯克利分校的 F. Baskett 提出的重叠寄存器窗口(overlapping register window)技术，它首先在 RISC I 上应用。

RISC II 采用的重叠寄存器窗口如图 2.11 所示。RISC II 共有 138 个寄存器，划分为 8 个窗口，其中由 10 个全局性寄存器 R_0～R_9 组成一个公共区，能被所有过程访问。另外，每个过程还可看到一个由 R_{10}～R_{31} 共 22 个寄存器构成的窗口，该窗口被分成三个部分：R_{26}～R_{31} 的六个寄存器称为高区，作为本过程与调用本过程的高级主调过程交换参数用；R_{16}～R_{25} 的 10 个寄存器称为本区，作为本过程访问的局部变量用；R_{10}～R_{15} 的六个寄存器称为低区，作为本过程为主调过程时与被调用的低级过程交换参数用。因此，本过程寄存器窗口中的高区和低区均与其他过程的寄存器窗口部分重叠。整个系统共有 8 个窗口，只要过程调用的深度不超过 8 层，重叠寄存器窗口技术就可以减少大量的访存操作。当调用层数超过规定层数时，称为寄存器溢出，这时可在主存中开辟一个堆栈，作为寄存器组的虚拟容量，把最先被调用的过程所使用窗口中的所有内容作为现场信息压入堆栈中。

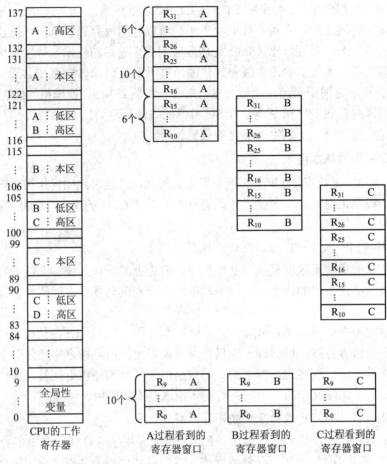

图 2.11　RISC Ⅱ的重叠寄存器窗口

3) 采用流水结构和延迟转移技术

为加快指令的执行速度，在 RISC 机器中可采用流水线结构使每一时刻都有多条指令重叠执行，如让上条指令的保存结果、本条指令的执行和下条指令的预取在时间上重叠起来，这样尽管一条指令的执行仍需要多个机器周期，但从平均每条指令执行的时间来看，每条指令需要的机器周期数大大减少，甚至达到每条指令只需一个机器周期。

然而，一旦正在执行的是一条条件转移指令且转移成功，或者是一条无条件转移指令，则在预取与执行相重叠的方式中预取的下一条指令就应作废，以保证程序的正确运行。这实际上浪费了存储器的访问时间，相当于转移需要两个机器周期，从而增大了辅助开销。为了避免这种浪费，则使用一种方法——延迟转移(delayed branch)技术。其方法是由编译程序自动在转移指令后面都插入一条空操作指令(NOP)，或将转移指令与其前面的一条指令交换位置，让成功转移总是在紧跟的指令被执行之后发生，从而使按要求的转移目的地址预取的指令不作废，同时可能节省一个机器周期。由于这种延迟转移是由 RISC 的编译程序自动进行的，虽然对用户程序是透明的，但对系统程序的编译程序设计者却是不透明的。因此在 RISC 机器中，流水属于计算机系统结构，不像一般的流水机中流水只属于计算机组成。

为了提高 RISC 结构操作的并行性，达到在一个机器周期内能执行多条指令的目的，一些属于指令级并行处理的新结构如超标量结构、超级流水线结构和超长指令字(VLIW)结构等已经出现。

4) 在逻辑设计上采用硬联线实现和微程序固件实现相结合的技术

用微程序解释机器指令的主要优点是便于实现复杂指令，便于修改指令系统、增加需要的新指令，提高了指令系统设计的灵活性和适应性。其缺点是解释一条机器指令要多次访问控制存储器以取微指令，指令执行速度低，不符合 RISC 机器的大多数常用指令在一个机器周期内执行完的要求。因此，RISC 结构采用的技术是让大多数简单指令用硬联线方式实现，而对较复杂的指令允许用微程序固件实现，并且较多地采用全水平型微指令(微指令长度可达 64 位)或毫微程序方式实现，以免去或减少微指令的译码时间，直接控制通路操作，从而加快解释和便于微指令流的处理。目前商品化的 RISC 处理机在实现机器指令时，都采用以硬联逻辑为主、微程序固件实现为辅的方法。

5) 采用优化编译技术

RISC 机器使用了大量寄存器，所以编译程序必须努力优化这些寄存器的分配和使用，以提高寄存器的使用效率，减少访问存储器的次数。另外，还要重新组织编译得到的目标代码，优化调整指令的执行顺序，尽量减少机器的空等时间。上述延迟转移技术也可以看成是一个典型的调整指令执行顺序的例子。另外，由于 RISC 机器精简的指令系统中为高级语言设置的专门指令数量较少，为此需要先编写一个低层次的例行程序，并约定好某些软件规则，以便有效地执行高级语言。

3. RISC 结构存在的问题

采用 RISC 结构的好处是明显的。指令系统的精简可以使控制器的硬件相对简单，有利于降低设计成本和缩短设计周期，提高系统的可靠性，适合超大规模集成电路实现，并且可以提高机器的执行速度和效率；指令总数的减少，缩小了编译过程中选择机器指令的范围；指令格式简单且等长，指令执行在一个机器周期内完成，使编译程序选择寻址方式容易，易于调整指令顺序，有利于代码优化；提供直接支持子程序和过程调用的高级语言处理的能力，可以简化编译程序的设计。但也有人认为虽然 RISC 体系的硬件产品制造变得简单，但软件的开发会变得更复杂. 所以它不能代表未来微处理器的发展方向。

RISC 结构存在的问题主要有：

(1) 由于指令少,使原在 CISC 上由单一指令完成的某些复杂功能现在需要用多条 RISC 指令才能完成，即使执行相同的任务也必须编写更多的程序来完成，这实际上加重了汇编语言程序员的负担，增加了机器语言程序的长度，从而占用了较大的存储空间，加大了指令的信息流量。

(2) 对浮点运算和虚拟存储器的支持虽有很大加强，但仍不够理想。

(3) 由于 RISC 的编译程序要承担优化大量寄存器的分配和使用的任务，优化调整指令的执行顺序以支持流水技术等任务，因此，相对 CISC 机器来说，RISC 机器上编译程序的设计将更加困难。

2.3.3　RISC 的新发展

由于 RISC 也存在某些不足和问题，所以尽管 RISC 体系进入市场的历史已经超过 10 年，但一直没能将 CISC 体系淘汰。实际上，RISC 和 CISC 体系的结构越来越接近。现在，许多的 RISC 芯片仍然支持过去的 CISC 芯片，而 CISC 芯片也运用了很多与 RISC 体系相关的技术，可以说 RISC 和 CISC 是在共同发展的。现在 CPU 的设计正向着将 RISC 和 CISC 概念和技术相互融合、取长补短的方向发展。

1. RISC 结构的发展趋势

在商品化 RISC 微处理器中存在的一种逆向发展趋势，就是将越来越多的性能特性加到 RISC 微处理器中，虽然某些加入的特性仍属于 RISC 类型，但也有许多加入的特性明显是非 RISC 或甚至是属于 CISC 类型的。美国密西根(Michigan)州立大学的研究小组将所加入的非 RISC 特性的 RISC 称为后 RISC，并提出了一个后 RISC 处理器的概念性流水线系统结构模型，如图 2.12 所示。

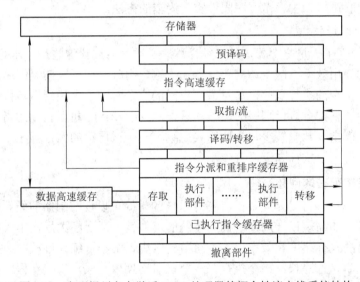

图 2.12　密西根州立大学后 RISC 处理器的概念性流水线系统结构

随着增加芯片尺寸和提高芯片集成度技术的进展，RISC 处理器的设计者已开始考虑如何使用这些芯片空间的方法。下面所列的方法是已为大多数微芯片设计者所采用的，或是被业内研究人员们提及的。

(1) 加入更多的寄存器并修改 CPU 微体系结构以适用于多媒体应用。

(2) 扩大片内高速缓存并使其工作时钟与处理器的一样快。

(3) 使用附加的功能部件执行超标量或 VLIW。

(4) 增加更多的“非 RISC”(但是快速的)指令。

(5) 使用片内支持技术以加速浮点操作。

(6) 增加流水线深度或增强分段流水线间的缓冲能力。

(7) 使用自适应转移预测和恢复方案。

(8) 基于数据驱动原理，按非程序顺序动态执行。

(9) 在前端增加对硬件代码转换的支持。

(10) 在转移事件之前开始猜测执行。

2. 后 RISC 结构的特征

在图 2.12 所示的流水线设计中，密西根州立小组对于后 RISC 的特征作出如下说明。

(1) 对指令系统做了进一步扩展。为增强处理器性能，后 RISC 已引入了某些明显是非 RISC 的指令，最显著的变化是使用更智能化的编译器排序指令以及使用硬件手段来检验多发射指令的合法性。

(2) 在每周期发送更多指令方面，后 RISC 处理器主要通过硬件手段动态地完成对指令的重排序来实现。以非程序顺序方式执行指令可开发更高的指令级并行(ILP, Instruction Level Parallelism)。

(3) 在计算中无序执行不是新概念，但对单芯片实现则是首创的。同时后 RISC 处理器仍然遵循 RISC 的大多数概念。例如，这些处理器的执行部件都被优化成为大多数指令的执行只需一个周期。

(4) 后 RISC 实现中新增加的组成部分，包括一个预译码部件(它的译码结果与指令一起存放在高速缓存中，采用重命名寄存器以消除写后写相关和先读后写相关)以及一个指令重排序缓冲器和一个撤离部件。

本 章 小 结

计算机指令系统是计算机系统结构设计中的核心内容，是计算机软、硬功能分配的主要界面。本章主要讨论了计算机指令系统设计中的有关问题。

本章首先阐述了数据表示与数据结构的关系，以及它们对系统结构设计的意义，介绍了改善计算机系统性能的自定义、向量、数组和堆栈等高级数据表示，讨论了缩小高级语言与机器语言之间语义差异的途径。

通过对计算机的编址方式、存储技术和寻址方式等方面的分析，介绍了计算机指令系统操作码的二进制编码、Huffman 编码和扩展操作码的编码方法及它们的性能比较，综合多种地址制、地址形式和长度以及寻址方式来实现地址码的优化方法，讨论了指令格式的优化设计技术。

最后探讨了计算机指令系统的发展方向，介绍了精简指令系统计算机(RISC)的结构特点及基本技术，分析了 RISC 结构存在的问题，最后对现代计算机指令系统的发展趋势进行了展望。

习　题　2

2-1　解释下列术语：

数据表示　　逻辑地址　　物理地址　　信息按整数边界存储　　Huffman 压缩

CISC　　　　RISC　　　　重叠寄存器窗口技术　　指令延迟转移技术

2-2　数据结构和机器的数据表示之间是什么关系？确定和引入数据表示的基本原则是什么？

2-3　标志符数据表示与描述符数据表示有何区别？描述符数据表示与向量数据表示对向量数据结构所提供的支持有什么不同？

2-4　由 4 位数(其中最低位为下溢处理之附加位)经 ROM 查表舍入法下溢处理成 3 位结果，设计使下溢处理平均误差接近于 0 的 ROM 表，并列出 ROM 编码表地址与内容的对应关系。

2-5　信息熵 H 的含义是什么？在优化编码中，H 有何作用？

2-6　用扩展编码方法对操作码编码时，怎样才能保证操作码编码的唯一性？

2-7　CISC 的一条指令的功能在 RISC 中要用一串指令才能实现，为什么完成相同功能的 CISC 目标程序比 RISC 目标程序的执行时间更长？

2-8　某机器浮点数表示的阶码长度 $q=6$ 位，阶码的值 e 用二进制整数、移码表示，尾数长度 $p=6$ 位，尾数的值 m 用十六进制纯小数、补码表示。请给出规格化浮点数的示数范围。

2-9　变址寻址和基址寻址各适用于何种场合？设计一种只用 6 位地址码就可以指向一个大地址空间中任意 64 个地址之一的寻址结构。

2-10　某模型机有 10 条指令 $I_1 \sim I_{10}$，它们的使用频度分别为：$p_1=0.25$，$p_2=0.20$，$p_3=0.15$，$p_4=0.10$，$p_5=0.08$，$p_6=0.08$，$p_7=0.05$，$p_8=0.04$，$p_9=0.03$，$p_{10}=0.02$。

(1) 计算这 10 条指令的操作码编码的最短平均码长。

(2) 计算采用等长操作码表示时的信息冗余量。

(3) 写出这 10 条指令的操作码的 Huffman 编码，并计算编码的平均码长和信息冗余量。

(4) 只有两种码长，试设计平均码长最短的扩展操作码编码并计算平均码长。

2-11　何谓指令格式的优化？操作码和地址码的优化一般采用哪些方法？

2-12　某台处理机的各条指令使用频度分别为

　　　ADD：43%　　SUB：13%　　JMP：27%　　JOM：6%　　STO：5%
　　　SHR：1%　　CIL：2%　　CLA：2%　　STP：1%

请分别设计这 9 条指令中操作码的 Huffman 编码、3/3/3 扩展编码和 2/7 扩展编码，并计算这三种编码的平均码长。

2-13　设某台计算机有 9 条指令，各指令的使用频度分别为

　　　I_1：52%　　I_2：14%　　I_3：12%　　I_4：7%　　I_5：6%
　　　I_6：5%　　I_7：2%　　I_8：1%　　I_9：1%

试分别用 Huffman 编码和 2-4-6 等长扩展编码为其操作码编码，并分别计算平均码长。

2-14　用于文字处理的某专用机，每个文字符用 4 位十进制数字(0~9)编码表示，空格则用"_"表示，在对传送的文字符和空格进行统计后，得出它们的出现频度分别为

　　　_：20%　　0：17%　　1：6%
　　　2：8%　　3：11%　　4：8%
　　　5：5%　　6：8%　　7：13%
　　　8：3%　　9：1%

(1) 若上述数字和空格均用二进制编码，试设计二进制信息位平均长度最短的编码。

(2) 若传送 10^6 个文字符号(每个文字符后均跟一个空格)，按最短的编码，共需传送多少个二进制位？

(3) 若十进制数字和空格均用 4 位二进制码表示，共需传送多少个二进制位？

2-15 若某机设计有如下格式的指令：三地址指令 4 条，一地址指令 255 条，零地址指令 16 条。设指令字长为 12 位，每个地址码长为 3 位，问能否以扩展操作码为其编码？如果其中一地址指令为 254 条呢？说明其理由。

2-16 某机指令字长 16 位。设有一地址指令和二地址指令两类指令。若每个地址字段均为 6 位，且二地址指令有 x 条，问一地址指令最多可以有多少条？

2-17 某模型机有 9 条指令，其使用频度分别为

ADD：30%	SUB：24%	LOD：6%	STO：7%
JMP：7%	SHR：2%	ROL：3%	MOV：20%
STP：1%			

要求有两种指令字长，且都是二地址指令。采用扩展编码，并限制只能有两种操作码码长。设该机有若干个通用寄存器，主存宽度为 16 位，按字节编址，按整数边界存储，任何指令都在一个主存周期中取得。短指令为寄存器-寄存器型，长指令为寄存器-主存型；主存地址能变址寻址。

(1) 仅根据使用频度，不考虑其他要求，设计出 Huffman 编码，并计算平均码长。

(2) 根据给出的全部要求，设计优化实用的操作码编码，并计算平均码长。

(3) 画出该机的两种指令字的格式，标出各字段的位数。该机允许使用多少个可编址的通用寄存器？访存变址寻址的最大相对位移量是多少字节？

2-18 一台模型机共有七条指令，各指令的使用频度分别为 35%、25%、20%、10%、5%、3%、2%；有八个通用寄存器和两个变址寄存器。

(1) 请设计七条指令操作码的 Huffman 编码，并计算操作码的平均码长。

(2) 若要求设计 8 位长的寄存器-寄存器型指令三条，16 位长的寄存器-存储器型变址寻址指令四条，变址范围为-127~+127，请设计指令格式，并给出指令各字段的长度和操作码编码。

2-19 某处理机的指令字长为 16 位，有二地址指令、一地址指令和零地址指令三类指令，每个地址字段的长度均为 6 位。

(1) 如果二地址指令有 15 条，一地址指令和零地址指令的条数基本相等，那么，一地址指令和零地址指令各有多少条？试为这三类指令分配操作码。

(2) 如果指令系统要求这三类指令条数的比例大致为 1：9：9，那么，这三类指令各有多少条？试为这三类指令分配操作码。

2-20 简述 CISC 的特点。

2-21 设计 RISC 结构机器的一般原则及可采用的基本技术有哪些？

2-22 从指令格式、寻址方式以及平均 CPI 三个方面，比较经典 CISC 和纯 RISC 体系结构的异同。

第3章　流水线技术与向量处理技术

计算机系统设计的基本任务之一就是加快指令的解释速度，缩短指令的解释过程。除了采用高速部件，努力提高指令内部的并行性，从而缩短单条指令的解释过程之外，也可以采用提高指令之间的并行性，从而并发地解释两条或两条以上的指令，以达到提高计算机整体速度的目的。流水线技术是提高处理机指令执行速度的主要途径，是提高处理机性能的一种十分重要的技术。本章在并行性基本概念的基础上，着重介绍重叠解释、先行控制、流水线的工作原理与分类，流水线的性能计算方法和相关处理等的基本原理，以及非线性流水线的调度方法；讨论超标量处理机和把流水线技术与超标量技术相结合的超标量超流水线处理机，以及超长指令字等先进的指令级并行技术。最后阐述向量处理技术与向量处理机，绝大多数向量处理机都采用流水线结构。

3.1　流水线的基本原理

本节从重叠解释方式出发，阐述先行控制技术和流水线技术中的基本思想、基本原理及流水线的分类。

3.1.1　重叠解释方式

1. 重叠方式原理

一条指令的解释过程可以根据完成这个过程的微操作分为若干子过程。如一般讨论指令的解释过程时，可分成取指(令)、分析和执行三个子过程，如图 3.1 所示。取指子过程是把要处理的指令从存储器里取到处理机的指令寄存器中；分析子过程则包括对指令的译码，形成操作数基地址并取操作数，形成下一条指令地址；执行子过程是对操作数进行运算并将结果写到目标单元中。

图 3.1　指令的解释过程

指令的解释方式可以有顺序解释方式和重叠解释方式两种。指令的顺序解释方式是指各条机器指令之间顺序串行地执行，一条指令执行完后才取出下一条指令来执行，而且每条机器指令内部的各条微指令也是顺序串行执行的，如图 3.2 所示。顺序执行的优点是控制简单，但由于顺序执行的前一步操作未完成，后一步操作就不能开始，故其主要缺点是速度慢，机器各部件的利用率很低。

| 取指$_k$ | 分析$_k$ | 执行$_k$ | 取指$_{k+1}$ | 分析$_{k+1}$ | 执行$_{k+1}$ |

图 3.2　指令的顺序解释

指令的另一种解释方式是重叠解释方式，在解释第 k 条指令的操作完成之前，就可开始解释第 $k+1$ 条指令。显然，重叠解释方式并不能缩短一条指令的执行时间，但是它却缩短了多条指令的平均执行时间。图 3.3 给出了指令的重叠解释的执行方式。

图 3.3　指令的重叠解释

2. 重叠方式结构

为了实现重叠方式，处理机必须从硬件组成上符合某些原则。图 3.4 所示为一次重叠方式的基本结构。

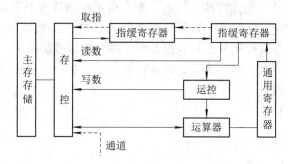

图 3.4　一次重叠方式的基本结构

首先，为了实现"执行$_k$"与"分析$_{k+1}$"重叠，必须在硬件上保证有独立的取指令部件、指令分析部件和指令执行部件。它们有各自的控制线路，实现各自的功能。为此，把处理机中原本一个集中的控制器，分解为存储控制器(存控)、指令控制逻辑和运算控制器(运部控)三个部分。

其次，在一般的机器上，操作数和指令是混合存储于同一主存内的，而且主存同时只能访问一个存储单元。从图 3.3 可以看出，重叠解释方式需要"取指$_{k+1}$"与"分析$_k$"在时间上重叠。显然，对于一般机器，取指需要访问主存，分析中取操作数也可能访问主存，如果不解决好这一问题就可能出现访存冲突，从而无法实现"取指$_{k+1}$"与"分析$_k$"的重叠。

为实现"取指$_{k+1}$"与"分析$_k$"的重叠，可采取以下措施：

(1) 让操作数和指令分别存放于两个独立编址且可同时访问的存储器中。这样有利于实现指令的保护，但这一过程对程序员是不透明的，增加了主存总线控制及软件的复杂性。

(2) 仍维持指令和操作数混存，但采用多体交叉主存结构。只要第 k 条指令的操作数与第 $k+1$ 条指令不在同一个存储体内，仍可在一个主存周期(或稍多些时间)内取得指令和操作数，从而实现"分析$_k$"与"取指$_{k+1}$"重叠。当然，若这两者正好共存于一个存储体，就无法重叠了。

(3) 增设指令缓冲寄存器。设置指令缓冲寄存器就可以在主存空闲时，预先把下一条或下几条指令取来存放在指令缓冲寄存器中。预取指令的最大数量取决于指令缓冲寄存器的容量，它按先进先出的方式工作，保证指令顺序不会混乱。这样，"分析 k"访问主存取操作数，"取指$_{k+1}$"则从指令缓冲器中取第 $k+1$ 条指令，互不干扰。而且，从指令缓冲器中取指令所用时间很短，完全可以把这个微操作合并到"分析$_{k+1}$"内，从而由原来的取指、分析、执行重叠演变成只需"执行$_k$"与"分析$_{k+1}$"的一次重叠，如图 3.5 所示。

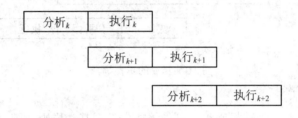

图 3.5　一次重叠解释方式

另外，实际中的"分析"操作和"执行"操作所需时间常常不完全一样。设计时应解决好控制上的同步问题，保证任何时候都只是"执行$_k$"与"分析$_{k+1}$"一次重叠，即任何时候，指令分析部件和指令执行部件都只有相邻两条指令在重叠解释。

"一次重叠"解释方式的优点为节省硬件，机器只需要一套指令分析部件和指令执行部件，同时有助于简化控制。

3.1.2　先行控制

1. 先行控制原理

一次重叠方式中保证"执行 k"与"分析 $k+1$"重叠。如果所有指令"分析"与"执行"的时间均相等，则一次重叠的流程是非常流畅的，指令的分析和执行部件的功能均能充分发挥，机器的速度也能显著提高。但实际中很难做到各种类型指令的"分析"与"执行"时间始终相等。此时，一次重叠的流程中可能出现如图 3.6 所示的情况。当"分析$_{k+1}$"结束后，指令分析部件要等待"执行$_k$"的完成，才能接着"执行$_{k+1}$"，进行"分析$_{k+2}$"。这就出现"分析$_{k+1}$"的时间小于"执行$_k$"的时间的情况。又如，"执行$_{k+2}$"的时间小于"分析 $_{k+3}$"的时间，又出现了执行部件等待的情况。这时，指令分析部件和执行部件就不能连续、流畅地工作，从而使机器的整体速度受到影响。图 3.6 所示的流程中，Δt_1、Δt_2 为指令分析部件的等待时间，Δt_3 为指令执行部件的等待时间。在只有一套指令分析部件和执行部件的前提下，减少这种情况下机器速度损失的基本思路是运用缓冲技术和预处理技术。缓冲技术是在两个工作速度不同的功能部件之间设置缓冲器，用以平滑它们之间工作速度的差异。预处理技术则是把进入运算器的指令都处理成寄存器-寄存器型(R-R 型)指令，它与缓冲技术相结合，为进入运算器的指令准备好所需要的全部操作数。具体就是执行部件在执行第 k 条指令的同时，指令控制部件能对其后继的第 $k+1$、$k+2$、…条指令进行预取和预处理，为执行部件执行新的指令做好必要而充分的前期准备。这样，就使指令分析部件和指令执行部件能连续、流畅地工作，流程中指令分析部件和执行部件之间有等待的时间间隔 Δt，如图 3.7 所示，但它们各自的流程却是连续的。这种方式称为先行控制方式。

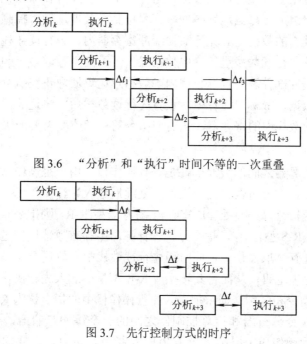

图 3.6　"分析"和"执行"时间不等的一次重叠

图 3.7　先行控制方式的时序

2. 先行控制结构

采用先行控制方式的处理机结构如图 3.8 所示。在指令控制部件中，除了原有指令分析器外，又增加了先行指令栈、先行读数栈、先行操作栈和后行写数栈。这四个缓冲栈的作用如下所述。

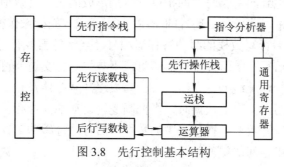

图 3.8　先行控制基本结构

1) 先行指令栈

先行指令栈的作用是后继指令预取，保证指令分析器在顺序取指时能从先行指令栈内取到，它的作用相当于一次重叠结构中的指缓寄存器。先行指令栈是主存与指令分析器之间的一个缓冲部件，用于平滑主存和指令分析器之间的工作。当指令分析器分析某条指令用时较长或主存空闲时，就可从主存中多取几条指令存入先行指令栈备取。

2) 先行读数栈

指令分析器完成指令译码后，经过寻址操作得到操作数的有效地址。如果仍由指令分析器向存控(存储控制器)发出取数请求信号，则必然会等待存控的响应，这就妨碍了后继指令的连续处理。若将有效地址送入先行读数栈内的先行地址缓冲寄存器中，则指令分析器可以继续处理后继指令。先行读数栈由一组先行地址缓冲寄存器、先行操作数缓冲寄存器和相应的控制逻辑组成。每当地址缓冲寄存器接到有效地址后，控制逻辑主动向存控发出取数请求信号，读出的数据送到先行数据缓冲寄存器内。先行读数栈以先进先出的方式工作。运算器直接从先行读数栈进行读取数据操作，不向主存取数。因此，先行读数栈是主存和运算器间的缓冲部件。先行读数栈内的数据对运算器内正在执行的指令而言属于后继指令执行所需的数据，故称"先行"。设置先行读数栈后，将运算器原来要访问存取操作数变为访问先行读数栈中的寄存器，从而使指令的执行速度大大加快。

3) 先行操作栈

指令分析器与运算器之间的缓冲部件是先行操作栈，由一组操作命令缓冲寄存器及相应的控制逻辑组成。指令分析器将指令进行预处理后送入先行操作栈。各种运算型指令、移位指令、数据传送指令等都要处理成寄存器-寄存器型(R-R 型)指令。例如，对于变址型(R-X 型)和存储器型(R-S 型)指令，指令分析器计算出主存有效地址后送入先行读数栈，由先行读数栈负责到主存读取操作数，同时用先行读数栈中存放这个操作数的寄存器编号替换原来指令中的主存地址码，从而将其转换成 R-R 型指令送入先行操作栈。为了与指令系统中原有的 R-R 型指令相区别，通常把送入先行操作栈中的指令称为 R-R*型指令。

先行操作栈是指令分析器和运算控制器之间的一个缓冲存储器，一旦运算器空闲，运算控制器就从先行操作栈中取出下一条 R-R*型指令，运算器需要的操作数则来自先行读数栈或通用寄存器。同样，先行操作栈内的命令对于运算器内正在执行的命令而言是"先行"的。

4) 后行写数栈

如果指令分析器遇到向主存写数的指令，则把形成的主存有效地址送入后行写数栈的后行地址缓冲寄存器中，并把预处理好的 R-R*型指令送入先行操作栈，这条 R-R*型指令中的目标寄存器就是后行写数栈的缓冲寄存器编号。当运算器执行这条 R-R*型写数指令时，只需将数据送入后行写数缓冲寄存器即可，不与主存打交道，可继续执行后继命令。后行写数栈由一组后行地址缓冲寄存器、后行写数缓冲寄存器及相应控制逻辑组成。每当接到运算器送来的要写入主存的数据时，由控制逻辑自动地向主存发出写数请求信号，由后行写数栈负责把后行写数缓冲寄存器中的数据按后行地址缓冲寄存器中的主存地址送入主存。它是运算器和主存间的缓冲部件。由于后行写数栈中写回的数据对于运算器中正在执行的命令而言，是先前命令"滞后"写回的数据，故叫作后行写数栈。它也是按先进先出的方式工作的。

由此可见，先行控制技术实质上是缓冲技术和预处理技术相结合的结果。通过对指令流和数据流的预处理和缓冲，使指令分析器和指令执行部件能独立地工作，并始终处于忙碌状态，从而大大提高指令重叠执行的速度。与一次重叠相比，先行控制方式使指令分析部件和执行部件可以同时处理两条不相邻的指令，即实现了多条指令重叠解释，因此，它的并行性更高。通常把先行指令栈、先行读数栈、先行操作栈和后行写数栈统称为先行控制器，它与指令分析器一起构成先行控制方式中的指令控制部件，而运算器及其运算控制部分构成了指令执行部件。

3.1.3　流水技术原理

1. 流水处理方式

在一次重叠方式中，把一条指令解释过程分解为"分析"与"执行"两个子过程，分别在独立的分析部件和执行部件上进行。每个子过程都需要 Δt 的时间，如图 3.9 所示。若就一条指令的解释来看，需要 $2\Delta t$ 才能完成，但从机器的输出来看，每隔 Δt 就能完成一条指令的解释。这表明一次重叠解释比起指令的串行顺序解释，可使机器的最大吞吐率提高一倍。这里的最大吞吐率是指当流水线正常满负荷工作时，单位时间内机器所能处理的最多指令条数或机器能输出的最多结果数。

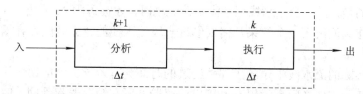

图 3.9　指令分解为两个子过程来处理

同理，若将指令的分析和执行部分进一步细分成多个子过程，并改进相应硬件的结构，使得子过程分别由独立的子部件实现，采用流水处理的方式，其最大吞吐率可进一步提高。流水线技术就是将一个完整的处理过程分解为若干个子过程，而每个子过程都可以有效地在其专用功能部件上与其他子过程对不同的对象同时执行。处理机可以在不同级别上采用流水线方式工作。

描述流水线的工作过程，常采用时-空图的方法。时-空图的横坐标表示时间，纵坐标表示流水线的各功能部件，每个功能部件通常称为一个功能段。如果把指令的解释过程细分为"取指令""指令译码""取操作数"和"执行"四个子过程，且每个子过程需要 Δt_1 的处理时间，并可以分别由各自独立的部件来实现。图 3.10 所示的是由这四个过程段构成的流水线连续对六条指令的流水处理过程和相应的时-空图。显然，在顺序处理时每条指令所需的时间 $T = 4\Delta t_1$，则六条指令共需 $24\Delta t_1$ 时间，而现在是每一个 Δt_1 流出一条指令的处理结果，从第一条指令流入流水线，到最后一条指令的结果流出，所用的时间是 $9\Delta t_1$。从一组指令序列的执行速度来看，采用流水线解释方式的机器的速度要比采用顺序解释方式的机器快得多。

"流水"在概念上与"重叠"没有什么差别，可以看成是"重叠"的进一步引申：只是"一次重叠"把一条指令的解释分解为两个子过程，而"流水"则是分解成更多子过程。前者同时解释两条指令，后者可同时解释多条指令。如果能把一条指令的解释分解成时间相等的 N 个子过程，则每隔 $\Delta t = T/N$ 就可以处理一条指令，T 是完成一条指令解释所需的时间。这意味着流水线的最大吞吐率取决于子过程所经过的时间 Δt，Δt 越小，流水线的最大吞吐率就越高。

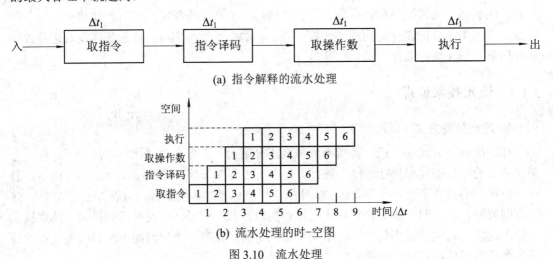

(a) 指令解释的流水处理

(b) 流水处理的时-空图

图 3.10　流水处理

应该注意的是，只有当流水线正常满负荷流动时，才会每隔 Δt 流出一个结果。流水线从开始启动工作到流出第一个结果，需要经过一段流水线的建立时间，在这段时间里流水线并没流出任何结果。

在计算机实际的流水线中，各子部件经过的时间会有差异。为解决各子部件处理速度的差异，一般在子部件之间需设置高速接口锁存器。所有锁存器都受同一时钟信号控制，以实现各子部件信息流的同步推进。时钟信号周期不得低于速度最慢子部件的经过时间与锁存器的存取时间之和，还要考虑时钟信号到各锁存器可能存在的时延差。因此，子过程的细分，会因锁存器数增多而增大指令流过流水线的时间，这在一定程度上会抵消上文因子过程细分而使流水线吞吐率得到提高的好处。

2. 流水线的特点

流水技术一般具有如下特点：

(1) 流水线可以划分为若干个互有联系的子过程(功能段)。每个功能段由专用功能部件实现对任务的某种加工。

(2) 实现流水线子过程的功能段所需时间应尽可能相等，避免因时间不等而产生的处理瓶颈。这在设计流水线的控制线路及计算流水线的性能方面会带来方便，从而简化设计。但在实际机器中，各流水段所需的时间很难保证一致。

(3) 流水线的工作状态可分为建立、满载和排空三个阶段。从第一个任务进入流水线到流水线所有的部件都处于工作状态的这一时期，称为流水线的建立阶段。当所有部件都处于工作状态时，称为流水线的满载阶段。从最后一个任务流入流水线到结果流出，称为流水线的排空阶段。在理想情况下，当流水线充满后，每隔 Δt 时间将会有一个结果流出流水线。

(4) 由于各种原因使指令流不能连续执行时，会使流水过程中断，而重新形成流水过程则需要一定的时间，所以流水过程不应常"断流"，否则流水线效率就不会很高。因此，流水技术适用于大量重复的程序过程，只有在输入端连续地提供服务时，流水线效率才能够充分发挥。

3.1.4　流水线的分类

从不同的角度，可对流水线进行不同的分类。

1. 按流水线具有的功能分类

按流水线具有功能的多少来划分，流水线可以分为单功能流水线和多功能流水线。单功能流水线(unifunction pipelining)是指只能完成一种固定功能的流水线。如 Pentium 有一条五段的定点流水线和一条八段的浮点流水线。在计算机中要实现多个功能，必须采用多个单功能流水线。

多功能流水线(multifunciton pipelining)是指同一流水线的各个段之间可以有多种不同的连接方式，以实现多种不同的运算或功能。例如，美国 Texas 公司的 ASC 计算机运算器的流水线就是多功能的，它有八个可并行工作的独立功能段，如图 3.11(a)所示，能够实现定点加/减法、定点乘法、浮点加/减法、浮点乘法、逻辑运算、移位操作、数据转换、向量运算等。

TI-ASC 机器要进行浮点加、减法时，其流水线功能段的连接如图 3.11(b)所示；而要进行定点乘法运算时，其流水线功能段的连接如图 3.11(c)所示。除此之外，它还可以根据运算的要求来实现多种不同的连接。

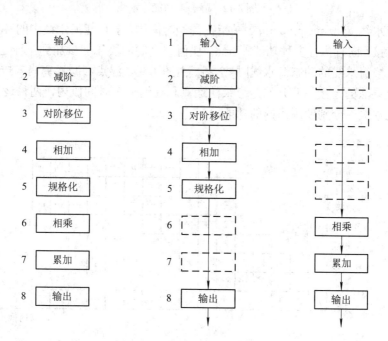

(a) 流水线功能段　　(b) 浮点加、减法的连接　　(c) 定点乘法的连接

图 3.11　TI-ASC 机器运算器的多功能流水线

2. 按流水线多种功能的连接分类

按多功能流水线的各段能否允许同时用于多种不同功能的连接流水，可把流水线分为静态流水线和动态流水线。

　　静态流水线(static pipelining)是指在同一时间内，多功能流水线中的各个功能段只能按一种功能的连接方式工作。只有当按照这种连接流入的所有处理的对象都流出流水线之后，多功能流水线才能重新进行连接以实现其他功能。以 TI-ASC 机器的流水线为例，如果按照图 3.12 所示的时-空图工作，那么就是一种静态流水线。开始时，流水线按照实现浮点加减法的要求连接，当 n 个浮点加减法全部执行完成，最后一个浮点加减法运算的排空也已做完之后，多功能流水线才能实现定点乘法的连接，并开始做定点乘法运算。

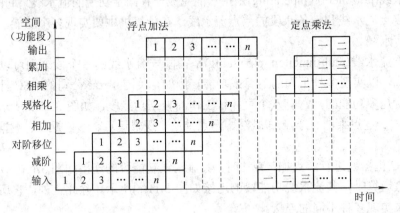

图 3.12　静态多功能流水线

　　动态流水线(dynamic pipelining)是指在同一时间内，多功能流水线中的各个功能段可以实现多种连接，同时执行多种功能。当然，任何一个功能段只能参加到一种连接中。图 3.13 所示就是八段流水线的动态流水线时-空图。由图可见，浮点加减运算尚未排空，流水线就已实现定点乘法的连接，并开始定点乘法运算。在这一个时间段内，两种运算同时在同一条多功能流水线中分别使用不同的功能段。

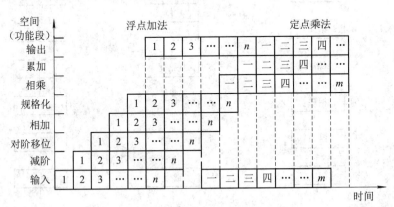

图 3.13　动态多功能流水线

　　比较图 3.12 和图 3.13，得出静态流水线与动态流水线的差别在于：对于相同的一串运算功能不同的指令而言，动态流水线的吞吐率和设备利用率比静态流水线的要高。由于在同一时间内，要通过不同的连接实现不同的运算，因而动态流水线的控制比静态流水线要复杂，这就需要增加相应硬件，故成本比静态流水线的高。从软、硬件功能分配的角度看，静态流水线把功能负担较多地加到软件上，要求程序员编写出(或是编译程序生成)的程序应尽可能有更多相同运算的指令串，以提高其流水的效能，这便简化了硬件控制，而动态流水线则把功能负担较多地加在硬件控制上，以提高流水的效能。

3. 按流水线的级别分类

按流水处理的级别不同，可以把流水线分为部件级流水线、处理机级流水线和系统级流水线。

部件级流水线，又称运算操作流水线(arithmetic pipelining)。它是指处理机功能部件内部分段，采用流水操作来实现功能。例如，对于一些比较复杂的运算操作部件，如浮点加法器、浮点乘法器等，一般要采用多级流水线来实现。后行写数栈和先行读数栈都要实现访存操作，也可以采用多级流水线来实现。

处理机级流水线又称为指令流水线(instruction pipelining)。它是把一条指令的解释过程分解为多个子过程，每个子过程在一个独立的功能部件中完成。组成先行控制器的各个部件时实际上也构成了一条流水线，它把指令过程分解为五个子过程，用五个专用功能段进行流水处理，如图 3.14 所示。

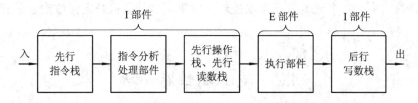

图 3.14　先行控制流水线

系统级流水线又称为宏流水线(macro pipelining)，如图 3.15 所示。这种流水线由两个或两个以上的处理机通过存储器串行连接起来，每个处理机对同一数据流的不同部分分别进行处理，前一个处理机的输出结果存入存储器中，作为后一个处理机的输入，每个处理机完成整个任务中的一部分。

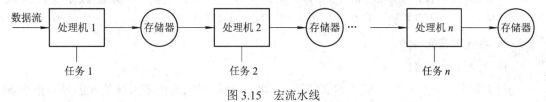

图 3.15　宏流水线

4. 按流水线的连接方式分类

按照流水线的各功能段之间是否有反馈回路，可以把流水线分为线性流水线和非线性流水线。

线性流水线(line pipelining)是指流水线各段串行连接，数据顺序流经流水线各段一次且仅流过一次。图 3.10 所示的指令流水线就属于线性流水线。

非线性流水线(nonlinear pipelining)是指在流水线各段之间除有串行连接之外，还有某种反馈回路，使一个任务流经流水线时，需多次经过某个段或越过某些段。非线性流水线常用于递归调用或组成多功能流水线，如图 3.16 所示。在非线性流水线中，一个重要的问题是确定什么时候向流水线送入新的任务，使此任务流经流水线各段时不会与先进入的任务争用流水段。这个问题将在本章稍后讨论。

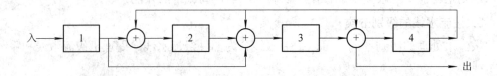

图 3.16　非线性流水线

5. 按数据表示分类

以机器所具有的数据表示可以把流水线处理机分为标量流水处理机和向量流水处理机。

标量流水处理机只能对标量数据进行处理，它没有向量数据表示，只能用标量循环方式来对向量、数组进行处理。

向量流水处理机则指的是机器具有向量数据表示，设置有向量指令和向量运算硬件，能对向量、数组中的各个元素进行流水处理。向量流水处理机是向量数据表示和流水技术的结合。

3.2　流水线性能分析

衡量流水线性能的主要指标有吞吐率、加速比和效率。本节以线性流水线为例，分析流水线的主要性能指标。该分析方法也适用于非线性流水线。

3.2.1　吞吐率

吞吐率(TP，Throughput Rate)是指单位时间内流水线能够处理的任务数(或指令数)或流水线能输出的结果的数量，它是衡量流水线速度的主要性能指标。

1. 吞吐率定义

1) 最大吞吐率 TP_{max}

最大吞吐率是指在流水线正常满负荷工作时，单位时间内机器所能处理的最多指令条数或机器能输出的最多结果数。

2) 实际吞吐率 TP

流水线的实际吞吐率 TP 是指从启动流水线处理机开始到流水线操作结束，单位时间内能流出的任务数或能流出的结果数。前面的分析都是在讲流水线连续流动时能达到的最大吞吐率。实际上，流水开始时总要有一段建立时间，此外还常常会由于各种原因，如功能部件冲突等使流水线无法连续流动，所以实际吞吐率 TP 总是小于最大吞吐率 TP_{max}。

2. 各段执行时间相等的吞吐率

若一条 m 段线性流水线，各段执行时间相等，均为 Δt_0，当有 n 个任务连续流入流水线时，流水线的工作过程可用如图 3.17 所示的时-空图表示。

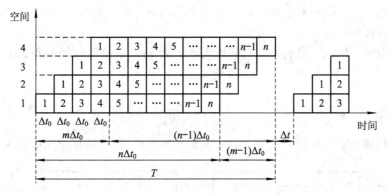

图 3.17　各段执行时间相等的流水线时-空图

由时-空图可见，m 段线性流水线各段的执行时间均为 Δt_0，连续输入 n 个任务时流水线的最大吞吐率为

$$TP_{max} = \frac{1}{\Delta t_0}$$

m 段流水线完成 n 个任务所需的时间 T 为

$$T = m \cdot \Delta t_0 + (n-1) \cdot \Delta t_0$$

实际吞吐率为

$$TP = \frac{n}{T} = \frac{n}{m \cdot \Delta t_0 + (n-1) \cdot \Delta t_0} = \frac{n}{\Delta t_0 \left(1 + \dfrac{m-1}{n}\right)} = \frac{TP_{max}}{1 + \dfrac{m-1}{n}}$$

由上式可知，流水线的实际吞吐率小于最大吞吐率，只有当 $n \gg m$ 时，即连续输入流水线的任务数 n 远大于流水线的段数 m 时，实际吞吐率 TP 才接近于最大吞吐率 TP_{max}。

3. 各段执行时间不等的吞吐率

当流水线各段执行时间不相等时，为了使各段之间的时间匹配，需要在各子过程之间插入锁存器，这些锁存器受同一个时钟脉冲的控制，从而达到同步。若一条 m 段线性流水线各段执行时间分别为 $\Delta t_1, \Delta t_2, \Delta t_3, \cdots, \Delta t_m$，则时钟周期应为 $\max\{\Delta t_1, \Delta t_2, \Delta t_3, \cdots, \Delta t_m\}$，流水线的最大吞吐率为

$$TP_{max} = \frac{1}{\max\{\Delta t_1, \Delta t_2, \Delta t_3, \cdots, \Delta t_m\}}$$

显然，流水线的最大吞吐率取决于流水线中最慢子过程所需的时间。我们把流水线中经过时间最长的子过程称为"瓶颈"子过程。

该流水线完成 n 个任务的实际吞吐率为

$$TP = \frac{n}{\sum\limits_{i=1}^{m} \Delta t_i + (n-1) \cdot \Delta t_j}$$

式中，t_j 为瓶颈段的经过时间。

【例 3.1】 一个四段线性流水线，各段执行时间不等，如图 3.18(a)所示。求流水线最大吞吐率和连续输入 n 个任务的实际吞吐率。

解：图中 S_1、S_3、S_4 段的处理时间均为 Δt，而 S_2 段的处理时间需要 $3\Delta t$，故 S_2 段是该流水线的瓶颈段。根据流水线的最大吞吐率公式，其最大吞吐率为

$$TP_{max} = \frac{1}{3\Delta t}$$

该流水线满负荷工作时，每隔 $3\Delta t$ 才能输出一个结果。其时–空图如图 3.18(b)所示。

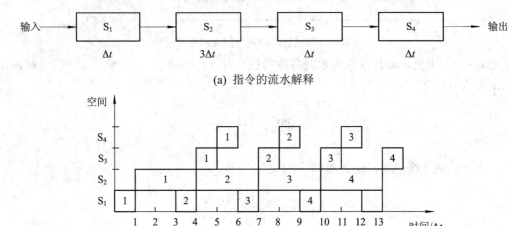

(a) 指令的流水解释

(b) 流水处理过程

图 3.18　流水线的瓶颈

流水线连续输入 n 个任务的实际吞吐率为

$$TP = \frac{n}{6\Delta t + (n-1)\cdot 3\Delta t} = \frac{n}{3(n+1)\Delta t}$$

瓶颈段的存在是引起流水线吞吐率下降的重要原因，必须找出并设法消除流水线中的瓶颈，才能提高流水线的吞吐率。

4. 消除瓶颈段以提高流水线吞吐率的方法

1) 瓶颈子过程细分

将图 3.18(a)所示的瓶颈段 S_2 进一步分离为三个子功能段 S_{21}、S_{22} 和 S_{23}，并且各子功能段的执行时间均为 Δt，把原来执行时间不等的四段流水线改造为如图 3.19 所示的执行时间相等的六段流水线。瓶颈段分离后流水线的最大吞吐率为

$$TP_{max} = \frac{1}{\Delta t}$$

由于可间隔一个 Δt 输入一个任务，所以流水线连续输入 n 个任务的实际吞吐率为

$$TP = \frac{n}{(6+n-1)\Delta t} = \frac{n}{(n+5)\Delta t}$$

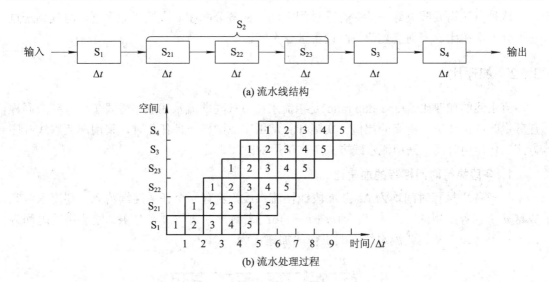

(a) 流水线结构

(b) 流水处理过程

图 3.19　瓶颈子过程细分的流水线结构和流水处理过程时-空图

2) 瓶颈段部件重复设置

由于结构等方面的原因，并不是所有子过程都可以进一步细分。那么，可以采用重复设置瓶颈段部件，让多个瓶颈段并行工作来消除瓶颈段原执行时间的"瓶颈"。

如对图 3.18(a)所示流水线的瓶颈段 S_2，可再增设两个相同的段，并分别以 S_{2a}、S_{2b}、S_{2c} 命名，如图 3.20(a)所示。S_1 间隔 Δt 轮流给各瓶颈段提供任务，使它们仍可每隔 Δt 解释完一条指令，其时-空图如图 3.20(b)所示。流水线的最大吞吐率为 $TP_{max}= 1/\Delta t$，连续输入 n 个任务的实际吞吐率为 $TP = \dfrac{n}{(n+5)\Delta t}$。

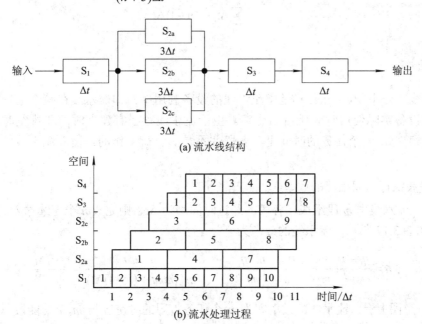

(a) 流水线结构

(b) 流水处理过程

图 3.20　重复设置瓶颈段部件的流水线结构和流水处理过程时-空图

这种办法需要解决好在各并行子过程之间的任务分配和同步控制的问题,与瓶颈子过程细分方法相比,控制要复杂些,设备量要多些。

3.2.2　加速比

流水线的加速比 S_p(speedup ratio)是指流水线方式与非流水线顺序方式工作,完成同样任务量时的工作速度提高的比值。实际计算常用完成同样一批任务时,采用非流水线顺序方式工作所用时间与采用流水线方式工作所用的时间之比。

1. 各段执行时间相等的加速比

一条各段执行时间均为 Δt 的 m 段线性流水线,若有 n 个任务连续流入,则流水线完成这 n 个任务所用的时间为 $T_m = (m+n-1)\Delta t$。若顺序执行这 n 个任务,则所用的时间为 $T_0 = n \cdot m \cdot \Delta t$。那么此流水线方式工作的加速比为

$$S_p = \frac{T_0}{T_m} = \frac{n \cdot m \cdot \Delta t}{m\Delta t + (n-1)\Delta t} = \frac{m}{1 + \dfrac{m-1}{n}}$$

可以看出,当 $n \gg m$ 时,流水线的加速比 S_p 接近于流水线的段数 m,即当流水线各段时间都一样时,其最大加速比等于流水线的段数 m。

2. 各段执行时间不等的加速比

如果流水线各功能段的执行时间不相等,其中"瓶颈"段经过的时间为 Δt_j,则一条 m 段线性流水线完成 n 个连续输入的任务时,此流水线的实际加速比为

$$S_p = \frac{n \cdot \sum\limits_{i=1}^{m} \Delta t_i}{\sum\limits_{i=1}^{m} \Delta t_i + (n-1)\Delta t}$$

3.2.3　效率

流水线的效率 η(cfficiency)是指流水线的设备利用率,即流水线在整个运行时间里,流水线的设备实际使用时间所占的比率。由于流水线存在有建立时间和排空时间两种状态,在连续完成 n 个任务的时间里,各段并不是满负荷工作的,所以流水线的效率一定小于 1。

1. 各段执行时间相等的效率

若线性流水线由 m 段组成,各段的经过时间均为 Δt,则完成 n 个连续输入的任务时,时-空图如图 3.17 所示。流水线的效率为

$$\eta = \frac{\eta_1 + \eta_2 + \cdots + \eta_m}{m} = \frac{m \cdot \eta_1}{m} = \eta_1 = \frac{m \cdot n\Delta t}{m \cdot (m\Delta t + (n-1)\Delta t)} = \frac{m \cdot n\Delta t}{m \cdot T}$$

从时-空图上看,流水线的效率即为 n 个任务占用的时空区与 m 个功能段总的时空区面积之比。

2. 各段执行时间不等的效率

如果流水线各功能段的执行时间不等，则各段的效率也不等，若其中"瓶颈"段的经过时间为 Δt_j，则一条 m 段线性流水线连续输入 n 个任务时，整个流水线的效率为

$$\eta = \frac{\eta_1 + \eta_2 + \cdots + \eta_m}{m} = \frac{n \cdot \sum_{i=1}^{m} \Delta t_i}{m \cdot (\sum_{i=1}^{m} \Delta t_i + (n-1)\Delta t_j)}$$

流水线的效率仍然是 n 个任务占用的时空区和 m 个功能段总的时空区面积之比。

以上的讨论是以线性流水线连续输入任务为前提而得到的结论。在实际分析一条流水线的性能时，要注意这些结论的适用条件。对于非线性流水线和多功能流水线，或者输入任务不连续的情况，可以仿照上述分析方法先画出时-空图，再由时-空图来分析计算各项性能。

最后，我们来看一个多功能线性流水线性能分析的例子。

【例 3.2】　设有两个向量 A、B，各有四个元素，要在如图 3.21 所示的静态双功能流水线上计算向量点积 $A \cdot B = \sum_{i=1}^{4} a_i \times b_i$。在该双功能流水线中，$S_1 \rightarrow S_2 \rightarrow S_3 \rightarrow S_5$ 组成加法流水线，$S_1 \rightarrow S_4 \rightarrow S_5$ 组成乘法流水线。设每个流水段所经过的时间为 Δt，而且流水线的输出结果可以直接返回到输入或暂存于相应的缓冲寄存器中，其延迟时间和功能切换时间忽略不计。试求解出流水线完成此运算工作期间的实际吞吐率 TP 和效率 η。

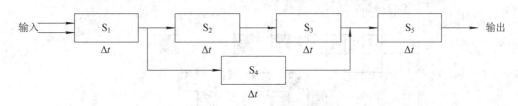

(a) 多功能流水线

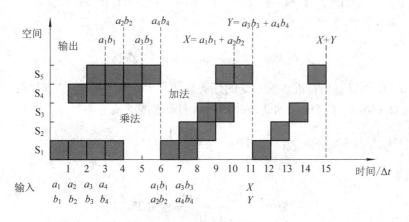

(b) 流水线处理过程

图 3.21　静态多功能流水线性能分析

解：首先选择合理的算法，使完成向量点积 $A \cdot B$ 运算所用的时间最短，其算法如下。

(1) 功能部件连接构成乘法流水线，连续计算 $a_1 \times b_1$、$a_2 \times b_2$、$a_3 \times b_3$、$a_4 \times b_4$，得到四个乘积项。

(2) 等执行乘法工作的流水线排空后，进行功能部件的切换连接，构成加法运算的流水线，并连续计算 $(a_1 \times b_1 + a_2 \times b_2)$、$(a_3 \times b_3 + a_4 \times b_4)$，得到两个部分积。

(3) 产生了上述两个结果后，再计算 $(a_1 \times b_1 + a_2 \times b_2) + (a_3 \times b_3 + a_4 \times b_4)$ 最终得到向量点积 $A \cdot B$ 的值。

此过程总共流入多功能流水线的任务数为七个，完成任务所需的时间为 $15\Delta t$，该流水线的实际吞吐率为

$$TP = \frac{7}{15\Delta t}$$

顺序完成这七个任务需要的时间为 $4 \times 3\Delta t + 3 \times 4\Delta t = 24\Delta t$，故流水线的效率为

$$\eta = \frac{24\Delta t}{5 \times 15\Delta t} = 32\%$$

【例 3.3】 上例图 3.21(a)中所示如果是动态双功能流水线，其他条件不变，那么，在计算向量点积 $A \cdot B = \sum_{i=1}^{4} a_i \times b_i$ 期间，流水线的吞吐率 TP 和效率 η 又是多少呢？

解：动态流水线完成此运算的时-空图如图 3.22 所示。

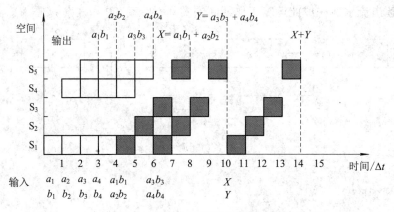

图 3.22 动态多功能流水线性能分析

从图 3.22 中可以看出，进入流水线的任务数还是七个，但所需要的时间比静态流水线少 Δt，只需要 $14\Delta t$ 就可完成。因此，此期间动态流水线的实际吞吐率为

$$TP = \frac{7}{14\Delta t} = \frac{1}{2\Delta t}$$

流水线的效率为

$$\eta = \frac{4 \times 3\Delta t + 3 \times 4\Delta t}{5 \times 14\Delta t} \approx 34.3\%$$

从以上两个例子可以看出，动态流水线与静态流水线相比，由于不同功能可以重叠处理，所以动态流水线具有较高的实际吞吐率和效率。

3.3　流水线中的相关及处理

　　流水线只有在连续不断的工作的状态下才能发挥高效率,所以应尽量避免其断流情况的出现。导致流水线断流的原因可能有编译形成的目标程序不能发挥流水结构的作用,或者存储系统不能为连续流动,提供所需的指令和操作数。除此之外,就是由于出现了相关和中断。

　　所谓"相关",是指由于机器语言程序的邻近指令之间出现了某种关联后,为了避免出错而使得它们不能同时被解释的现象。流水线的相关分为局部性相关和全局性相关两类。局部性相关(local correlation)对程序执行过程的影响较小,它仅涉及相关指令前后的一条或几条指令的执行;全局性相关(global correlation)是指影响整个程序执行方向的相关,主要是转移类指令和中断引起的相关。

3.3.1　局部性相关及处理

　　局部性相关包括指令相关、主存空间数相关和通用寄存器组数相关等。如果第 $k+1$ 条指令是经第 k 条指令的执行来形成的,由于在"执行 k"的末尾才形成第 $k+1$ 条指令,第 k、$k+1$ 条指令就不能同时解释,此时称这两条指令之间发生了"指令相关"。如果第 $k+1$ 条指令的源操作数地址 i 正好是第 k 条指令存放运算结果的地址,在第 k、$k+1$ 条指令的数据地址之间有了关联,称为发生了"数相关"。

　　实际上操作数可能存放于主存,也可能存放于通用寄存器中,所以就有主存空间数相关和通用寄存器组数相关。另外,通用寄存器还可以存放变址值,而变址值是在指令"分析"的前期为形成操作数地址而要用到的。这样,若第 k 条指令"执行"末尾形成的结果正好是第 $k+1$ 或 $k+2$ 条指令"分析"时所要用的变址值,则会发生通用寄存器组的变址值相关。因此,主存空间数相关是相邻两条指令之间出现要求对主存同一单元先写入而后读出的关联。通用寄存器数相关则是相邻指令之间出现要求对同一通用寄存器先写后读的关联。若读出的内容是操作数,则是通用寄存器数相关;若读出的内容是变址值,则是通用寄存器变址值相关。

　　局部性相关是在机器解释的多条指令之间出现了对同一个单元(包括主存单元和通用寄存器)的"先写后读"要求而导致这些指令不能同时被解释。由于它们只影响相关的两条或两条以上指令,最多影响流水线中某些段的工作,并不会改动指令缓冲器中预取到的指令内容,影响是局部的,所以属于局部性相关。这些相关问题的出现同流水线流动顺序的安排与控制有关。

1. 顺序流动的相关

　　顺序流动方式是指任务从流水线输出端流出的顺序同它们进入流水线输入端的顺序一样。如图 3.23 所示,有一个八段的流水线,其中第二段为读段,第七段为写段。有一串指令 h、i、j、k、l、m、$\cdots$ 依次流入,如果指令 j 的源操作数地址与指令 h 的目的操作数地址相同,而当指令 j 到达读段时,指令 h 还没有到达写段完成写入操作,则指令 j 读出的数据就是错误的，指令 h 和 j 就发生了先写后读的操作数相关。

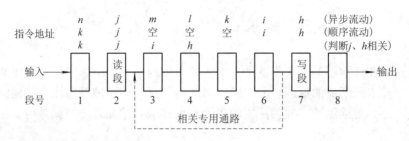

图 3.23　顺序流动和异步流动

解决顺序流动的"先写后读"(RAW, Read After Write)相关的方法是：要求指令 j 流到读段时停止在流水线中流动，直到指令 h 到达写段并完成写入后，j 与其后的指令才能继续向前流动。这是一种推后对相关单元读的处理方法，其优点是控制实现比较简单，缺点是推后期间流水线中出现空段，降低了流水线的吞吐率和效率。

2. 相关专用通路

解决"先写后读"相关的另一种方法是建立相关专用通路，即在流水线的读段与写段之间增加一条专用的数据通路。当指令 h 的写操作与指令 j 的读操作发生"先写后读"相关时，指令 j 要从存储单元读出的数据应该是由指令 h 写入该存储单元的内容，但指令 h 还来不及写入存储单元。如果在流水线的读段和写段之间有一条专用通路，指令 j 的读操作不是从存储单元去读，而是通过专用通路读取指令 h 送入写段的数据，就可以减少或避免指令 j 读操作推后的时间，如图 3.23 所示。这就是相关专用通路的概念。

因此，推后的方法是以增加时间为代价，降低速度来解决相关问题；相关专用通路是以增加设备为代价，提高成本来解决相关问题。

3. 异步流动的相关

异步流动方式是指任务从流水线输出端流出的顺序同它们进入流水线输入端的顺序不一样。异步流动也称为乱序(out of order)流动或错序流动。在顺序流动方式中，当指令 j 与它前面的指令 h 发生相关时，指令 j 及其之后的指令串都停止流动，以期保持指令串流入与流出顺序一致。但是，如果指令 j 以后的指令与进入流水线的全部指令之间都没有相关问题，那么完全可以仅使相关的指令 j 暂停流动，而其后的指令依次越过指令 j 继续向前流动，这样就使得指令串流出的次序同它们流入的次序不一样了。这就是异步流动，如图 3.23 所示。

流水线的异步流动要改变指令的执行顺序，在异步流动时除了出现"先写后读"相关外，还可能会发生在顺序流动中不会出现的其他类型的相关。例如，指令 i、k 是都有写操作，而且是写入同一单元，那该单元的最后内容本应是指令 k 的写入结果。但是，若采用异步流动方式，则可能出现指令 k 先于指令 i 到达写段，从而使得该单元的最后内容错为指令 i 的写入结果。我们称这种对同一单元要求在先的指令先写入，在后的指令后写入的关联为"写后写"(WAW, Write After Write)相关。另外，如果指令 i 的读操作和指令 k 的写操作是对应于同一单元的，则指令 i 读出的本应是该单元的原存内容。若采用异步流动方式，则可能出现指令 j 的写操作先于指令 i 的读操作被执行，那么指令 i 读取的数据就会

错误的为指令 j 写入的数据。我们称这种对同一单元，要求在先的指令先读出，在后的指令后写入的关联为"先读后写"(WAR，Write After Read)相关。显然，"写后写"相关和"先读后写"相关都只有在异步流动时才有可能发生，顺序流动时是不可能发生的。

异步流动方式的优点是流水线的吞吐率和效率都不会下降，缺点是异步流动的控制复杂，在设计采用异步流动方式工作时，控制机构必须解决好新引入的两种相关。

3.3.2　全局性相关及处理

全局性相关指的是已进入流水线的转移指令(尤其是条件转移指令)和其后面的指令之间的相关。

流水机器在遇到转移指令，尤其是条件转移指令时，效率也会显著下降。如果流水机器的转移条件码是由条件转移指令本身或是由它的前一条指令形成的，则只有该指令流出流水线时才能建立转移条件，并依此决定下一条指令的地址。那么，从条件转移指令进入流水线，译码出它是条件转移指令直至它流出的整个过程期间，流水线都不能继续往前处理。若转移成功，且转向的目标指令又不在指令缓冲器内时，还得重新访存并取指令。转移指令和其后的指令之间存在关联，使之不能同时解释，此种相关对流水机器的吞吐率和效率下降造成的影响要比指令相关、主存数相关和通用寄存器组数相关严重得多。它可能会造成流水线中很多已被解释的指令作废，而重新预取指令进入指令缓冲寄存器，从而影响整个程序的执行方向控制，因此，称之为控制相关或全局性相关。

若指令 i 是条件转移指令，它有两个分支，如图 3.24 所示。一个分支是 $i+1$、$i+2$、$i+3$、…，按原来的顺序继续执行下去，称转移不成功分支；另一个分支是转向 h，然后继续执行 $h+1$、$h+2$、…，称为转移成功分支。流水方式是同时解释多条指令的，因此，当指令 i 进入流水线时，后面进 $i+1$ 还是进 h，只有等条件码建立才能知道，而这一般要等该条件转移指令快流出流水线时才能实现，如果在此期间让 i 之后的指令等着，流水线就会"断流"，性能将会急剧下降。

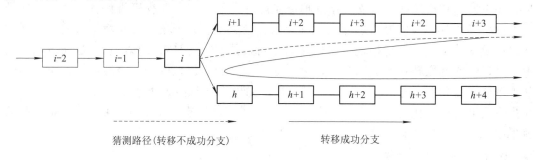

图 3.24　用猜测法处理条件转移

对于一条有 k 个流水段的流水线 B，若流水线的时钟周期为 Δt，由于条件转移指令的影响，在最坏情况下，每一次条件转移将造成 $k-1$ 个时钟周期的"断流"。另外，假设条件转移指令在一般程序中所占的比例为 p，转移成功的概率为 q，则对于一个由 n 条指令组成的程序，由于条件转移需要额外增加的时钟周期数是 $npq(k-1)\Delta t$，因此，这 n 条指令总的执行时间是

$$T_B = (k+n-1)\Delta t + npq(k-1)\Delta t$$

根据流水线吞吐率的定义，有条件转移影响的流水线的吞吐率为

$$TP_B = \frac{n}{(k+n-1)\Delta t + npq(k-1)\Delta t}$$

当 $n \to \infty$ 时，其流水线的最大吞吐率为

$$TP_{B\max} = \frac{1}{[1+pq(k-1)]\Delta t}$$

由于条件转移指令的影响，流水线吞吐率下降的百分比为

$$D = \frac{TP_{\max} - TP_{B\max}}{TP_{\max}} = \frac{pq(k-1)}{1+pq(k-1)}$$

【例 3.4】 据统计，在一些典型程序中，转移指令所占的比例为 20%，转移成功的概率为 $q = 60\%$。假设有一条八个流水段的指令流水线，那么，由于条件转移指令的影响，流水线的最大吞吐率下降多少？

解： 已知 $p = 0.20$，$q = 0.60$，$k = 8$

$$D = \frac{0.20 \times 0.60 \times (8-1)}{1+0.20 \times 0.60 \times (8-1)} = 46\%$$

由于条件转移指令在一般程序中所占的比例较大，所以处理好条件转移引起的全局性相关是很重要的。为了在遇到条件转移指令时，流水线仍能继续向前流动，不使吞吐率和效率下降，绝大多数机器都采用所谓的"猜测法"，即转移预测技术——猜选按转移成功和转移不成功分支中的一个继续向前流动。

1. 静态转移预测技术

所谓静态转移预测是指在处理机的硬件和软件设计完成之后，转移猜测方向就已经被确定了——或者是转移不成功方向，或者是转移成功方向。静态转移预测技术可以有两种实现方法。一种是分析程序结构本身的特点或使用该程序以前运行时收集的模拟信息。不少条件转移的两个分支的出现概率是能够预估的，只要程序设计者或编译程序把出现概率高的分支安排为猜选分支，就能显著减少由于处理条件转移所带来的流水线吞吐率和效率的损失。另一种是按照分支的方向来预测分支是否转移成功。当两者概率差不多时，一般选取转移不成功分支，因为这些指令一般已预取进指令缓冲器，可以很快从指令缓冲器取出，进入流水线而不必等待。如果猜选转移成功分支，指令 p 很可能不在指令缓冲器中，则需花较长时间访存取指，使流水线实际上断流。例如，IBM360/91 就采用转移不成功分支。

2. 动态转移预测技术

动态转移预测是根据近期转移是否成功的历史记录来预测下一次转移的方向。所有动态转移预测方法都能够随程序的执行过程动态地改变转移的预测方向。动态转移预测的关键有两点：一是如何记录转移历史信息；二是如何根据记录的转移历史信息预测转移的方向。

有一种称为"转移预测缓冲技术"的实现方法，它是在指令 Cache 中专门设置一个称为"转移历史记录位"的字段，该方法称为预测位。在执行转移指令时，把转移成功

或不成功的信息记录在这个"转移历史记录位"的二进制位中,当下次再执行这条转移指令时,转移预测逻辑根据"转移历史记录位"记录的这条转移指令的历史信息来预测转移成功或不成功。DEC 公司的 Alpha 21064 超标量超流水线处理机就采用了这种动态转移预测技术。

无论采用何种转移预测技术,其控制机构应能保证在猜错时可返回到分支点之前,并把沿猜测分支对指令的解释全部作废,且能恢复分支点处的原有现场。恢复分支点现场有以下三种方法:一是对猜测指令的解释只完成译码和准备好操作数,在转移条件码产生前不执行运算;二是对猜测指令的解释可完成到运算完毕,但不传送运算结果;三是对在流水线中的猜测指令不加区别地全部解释完,但需把可能被破坏的原始现场状态都用后援寄存器保存起来,一旦猜错就取出后援寄存器的内容来恢复分支点的现场。

一般猜对的概率较高,猜对后既不用恢复现场,也不用去完成余留的操作。因此,采用后援寄存器法比前两种方法的实现效率会更高一些。

3. 延迟转移技术

延迟转移技术是依靠编译器把转移指令之前的一条或几条没有数据相关和控制相关的指令调整到转移指令的后面。当转移指令进入流水线之后,由这些指令填充流水线的各功能段以保证流水线不断流,且又不会出现相关问题,直到转移条件码建立。

延迟转移技术一般只用于单流水线标量处理机中,而且流水线的段数不能太多,因为段数越多,需要调整到转移指令之后的没有数据相关和控制相关的指令条数也越多。据统计,编译器只调整一条指令的成功概率在 90%以上,调整两条指令的成功概率只有 40%左右。当没有合适的指令可供调整时,编译器只能在转移指令之后插入空操作指令。

SUN 公司的 SPARC 处理机、HP 公司的 HPPA 处理机和 SG 公司的一部分 MIPS 处理机都采用了延迟转移技术。

4. 加快和提前形成条件码

采取措施尽快、尽早地获得条件码以便提前知道程序流向哪个分支,将有利于流水机器简化对条件转移的处理。

由前文可知,条件转移指令造成流水线性能下降的主要原因是条件码形成得太晚。很多时候,条件转移指令的转移条件码是由上一条运算型指令产生的,而有些运算型指令在其执行完毕之前,就可以形成反映运算结果的部分条件码,如零标志、符号标志等。因此可以在取得操作数之后、开始运算之前提前形成条件码,或者可采用延迟转移技术. 由编译器调整指令序列,提前执行产生条件码的运算型指令,尽早产生条件码。

5. 加快短循环程序的处理

由于程序中广泛采用循环结构,流水机器多数采取特殊措施以加快循环程序的处理,具体有以下两种措施:

(1) 由于循环程序中执行循环分支的概率高,所以对循环程序出口端的条件转移指令恒猜选循环分支,即采用循环体首尾连接以便使指令缓冲器或指令堆栈内的这种循环程序尽可能连续流动,连续解释,以减少因条件分支造成流水线断流的机会。

(2) 将短循环程序整体一次性放入指令缓冲器,并暂停预取指令,以减少执行循环程序的访主存重复取指次数。IBM 360/91 设置了"向后八条"检查,对于成功转移的条件转移指令，若转向的目标地址与条件转移指令之间相隔不超过八条指令，则认为是短循环程序，要把从转向目标地址到条件转移指令之间的这段程序全部搬入指令缓冲器内，同时停止预取新指令。

6. 改进循环程序的处理方法

循环操作是程序中广泛使用的一种特殊条件转移。循环操作是否结束，取决于循环操作次数是否已达到原来规定次数。所谓改进循环程序的处理就是通过软件方法用编译器来支持条件转移指令的执行。

从前文的分析可以看出，当转移不成功时，条件转移指令对流水线的影响比较小。基于这种原因，编译器在对源程序进行编译时，要尽量提高出现转移不成功的概率。图 3.25 所示为用编译器支持条件转移指令执行的方法。

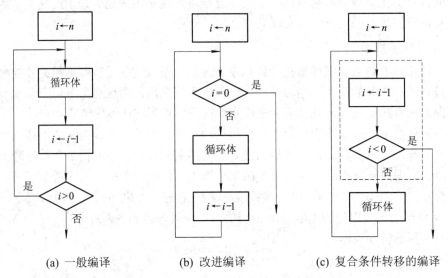

　(a) 一般编译　　　　　　(b) 改进编译　　　　(c) 复合条件转移的编译

图 3.25　用编译器支持条件转移指令执行

如图 3.25(a)所示的源程序，如果在一般编译器中进行编译，编译结果生成的目标程序，其转移成功的概率很高，而转移不成功只有一次。这种编译结果对流水线的影响非常大。如果在编译器中进行适当处理，将源程序编译成如图 3.20(b)所示的结果，此时转移成功与不成功的概率正好反过来。例如，一个循环执行 5000 次的程序，其中 4999 次转移不成功，只有一次转移成功。这种编译结果很适合在流水线中执行。

如果要支持复合型条件转移指令(条件码形成与转移目标地址计算功能用一条指令实现)，编译器也可以把源程序编译成如图 3.25(c)所示的结果。这种编译结果也只有一次转移成功，因而对流水线的影响同图 3.25(b)一样。

3.3.3　非线性流水线的调度

在线性流水线中，每一个任务流经每个功能段一次且只有一次，因此，线性流水线的调度很简单，只需控制输入的任务按瓶颈段执行时间的时间间隔，顺序流入任务即可。但是在非线性流水线中，由于存在有反馈回路，当一个任务在流水线中流过时，在某个功能段可能要经过多次，如果仍按每一个时钟周期向流水线输入一个新任务，则会发生与后续任务争用这个功能段的情况。这种情况称为功能部件冲突或流水线冲突，属于一种资源相关，它的出现将导致流水线阻塞。

为了避免发生流水线冲突，一般采用延迟输入新任务的方法。非线性流水线调度要解决的问题是如何控制任务流入的时间间隔，使得既不发生任务争用功能段的冲突，又能使流水线有较高的吞吐率和效率。这是一个优化调度问题，可以通过构造相应的状态有向图来寻找最优调度策略。下面是非线性流水线调度的具体步骤。

1. 预约表

为了能对流水线的任务进行优化调度和控制，1971 年，E.S.Davidson 提出了使用一个二维的预约表(reservation table)来描述一个任务在非线性流水线中对各功能段的使用情况的思想。预约表用于非线性流水线，是一张二维的表格，其横坐标表示流水线工作的时钟周期，纵坐标表示流水线的功能段，中间画"√"表示该功能段在这一时钟周期处于工作状态，空白的地方表示该功能段在这个时钟周期不工作。

图 3.26 为描述某单功能非线性流水线的预约表。

由预约表可知，该流水线由五个功能段组成的，每一个功能段的执行时间均为 Δt，段号 k 分别为 1～5，任务经过流水线总共需 $n=9$ 拍。

图 3.26　单功能非线性流水线预约表

2. 禁止表

根据预约表可以得出一个任务使用流水线中同一段中所需全部的间隔拍数。例如，1 段相隔 8 拍，2 段相隔 1、5、6 拍，那么两个任务相隔 8 拍流入流水线必将会争用 1 段，而相隔 1、5 或 6 拍流入流水线必将会争用 2 段。将后续任务禁止流入流水线的时间间隔的集合构成禁止表 F(forbidden list)。图 3.26 所示预约表对应的禁止表为 $F=\{1,5,6,8\}$，即要想不出现争用流水线功能段的现象，相邻两个任务送入流水线的间隔拍数就不能为 1、5、6、8 拍，这些间隔拍数应当禁止使用。

3. 冲突向量

冲突向量 C(collision vector)是一个 $n-1$ 位的位向量，用它来表示流水线中的任务对尚未进入流水线的后续任务流入流水线的时间间隔的约束。冲突向量$(C_{n-1}\cdots C_i\cdots C_2\ C_1)$中第 i 位的状态用以表示与当时相隔 i 拍给流水线送入后续任务是否会发生功能段的使用冲突。如果不会发生冲突，令该位为 0，表示允许送入；否则，令该位为 1，表示禁止送入。冲突向量取 $n-1$ 位，是因为经 n 拍后，任务已流出流水线，不会与后续的任务争用流水线功能段了。根据禁止表 $F=\{1,5,6,8\}$，可以形成此时的冲突向量 $C_0=(10110001)$，称此为任务刚流入流水线的初始冲突向量。

4. 流水线状态转移图

初始冲突向量表示刚流入流水线的一个任务对后续任务流入流水线的时间间隔的限制。由于初始冲突向量的 C_2、C_3、C_4、C_7 为 0，所以第二个任务可以距第一个任务 2、3、4 或 7 拍流入流水线。当第二个任务流入流水线后，应当产生新的冲突向量，以便决定第三个任务相隔多少拍流入流水线才不会与已进入流水线的前面第一、第二个任务争用功能段，以此类推。显然，当有一个后续任务按当前冲突向量的一个允许时间间隔 $k\Delta t$ 流入时，应修改当前冲突向量为新的冲突向量。这种修改由两个因素共同决定：一是若时间推进 $k\Delta t$ 以后允许一个后续任务流入流水线，那么，当前冲突向量 C 应右移 k 位，左边移出的位补 0，以反映已在流水线中的任务对尚未流入流水线的后续任务流入流水线的时间间隔的约束；二是刚流入的那个任务对尚未流入流水线的后续任务流入流水线的时间间隔的约束，这个约束可用初始冲突向量 C_0 表示。

综合考虑两个因素的共同影响，新的冲突向量应当是已在流水线中的任务右移 k 位后的当前冲突向量与刚流入流水线的新任务的初始冲突向量按位进行"或"运算的结果。因此，随着任务在流水线中的推进，会不断动态地形成当时的冲突向量。按照这样的思路，从初始冲突向量出发，选择各种可能的间隔拍数流入新的任务，并产生新的冲突向量一直进行到不再产生不同的冲突向量为止。由此可以画出用冲突向量表示的流水线状态转移图。图中两个冲突向量之间用有向弧上的数字表示引入后续任务产生新的冲突向量所用的间隔拍数，本例的流水线状态转移图如图 3.27 所示。

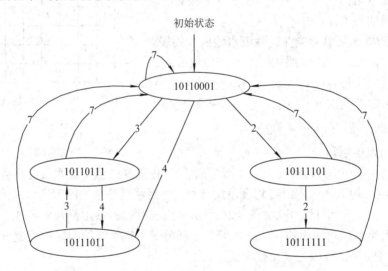

图 3.27　单功能流水线的状态图

5. 列出无冲突调度方案

在流水线状态图中由初始状态出发，凡是间隔拍数能呈现周期性重复的环路，都构成一个无冲突调度方案。表 3.1 给出本例中各种调度方案，并计算出每种调度方案的平均间隔拍数，从而得到不同类型的调度方案。

(1) 等间隔调度：间隔拍数为固定值，如方案(7)。

(2) 不等间隔调度：间隔拍数非固定值，如除(7)以外的其他方案均为不等间隔调度方案。

(3) 最佳调度：平均间隔拍数最少，如方案(3，4)的平均间隔拍数为 3.5 拍，吞吐率最高，是最佳调度方案。

尽管(4，3)调度方案平均间隔拍数也是 3.5 拍，但若实际流入任务数不是循环所需任务数的整数倍时，其实际吞吐率相对会低些，所以不作为最佳调度方案。

表 3.1　各种调度方案及平均间隔拍数

调度方案	平均间隔拍数	调度方案	平均间隔拍数
(2, 2, 7)	3.67	(3, 7)	5.00
(2, 7)	4.50	(4, 3, 7)	4.67
(3, 4)	3.50	(4, 7)	5.50
(4, 3)	3.50	(7)	7.00
(3, 4, 7)	4.67		

6. 计算最佳调度方案的流水线吞吐率和加速比

如果按最佳调度方案连续输入若干个任务，可画出时-空图，并计算流水线的最大吞吐率、实际吞吐率、实际加速比和效率等参数。如按上例最佳调度方案输入 5 个任务，计算其流水线的最大吞吐率、实际吞吐率、实际加速比和效率如下：

最佳调度方案的平均间隔拍数为 3.5 拍，故流水线的最大吞吐率为

$$TP_{max} = \frac{1}{3.5\Delta t}$$

图 3.28 为流水线按最佳调度方案连续输入 5 个任务的时-空图。由此可得流水执行所需时间为 $23\Delta t$，顺序执行每个任务所需时间为 $9\Delta t$，5 个任务共需 $9\Delta t \times 5 = 45\Delta t$ 时间。

实际吞吐率为

$$TP = \frac{5}{23\Delta t}$$

加速比为

$$S_p = \frac{45\Delta t}{23\Delta t} = 1.96$$

效率为

$$\eta = \frac{5 \times 10\Delta t}{5 \times 23\Delta t} \approx 43.5\%$$

(3, 4)调度方案

图 3.28　最佳调度方案的时-空图

3.3.4　流水机器的中断处理

中断会引起流水线断流，然而，其出现概率比条件转移的概率要低得多，且又是随机

发生的。因此，流水机器中断处理中的关键问题是解决好断点现场的保存和恢复问题。

由于中断请求是随机发生的，中断的出现一般不能预知，而在流水机器中同时有多条指令被执行，每一条指令在流水的执行过程中都不断地改变着现场。因此，当有一个中断源的中断请求被响应时所产生问题是如何从尚在流水线中未执行完的指令中选择作为送给中断服务子程序的断点现场(准确的断点现场是指若在执行完第 i 条指令时响应中断请求，送给中断处理程序的就是对应于第 i 条指令的中断现场，如第 i 条指令的程序状态字等)。对此，有两种处理方法。

(1) 不精确断点(imprecise interrupt)法。

不精确断点法对中断的处理是中断请求发出时还没进入流水线的后继指令不允许再进入，而凡是已经进入流水线的指令序列仍然流动直到执行完成，然后才转入中断处理程序。断点就是该指令序列中最后进入流水线的那条指令的地址。实际上，提出中断请求的指令可能并不是最后那条指令，所以称其为不精确断点法。这个方法只确定最后一条指令为断点指令，同时保存这一条指令的现场，因此，保存现场和恢复现场的工作量较小。但是，采用这种方法有两个问题：一是因为断点不精确，程序执行结果可能出错；二是由于程序不能准确中断在程序员在程序中设置的断点处，使程序员无法看到自己设置的断点处的现场，因而程序调试困难。

(2) 精确断点(precise interrupt)法。

精确断点法对中断的处理是对于在流水线中同时执行的多条指令，由哪一条指令发出程序性错误或故障的中断申请，断点就是这条指令的地址。为了实现精确断点法，需要把断点指令之前尚在流水线中已完全执行和部分执行的指令的执行结果都作为现场保存起来，为此，要设置一定数量的后援寄存器，以便能精确恢复断点现场。因此，采用精确断点法需要较高的硬件代价，控制逻辑也比较复杂。目前的流水线处理机一般都采用精确断点法。

3.4　先进的流水线调度技术

当流水线技术采用按序(in order)发射指令的机制时，指令序列在流水线中是顺序流动的，如果当前指令在流水线中被暂停，则后续指令无法前进。因此，当相邻的两条指令存在相关时，会引起流水线的断流。如果有多个功能部件，它们就会处于空闲状态。这是流水线技术的一个限制。如果采用乱序(out of order)技术，则遇到类似问题时，后继指令若无相关，就可以绕过当前相关指令，继续在流水线中流动，这样可提高流水线的效率。我们将要讨论的先进的流水线动态调度技术正是基于这种思想实现的。

在遇到无法消除的数据相关时，静态调度(static scheduling)方法是通过调度相关指令以减少暂停的影响，而采用动态调度(dynamic scheduling)的处理机则会尽量避免相关给流水线带来的暂停。动态调度相对于静态调度的优点在于：它可以处理一些编译时未发现的相关，从而简化了编译器，另外它还允许在一种流水线上编译的代码，可以在其他流水线上有效地运行，实现代码的可移植性。当然，这些流水线性能的改善是以显著增加硬件的复杂程度为代价的。

3.4.1 集中式动态调度方法——记分牌

这种调度方法源自 CDC6600，主要用一个称为状态记录控制器(或记分牌(scoreboard))的调度部件对流水线中的各个功能部件的工作状态，进入流水线中的各条指令的工作状态及它们所使用的源寄存器和目的寄存器情况等进行集中的统一记录和调度。动态调度的流水线在发射阶段采用按序发射，但读操作数阶段有可能会出现暂停或绕过暂停指令，从而可以乱序执行。记分牌工作机制正是在资源部件充足、没有数据相关存在的前提下，允许指令乱序执行的一种技术。其目的是在没有任何资源冲突的前提下，使每一条指令尽可能早的执行，以保持每一个时钟周期执行一条指令的速率，即当某条将要执行的指令被暂停时，其后继指令若没有相关于任何正在执行的指令，也没有相关于被暂停的指令，则应能够接着发射并执行。

如图 3.29 所示，每条指令都要从记录控制器(记分牌)通过，并记录相应的数据相关信息，由记分牌部件决定何时可取得操作数及执行该指令。若判断该指令当前不能立即执行，记分牌会监视硬件上的每一个变化，并适时令该指令进入执行。记分牌还可控制指令写入目标寄存器，所有的相关检测及消除工作都集中由记分牌部件实现。

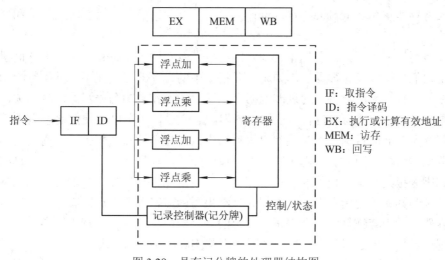

图 3.29　具有记分牌的处理器结构图

记分牌记录并管理如下三张表：

(1) 指令状态表。它登记已取指到指令流水线的各条指令的状态——是否已完成发射、是否已取完操作数、是否已完成执行、是否已完成写回。

(2) 功能部件状态表。每一个功能部件占有一个表项，登记是否"忙"、目的寄存器名、源寄存器名等是否就绪。

(3) 目标寄存器表。每一个寄存器与预约使用它作为目标寄存器的功能部件(ID)相联系，一个寄存器只能作为一个功能部件的目标寄存器而不能同时作为两个功能部件的目标寄存器。

记分牌随时监督并不断修改这些表，规定了一些定向逻辑。这些操作体现在指令调度上，主要有以下三点：

(1) 若一条译码后的指令所需的功能部件可用，并且目标寄存器也不是其他功能部件已预约的目标寄存器，那么这条指令就可发射，否则将指令挂起，直到条件满足再发射。这样首先杜绝了"写后写"相关。至于取寄存器操作数并非该段必须完成的功能，能取则取，不能取则在执行段完成取操作，这样会使流水线停顿减少。

(2) 在取寄存器操作数时要判断是否有"先写后读"相关。若先前发射的指令以某寄存器为目标寄存器，则只有该指令向目标寄存器写入后(目标寄存器表中此项清除)，此寄存器才作为其他指令的源寄存器就绪，从而消除"先写后读"相关。

(3) 在写回段要判断是否有"先读后写"相关。先前发射的指令若以本指令预定的目标寄存器为源寄存器，而还没有读取的话，则本指令的写回操作要推迟，直到"先读后写"相关清除再写回。因指令是按序发射，并按发射顺序登记在指令状态表中，故指令发射的先后顺序容易断定。

3.4.2　分布式动态调度方法——Tomasulo 算法

这种动态调度方法由 Robert Tomasulo 提出，并首先在 IBM360/91 的浮点执行部件中被采用，它允许在指令发生冲突后还能够继续执行。Tomasulo 算法的核心是在记分牌调度方法中融入寄存器重命名(register renaming)技术，并以此来解决"写后写"相关和"先读后写"相关。

"写后写"和"先读后写"相关都是因两条指令对同一个寄存器执行操作而引起的相关，但是它们之间并没有数据流。如果一条指令中的寄存器名改变了，并不影响相关的另一条指令的执行，因此，可以通过改变指令中寄存器操作数的名来消除这种相关，这就是寄存器重命名技术。重命名过程可以用编译器静态完成，也可以用硬件动态完成。

寄存器重命名的规则是如果遇到"写后写"或"先读后写"相关，则对引起相关的目的寄存器重新命名，即对于引起"写后写"或"先读后写"相关的指令，其运算结果不能直接写到指令指定的引起相关的目的寄存器中，而是先写到另外一个动态分配的备用寄存器中。等到与其相关的指令完成了访问并将结果写入该寄存器之后，就可以将这些临时的备用寄存器中的内容恢复到指令中正式指定的寄存器中去。为了支持寄存器重命名技术，需要在程序员使用的通用寄存器外，再增加一些实际的备用寄存器。

在 Tomasulo 算法中，寄存器重命名是通过保留站(reservation station)来实现的。保留站缓存了即将要发射的指令所需要的操作数。Tomasulo 算法的基本思想是尽可能早地取得并缓存一个操作数，避免指令直接从寄存器中读取数据的情况发生。指令执行时从保留站中取得操作数，并将执行结果直接送到等待数据的其他保留站。对于连续对同一寄存器的写操作，只有最后一个操作才真正更新寄存器中的内容。一条指令被发射时，存放其操作数的寄存器被重新命名为对应保留站的名字，这就是 Tomasulo 算法中的寄存器重命名技术。由于保留站的数目远远多于实际的寄存器，因而可以消除一些编译技术所不能解决的相关。

除了寄存器重命名技术，Tomasulo 算法和记分牌机制还有两个显著的区别：其一是 Tomasulo 算法的相关检测和指令执行控制是分开的。某功能部件中的指令的执行，由每个功能部件的保留站控制，而记分牌则是由记录控制器集中控制；其二是 Tomasulo 算法中的计算结果通过相关专用通路直接从功能部件进入对应的保留站进行缓冲，而不一定要写到寄存器。这个相关专用通路称为公共数据总线(CDB，Common Data Bus)。写入保留站的结果可以被所有等待这个结果的功能部件同时读取。而记分牌方法是将结果写到寄存器，等待功能部件来相互竞争。

　　图 3.30 是 IBM360/91 浮点执行部件的结构框图。浮点数缓冲器(FLB)接收和缓冲来自主存的操作数。要写入存储器的信息被送到存数缓冲器(SDB)中缓冲。浮点执行部件中的浮点加法器和浮点乘/除法器都是流水线，且能同时并行工作。

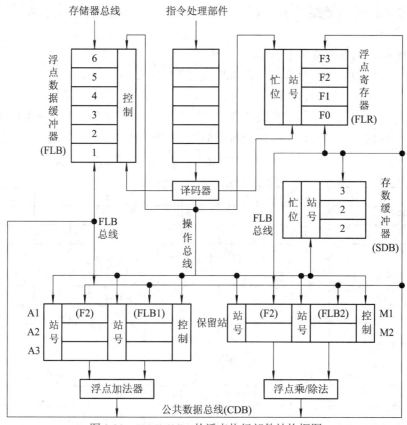

图 3.30　IBM360/91 的浮点执行部件结构框图

　　浮点操作栈(FLOS，Floating Point Operand Stack)用于缓冲来自指令部件的浮点操作指令，其格式为

　　　　操作　源 1(目的)，源 2

其操作可以是浮点加、减、乘、除。源 1 和源 2 用于指明两个源操作数的地址，且源 1 兼做目的地址，它们可分别是浮点寄存器(FLR)的号或经存储器总线送来的浮点操作数的缓冲器(FLB)的号。浮点操作栈(FLOS)送出的每条指令的操作数，都根据源 1 和源 2 经 FLR 总线和FLB 总线送入浮点加法流水线或浮点乘/除法流水线输入端的保留站。浮点加法器流水线的输入端设有三个保留站 A1、A2 和 A3，浮点乘/除法器流水线的输入端设有两个保留站 M1 和M2，均用规定的站号标记。保留站由控制部分控制，当任意一个保留站的两个源操作数都就绪，且相应流水段空闲时即可进入流水线进行处理，所以它是采用异步流动方式工作的。

　　如果用 $k+i$ 表示在 k 之后且与 k 同时在两条流水线中流动的第 i 条指令，则若 $k+i$ 的源 1 与 k 的目的一样，就会发生"先写后读"相关；$k+i$ 的目的与 k 的目的一样，就会发生"写后写"相关；$k+i$ 的目的与 k 的源 1 一样，就会发生"先读后写"相关。因此，只要同时进入流水线的各个操作命令中使用了同一个浮点寄存器(FLR)的号就会发生相关。

IBM360/91 通过给每个浮点寄存器(FLRi)设置一个"忙位"来判断相关。当某个浮点寄存器被使用时就将其"忙位"置为 1，使用完则将其"忙位"置为 0。在某个操作命令需要使用寄存器(FLRi)时，首先判断其"忙位"是否为 1，若为 1 就表示发生了相关。此时，要根据 Tomasulo 算法，通过使用保留站并设置其"站号"字段、相关后更改站号来完成推后处理及控制相关专用通路(公共数据总线)的连接。下面通过两条指令的执行来说明其实现过程。

若 FLOS 送出如下两条指令：

　　I1　　ADD　F2，FLB1　　；(F2) + (FLB1)→F2
　　I2　　MUL　F2，FLB2　　；(F2) × (FLB2)→F2

则这两条指令在异步流动时，"先写后读""写后写"和"先读后写"三种相关都可能发生。指令执行中相关寄存器和保留站的状态如图 3.31 所示。

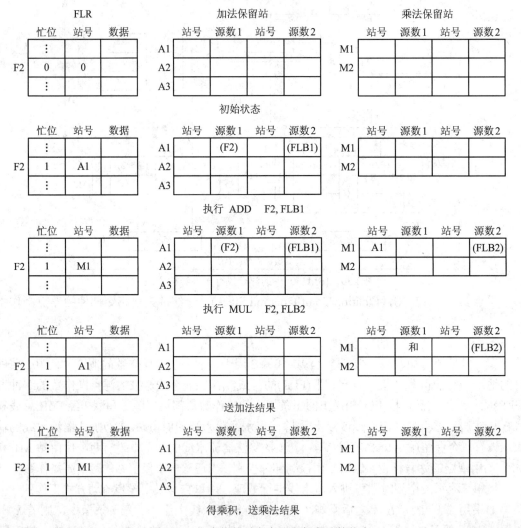

图 3.31　指令执行时寄存器和保留站的状态

机器的处理过程如下:

(1) 当 FLOS 送出 I1 时,将控制 FLR 取得(F2),FLB 取得(FLBI)送往加法器保留站,假设送往 A1,同时将 F2 的"忙位"置 1,以指明该寄存器的内容已送往保留站等待运算,其内容不能再被其他指令作为源操作数读出使用。

(2) 由于 F2 作为"目的"寄存器准备接收由加法器送来的运算结果,故需将站号 A1 送入 F2 的"站号"字段,以控制加法流水线将流出的保留站 A1 的运算结果经 CDB 总线送回 F2。当结果送回后,将 F2 的"忙位"和"站号"置成 0,即释放 F2 并允许其他指令使用。

(3) 如果在 F2 的"忙位"为 1,而加法结果尚未流出加法流水线时,FLOS 送出了 I2,则在访问 F2 取源 1 操作数时,会因其"忙位"为 1 而表明出现 F2 相关。此时不能直接将 F2 的内容送往乘法器保留站,而应将保存在 F2"站号"字段中的站号 A1 送往 M1 源 1 的"站号"字段,并将 F2 的站号由 A1 改为 M1 以指明将从 M1 接收运算结果。

(4) 当加法器对 A1 站的(源 1)、(源 2)进行相加,并将结果由 CDB 送出时,就将会直接送入"站号"为 A1 的 M1 保留站(源 1)中,这相当于将此间的相关专用通路接通,之后要清除 M1 保留站(源 1)的"站号"。

(5) 此时乘法器的 M1 保留站的(源 1)、(源 2)均已就绪,可将其送入乘法器执行乘运算,这实际相当于推后相乘的执行。而乘积则经 CDB 总线送往"站号"字段为 M1 的 F2 寄存器,同时将 F2 的"忙位"和"站号"置 0,释放 F2。

在加法器和乘/除法器输入端设置多个保留站的主要目的是使得这些运算部件可以在某个操作命令或因相关需要推后执行,或因执行时间过长而尚未完成时仍能继续从 FLOS 接收操作命令,因此,它是以异步流水方式工作的。IBM360/91 控制相关处理的信息是随着每个操作命令与操作数一起流入保留站的。这种分布式的控制方式大大简化了同时出现多种相关及多重相关的处理。它要比集中式的灵活,且处理能力更强。因此,大多数流水机器已采用与其类似的分布式控制方式。

3.4.3　动态转移目标缓冲技术

这是一种为减少转移指令引起的流水线停顿,而尽早生成转移目标地址的技术。它将以往成功转移的转移指令地址和其转移目标地址放到一个类似 Cache 的缓冲区中保存起来,缓冲区以转移指令的地址作为标志。在每条指令的取指阶段,将指令的地址与缓冲区中保存的所有标志做相联比较,若有相符的标志,则认为本指令是转移指令,且转移成功,它的下一条指令地址就是缓冲区中与相符标志对应的转移目标地址。这个缓冲区称为转移目标缓冲区(BTB,Branch Target Buffer 或 Branch Target Cache),其结构和工作原理如图 3.32 所示。

动态转移目标缓冲技术可以在指令取指阶段(IF)的后期、新 PC 形成之前就知道尚未译码的指令是否是转移指令,如果是,还知道可能的转移目标地址是什么,这样可以使转移的开销降为 0。这是一种使用硬件支持来加快生成转移目标地址的方法,在 IBM Power PC 及 Intel Pentium 处理器中已被采用。

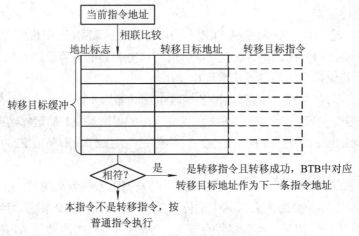

图 3.32　转移目标缓冲区的结构和原理图

转移目标缓冲的工作过程如下：

(1) 当前指令的地址与 BTB 中的标志作相联比较，若有相符者，则认为此指令为转移成功指令，且下一条指令的地址在 BTB 的转移目标地址域中。因此在本指令的指令译码(ID)阶段，开始从预测的指令地址处取下一条指令，如果预测正确将不会有任何延迟。

(2) 若在 BTB 中有与当前指令地址相符者，但当前指令转移不成功，则预测错误，此时将该项从 BTB 中删去。这时会耗费一个时钟周期来取错误的指令，并在一个时钟周期后重新取正确指令。

(3) 如果当前指令地址在 BTB 中没有相符者而指令发生了转移，则转移目标地址将在指令译码(ID)阶段末才被知道，此时应将该转移指令的地址和转移目标地址加入 BTB 中。

(4) 若当前指令地址在 BTB 中无相符者且指令不发生转移，则按普通指令执行。

对转移预测技术的一种改进是在 BTB 中不仅存入转移目标地址，而且还存入一个或多个转移目标指令，参见图 3.32 中的虚线部分。这种改进在将转移目标地址进行缓冲时可以进行一种称为转移目标指令缓冲(branch folding)的优化。转移目标指令缓冲可使无条件转移的延迟达到 0 s，甚至有的条件转移也可达到零延迟。

3.5　指令级并行技术

前面介绍的技术主要是通过减少数据相关和控制相关，达到每条指令执行的平均周期数 CPI 为 1 的理想情况。为获得更高的性能，我们希望能够使 CPI 进一步减小为 CPI≤1。在 20 世纪 80 年代兴起的 RISC 结构，其设计思想就是要让单处理机在每个时钟周期里可解释多条指令。由此出现了采用提高指令级并行新技术的超级处理机，具代表性的有超标量(superscalar)处理机、超长指令字(VLIW, Very Long Instruction Word)处理机和超流水线(superpipelining)处理机。

3.5.1　超标量处理机

一般的流水机器在一个时钟周期内只能发射一条指令，每个时钟周期只能产生一个结果，称为标量流水线处理机。假设一条指令包含取指令、译码、执行、存结果四个子过程，各子过程经过时间均为 Δt。常规的标量流水线单处理机在每个 Δt 期间解释完一条指令，如图 3.33 的时-空图所示，执行完 12 条指令共需 $15\Delta t$ 的时间，称这种流水机的并行度 m 为 1。

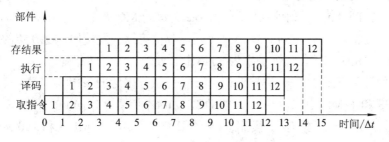

图 3.33　标量流水处理机的时-空图

　　超标量处理机在一个时钟周期内能够同时发射多条指令。为支持同时发射多条指令，超标量处理机最基本的要求是必须配置多套功能部件、指令译码电路和多组总线，并且寄存器也备有多个端口和多组总线。通常还有一个先行指令窗口，这个先行指令窗口能够从指令 Cache 中预取多条指令，并由指令译码部件对顺序取出的几条指令进行数据相关性分析和功能部件使用冲突的检测，将可以并行执行的相邻指令送往流水线。超标量流水线每个时钟周期流出的指令数不定，它可以通过编译器静态调度，由编译程序来优化编排指令的执行顺序，将能并行的指令搭配成组，硬件不对指令顺序进行调整。这种实现方法相对容易些。另外，它也可以通过记分牌或 Tomasulo 算法等进行动态调度。超标量流水处理的实现依赖于系统的硬件技术与编译器结合所能达到的指令级并行的最大程度。超标量处理机是利用硬件资源重复设置来实现空间上的并行操作，从而缩短处理时间以减小 CPI。采用多指令流水线的超标量处理机在每个 Δt 同时流出 m 条指令(称并行度为 m)。图 3.34 所示为并行度 $m = 3$ 的超标量处理机的流水时-空图，每三条指令为一组，执行完 12 条指令只需 $7\Delta t$。

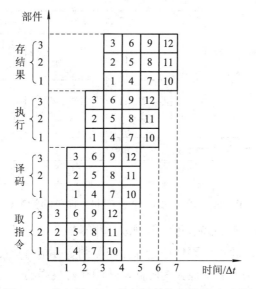

图 3.34　并行度 $m = 3$ 的超标量处理机的时-空图

超标量流水处理机非常适合于求解像稀疏向量、矩阵这类复杂的向量计算问题，因为这类问题用标量流水处理机求解效率低，而用向量流水线处理机求解又很不方便。

典型的超标量流水线处理机有 IBM RS6000、PowerPC 620、DEC 21064 等，还有如 Intel 公司的 i960CA、Pentium 系列处理机，Motorola 公司的 MC88110 等。1986 年的 Intel i960CA 时钟频率为 25 MHz，并行度 $m=3$，有七个功能部件可以并发使用。1990 年的 IBM RS6000 使用 1 μm 的 CMOS 工艺，时钟频率为 30 MHz。处理机中有转移处理、定点、浮点三种功能部件，它们可并行工作。转移处理部件每 Δt 可执行多达五条指令，并行度 $m=4$，性能可达 34 MIPS 和 11MFLOPS。1992 年的 DEC 21064 使用 0.75 μm 的 CMOS，时钟频率为 150 MHz，并行度 $m=2$，具有 10 段流水线，最高性能可达 300 MIPS 和 150 MFLOPS。1995 年的 PowerPC 620 是 PowerPC 结构的第一个 64 位实现方案，它包括六个独立执行单元，允许处理器同时派遣四条指令到三个整数单元和一个浮点单元，时钟频率为 150 MHz。1998 年的 Intel Pentium Ⅱ 处理器，具有 11 段流水线，能并行执行三条 Pentium 指令，最高时钟频率为 450 MHz。

3.5.2　超长指令字处理机

超长指令字(VLIW)结构是水平微码和超标量处理两者相结合的产物。超长指令字处理机采用指令静态调度策略，通过优化编译器找出指令间潜在的并行性，将多条指令中若干可并行执行的操作安排在一个超长指令字中的各指令操作字段上，形成一条可达数百位的指令，超长指令字由此得名。图 3.35 所示为典型的 VLIW 处理机结构和指令格式。当指令字被取入后，按指令操作字段将各操作分离开，且同时分派到多个独立的功能部件中，每个操作段控制其中的一个功能部件，并行执行数据存取和数据处理操作，相当于同时执行多条指令，其结果被写入一个大容量共享寄存器堆中。

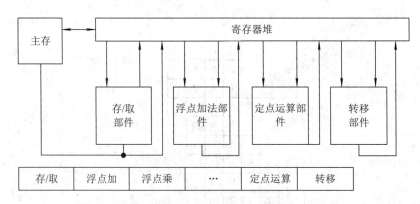

图 3.35　典型的 VLIW 处理机结构和指令格式

VLIW 结构由编译器在编译过程中重新安排指令顺序，这使得超长指令字译码器逻辑简单。运行时不再需要用软件或硬件进行操作相关判定、指令调度及操作的乱序处理等控制逻辑，从而使硬件结构的复杂性大为降低，却能获得很强的性能。VLIW 是一种单指令多操作码多数据(SIMOMD)的系统结构。指令同时可流出的最大数目(并行度 m)越大，超长指令字的性能优势就越显著。图 3.36 所示为 VLIW 执行时-空图，每拍启动一条长指令，执行三个操作，相当于三条指令，并行度 $m = 3$，经过七个 Δt 后可得到 4×3 个结果。

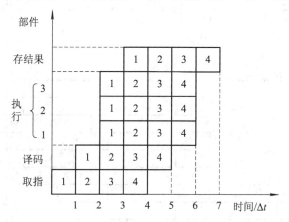

图 3.36　并行度 $m = 3$ 的 VLIW 执行时-空图

VLIW 技术的关键是它的编译技术。VLIW 指令中并行操作的同步在编译时完成，这使它比超标量处理器具有更高的处理效率。而 VLIW 体系结构中对指令并行性和数据移动在编译时说明，则大大简化了运行时的资源调度。但是，VLIW 的指令格式是特殊的，因而其代码无法与一般的计算机兼容。VLIW 的指令字很长而操作段格式固定，经常使指令字中的许多字段没有操作，浪费了存储空间。VLIW 机的编译程序与系统结构关系非常密切，二者必须同时设计，故缺乏对传统硬件和软件的兼容。现代 VLIW 的研究在深入开发更高效实用的编译技术的同时，也试图在体系结构方面有所改进，以弥补传统 VLIW 存在的不足。

美国 Transmeta 公司推出的 VLIW 架构处理器的代号为 Crusoe，如 TM5400 采用 128 位的 VLIW 核心，可同时接受四条指令，用 0.18 μm 铜线制造工艺，在 73 mm^2 的面积上集成了 2370 万个晶体管。2002 年 Transmeta 公司推出了 128 位、使用 CMS4.2 软件的 TM5500/5800，2003 年发布的 TM6000 系列处理器，仍采用原有的架构，但主频达到 1 GHz 以上，最新的 TM8000 处理器采用 256 位的 VLIW 核心，工作频率将超过 1 GHz，耗电只有约 0.5 W，它可同时接受八条指令。Intel 基于 IA-64 结构的 Itanium 处理器和 AMD 基于 X86-64 结构的 Athlon 处理器也采用了 VLIW 技术来提高处理器的性能。

3.5.3　超流水线处理机

超流水线这一术语最早在 1988 年提出，它采用的基本技术是细化流水线、增加级数、提高主频等。超流水线是指在每个节拍只发射一条指令，但每个机器周期内可并行发射多条指令并产生多个结果的流水线。与超标量流水线不同的是，超流水线每一节拍仍只流出一个结果，但一台并行度为 m 的超流水线处理机的节拍 $\Delta t'$ 只是机器时钟周期 Δt 的 $1/m$。因此在一个时钟周期内，流水线仍可流出多个结果。图 3.37 所示为并行度 $m = 3$ 的超流水线处理机工作时-空图。

与超标量流水线处理机利用资源重复开发空间并行性不同，超流水线处理机则着重开发时间并行性，在流水部件上采用较短的时钟周期，通过增加流水级数来提高速度。如果

一台有 k 段流水线的 m 并行度超流水线处理机，执行完 N 条指令的时间为

$$\left[k+\frac{N-1}{m}\right]\Delta t$$

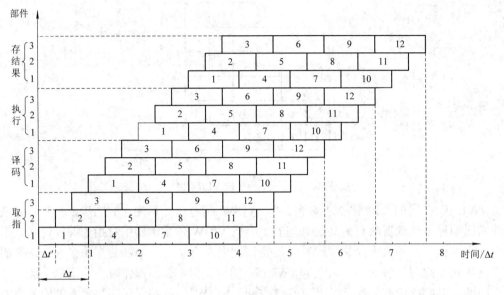

图 3.37　并行度 $m=3$ 的超流水线处理机时空图

如果 $m=3$，则所需时间为

$$\left[4+\frac{12-1}{3}\right]\Delta t = 7\frac{2}{3}\Delta t$$

相对于常规标量流水线处理机的加速比为

$$S_p = \frac{(k+N-1)\Delta t}{(k+\frac{N-1}{m})\Delta t} = \frac{m(k+N-1)}{mk+N-1}$$

当 N 趋于无穷大时，加速比 S_p 趋近于 m。

典型的超流水线机器有 1991 年 2 月 MIPS 公司的 64 位 RISC 计算机 MIPS R4000，实现的是 MIPS3 指令集，有八个流水段，并行度 $m=3$。

3.5.4　超标量超流水线处理机

超标量超流水线处理机是超标量与超流水技术的结合，全面开发空间并行性和时间并行性，使流水线具有更高的速度。若一条指令包含取指、译码、执行、存结果四个子过程，各子过程经过时间均为 $\Delta t'$，且机器时钟周期 $\Delta t = 3\Delta t'$，则指令在并行度 $m=9$ 的超标量超流水线处理机中的操作情况如图 3.38 所示。在一个时钟周期内机器指令发射三次，每次发射三条指令，每个功能段延迟时间都是 $\Delta t'$，则在流水线满负荷工作时，完成 12 个任务只需要 $5\Delta t$。

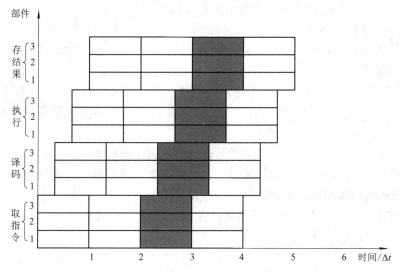

图 3.38　并行度 $m = 9$ 的超标量超流水线处理机时-空图

美国 DEC 公司 1992 年推出的 Alpha 21064 处理器就采用了超标量超流水结构。它是一个 64 位的 RISC 处理器，采用 0.75 μm 的 CMOS-4 工艺，其时钟频率可达 200 MHz，峰值指令执行速度可达 4 亿条/秒(400 MIPS)。Alpha 21064 处理机共有三条指令流水线，整数操作流水线和访问存储器流水线分为七个流水段，其中，取指令和分析指令为四个流水段，运算为两个流水段，写结果一个流水段。浮点操作流水线分为 10 个流水段，其中，浮点执行部件 FBOX 的延迟时间为六个流水段。Alpha 21064 处理机的三条指令流水线的平均段数为八段，每个时钟周期发射两条指令。DEC 公司在 1998 年推出的第三代产品 Alpha 21264 也是采用超标量超流水线结构，采用 0.35 μm 的 CMOS-6 工艺，集成了超过 1520 万个晶体管，有四条整数流水线和两条浮点流水线，一般情况下，每个时钟周期可执行四条整数指令，最多可执行六条指令。

设流水线的级数为 k，流水线中每级的执行时间均为 τ，采用超流水线时处理器的时钟频率为主机时钟频率的 n 倍，采用超标量时处理器的发射度为 m。不同类型的流水线，在执行 N 条指令时的执行时间有所不同。

(1) 单发射标量流水线的执行时间：

$$T_{(1,1)} = k \cdot \tau + (N - 1) \cdot \tau$$

(2) m 发射超标量流水线的执行时间：

$$T_{(m,1)} = k \cdot \tau + \left\lceil \frac{N - m}{m} \right\rceil \cdot \tau$$

(3) 单发射 n 倍超流水线的执行时间：

$$T_{(1,n)} = k \cdot \tau + (N - 1) \cdot \frac{\tau}{n}$$

(4) m 发射 n 倍超标量超流水线的执行时间：

$$T_{(m,n)} = k \cdot \tau + \left\lceil \frac{N - m}{m} \right\rceil \cdot \frac{\tau}{n}$$

一般情况下，当时钟频率和流水线级数相同时，有 m 发射的超标量处理机速度最多为单发射处理机速度的 m 倍。具有 n 倍时钟频率的超流水线处理机，它的速度最多可为单频标量流水线的 n 倍。具有 n 倍时钟频率和 m 发射的超标量超流水线处理机，它的组合加速比可为单频标量流水线的 $m \cdot n$ 倍。

【例 3.5】 设有 12 个任务需要进入流水线，已知流水线的功能段均为 4 个，每个功能段的处理时间都是 Δt。现计算在下列情况中完成 12 个任务分别需要多少时间？

(1) 单发射标量流水线。

(2) 超标量流水线，每个时钟周期可以同时发射三条指令。

(3) 超流水线，每个时钟周期可以分时发射三次，每次发射一条指令。

(4) 超标量超流水线，每个时钟周期可以分时发射三次，每次发射三条指令。

解： 在上述各种类型的流水线中执行完 12 个任务所需要的时间如下。

(1) $T_{(1,1)} = 4 \cdot \Delta t + (12-1) \cdot \Delta t = 15 \Delta t$；

(2) $T_{(3,1)} = 4 \cdot \Delta t + \left\lceil \dfrac{12-3}{3} \right\rceil \cdot \Delta t = 7 \Delta t$；

(3) $T_{(1,3)} = 4 \cdot \Delta t + (12-1) \cdot \dfrac{\Delta t}{3} = \dfrac{23}{3} \Delta t$；

(4) $T_{(3,3)} = 4 \cdot \Delta t + \left\lceil \dfrac{12-3}{3} \right\rceil \cdot \dfrac{\Delta t}{3} = 5 \Delta t$。

【例 3.6】 在下列不同结构的处理机上运行 8×8 的矩阵乘法 $C = A \times B$，计算所需要的最短时间(只计算乘法指令和加法指令的执行时间，不计算取操作数、数据传送和程序控制等指令的执行时间)。加法部件和乘法部件的延迟时间都是三个时钟周期，另外，加法指令和乘法指令还要经过一个"取指令"和"指令译码"的时钟周期，每个时钟周期为 20 ns，C 的初始值为 0。各操作部件的输出端有直接数据通路连接到有关操作部件的输入端，在操作部件的输出端设置有足够容量的缓冲寄存器。

(1) 处理机中只有一个通用操作部件，采用顺序方式执行指令。

(2) 单流水线标量处理机：有一条两个功能的静态流水线，流水线每个功能段的延迟时间均为一个时钟周期，加法操作和乘法操作各经过三个功能段。

(3) 多操作部件处理机：处理机内有独立的乘法部件和加法部件，两个操作部件可以并行工作。只有一个指令流水线，操作部件不采用流水线结构。

(4) 单流水线标量处理机：处理机内有两条独立的操作流水线，流水线每个功能段的延迟时间均为一个时钟周期。

(5) 超标量处理机：每个时钟周期同时发射一条乘法指令和一条加法指令，处理机内有两条独立的操作流水线，流水线的每个功能段的延迟时间均为一个时钟周期。

(6) 超流水线处理机：把一个时钟周期分为两个流水节拍，加法部件和乘法部件的延迟时间都为六个流水节拍，"取指令"和"指令译码"仍分别为一个流水节拍，每个时钟周期能够分时发射两条指令，即每个流水节拍能够发射一条指令。

(7) 超标量超流水线处理机：把一个时钟周期分为两个流水节拍，加法部件和乘法部件延迟时间都为六个流水节拍，"取指令"和"指令译码"仍分别为一个流水节拍，每个流水节拍能够同时发射一条乘法指令和一条加法指令。

解： 要完成两个 8×8 矩阵相乘，共要进行 $8 \times 8 \times 8 = 512$ 次乘法，$8 \times 8 \times 7 = 448$ 次加法。

(1) 顺序执行时，每个乘法和加法指令都需要五个时钟周期。计算所需要的时间为

$$T = (512 + 448) \times 5 \times 20 \text{ ns} = 96\,000 \text{ ns}$$

(2) 单流水线标量处理机，操作部件为静态双功能流水线，结构如图 3.39 所示。由于有足够的缓冲寄存器，所以可以首先把所有的乘法计算完，流水线排空后再输入加法计算任务，并通过调度使加法流水线不出现停顿。计算所需要的最短时间为

$$T = [(5 + 512 - 1) + (3 + 448 - 1)] \times 20 \text{ ns} = 19\,320 \text{ ns}$$

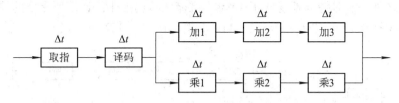

图 3.39　静态双功能流水线

(3) 单流水线多操作部件处理机，结构如图 3.40 所示。因为加法总共执行 448 次，而乘法共执行 512 次，所以加法操作可以在某些时候与乘法操作并行执行。同时考虑乘法流水线的乘积与加法流水线的和之间可能出现的"先写后读"数据相关，最后一次加法运算结束与最后一次乘法运算结束的时间差应为一次完整的加法流水操作过程，这里为三个时钟周期。计算所需要的最短时间为

$$T = [5 + (512 - 1) \times 3 + 3] \times 20 \text{ ns} = 30\,820 \text{ ns}$$

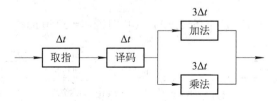

图 3.40　动态双功能流水线(操作部件不采用流水结构)

(4) 单流水线标量处理机有两条独立的操作流水线，结构如图 3.41 所示。分析方法同 (2)，但流水线不需排空。计算所需要的最短时间为

$$T = [5 + (512 - 1) + 448] \times 20 \text{ ns} = 19\,280 \text{ ns}$$

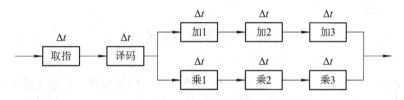

图 3.41　动态双功能流水线(操作部件采用流水结构)

(5) 超标量处理机，能同时发射一条加法和一条乘法指令，有两条独立的操作流水线，结构如图 3.42 所示。分析方法同(3)，区别在于乘与加操作均是流水化的，而且在不同的流

水线上并行执行。计算所需要的最短时间为

$$T = [5 + (512 - 1) + 3] \times 20 \text{ ns} = 10\,380 \text{ ns}$$

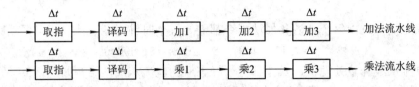

图 3.42　二发射超标量流水线

(6) 超流水线处理机每个时钟周期分时发射两条指令，加法部件和乘法部件都为六个流水级，"取指令"和"指令译码"仍分别为一个流水级，结构如图 3.43 所示。分析方法同(4)，不同之处在于时钟周期变成了 10 ns，且流水线已细化。计算所需要的最短时间为

$$T = [8 + (512 - 1) + 448] \times 10 \text{ ns} = 9670 \text{ ns}$$

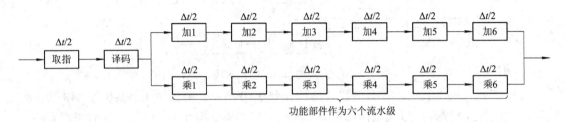

图 3.43　单发射超流水线

(7) 超标量超流水线处理机一个时钟周期分为两个流水节拍，加法部件和乘法部件均为六个流水级，"取指令"和"指令译码"仍分别为一个流水级，每个流水节拍能同时发射一条加法和一条乘法指令，结构如图 3.44 所示。综合(5)和(6)的分析可知，计算所需要的最短时间为

$$T = [8 + (512 - 1) + 6] \times 10 \text{ ns} = 5250 \text{ ns}$$

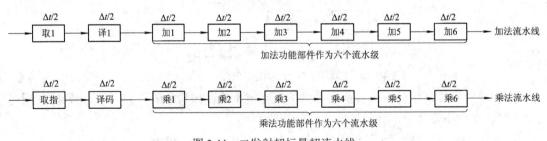

图 3.44　二发射超标量超流水线

3.6　向量处理技术

从前面的分析中可知，如果输入流水线的指令既无局部性相关，也无全局性相关，则流水线可能装满。此时，可获得高的吞吐率和效率。在科学计算中，往往有大量不相关的数据进行同一种运算，这正适合于流水线的特点，因此就出现了具有向量数据表示和相应向量指令的向量流水线处理机。由于这种机器能较好地发挥流水线技术特性，因此，可以

达到较高的速度。一般称向量流水处理机为向量机(vector processor)。

3.6.1　向量处理方法

这里用一个简单的例子说明向量的处理方式。例如，以下是 FORTRAN 语言写的一个循环程序：

    DO 10 i=1，N
    10 d[i]=a[i] * (b[i]+c[i])

对此，可以有下面几种处理方法。

1. 水平(横向)处理法

如果用逐个求 d[i]的方式，则：

    d[1] = a[1] * (b[1]+c[1])
    d[2] = a[2] * (b[2]+c[2])
    …
    d[i] = a[i] * (b[i]+c[i])
    …
    d[N] = a[N] * (b[N]+c[N])

这种方法的每次循环中至少要用两条指令：

    k[i] = b[i] + c[i]
    d[i] = k[i] * a[i]

显然在流水处理中，不仅有操作数相关("先读后写"相关)，而且每次循环中又有功能的切换(+、*、…)，这就使流水线的效率和吞吐率降低。

实际上，可以认为 A、B、C、D 是长度为 N 的向量。

$$A = (a_1, a_2, \cdots, a_N)$$
$$B = (b_1, b_2, \cdots, b_N)$$
$$C = (c_1, c_2, \cdots, c_N)$$
$$D = (d_1, d_2, \cdots, d_N)$$

因此，上述 DO 循环可以写成如下向量运算的形式：

$$D = A \times (B + C)$$

基于该向量表示形式，还可以有下面两种处理方式。

2. 垂直(纵向)处理法

垂直处理方法是对整个向量按相同的运算处理完之后，再去执行别的运算。对于上式，则有

$$K = B + C$$
$$D = K \times A$$

可以看出，这种处理方式仅用了两条向量指令，且处理过程中没有出现转移，每条向量指令内无相关，两条向量指令间只有一次数据相关，如果仍用静态多功能流水线，也只

需一次功能切换。这种处理方法就是向量的流水处理,从流水线输出端可以每拍取得一个结果元素。

由于向量长度 N 是不受限制的,无论 N 有多大,相同运算都用一条向量指令完成。因此,向量运算指令的源向量和目的向量都存放在存储器内,流水线运算部件的输入、输出端通过缓冲器与主存连接,从而构成存储器-存储器型的运算流水线,其结构如图 3.45 所示。

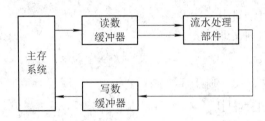

图 3.45　存储器-存储器型的运算流水线

这种结构要求提高主存和流水线处理机之间的信息通信流量,使流水线输入每个节拍从主存取到元素并向主存写回一个结果,这样才能保证流水线的平稳流动。早期如 TI 公司的 ASC(1972 年),CDC 公司的 STAR-100 (1973 年)、CYBER-205 (1982 年)和 ETA-10(1986 年)等中央处理机均采用这种结构。

3. 分组(纵横)处理法

把长度为 N 的向量分成若干组,每组长度为 n,组内按纵向方式处理,依次处理各组。若

$$N = s \cdot n + r$$

其中 r 为余数,也作为一组处理,则共有 $s+1$ 组,其运算过程为:

第一组　　　　$K_{1\sim n} = B_{1\sim n} + C_{1\sim n}$

　　　　　　　$D_{1\sim n} = K_{1\sim n} \times A_{1\sim n}$

第二组　　　　$K_{n+1\sim 2n} = B_{n+1\sim 2n} + C_{n+1\sim 2n}$

　　　　　　　$D_{n+1\sim 2n} = K_{n+1\sim 2n} \times A_{n+1\sim 2n}$

　　　　　　　…

第 $s+1$ 组　　$K_{sn+1\sim N} = B_{sn+1\sim N} + C_{sn+1\sim N}$

　　　　　　　$D_{sn+1\sim N} = K_{sn+1\sim N} \times A_{sn+1\sim N}$

每组内各用两条向量指令,仅有一次向量指令的数据相关。如果也用静态多功能流水线,则各组需两次功能切换,所以适合于对向量进行流水处理。

这种处理方式对向量总长度 N 没有限制,但组内长度不能超过 n。因此,可设置长度为 n 的向量寄存器,使每组向量运算的源向量和目的向量均在向量寄存器中,运算流水线的输入、输出端与向量寄存器相连,构成所谓寄存器-寄存器型运算流水线,如图 3.46 所示。1976 年美国 CRAY 公司研制的 CRAY-1 首次采用了这种结构,由于它在短向量操作中显示出良好的性能以及指令系统的简洁性,使其逐步成为向量机的主流。美国 CRAY 公司的 Y-MP(1988 年)和 C-90 (1991 年),日本 Fujitsu 公司的 VP2000 (1991 年)和 VPP300/500(1993 年)等大规模超级向量流水处理机均属这种结构。

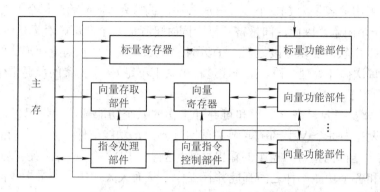

图 3.46　寄存器-寄存器型的运算流水线

3.6.2　向量处理机

向量处理机的结构因具体机器而不同，20 世纪 70 年代中期问世的 CRAY-1 向量流水处理机是向量处理机的典型代表。下面仅以 CRAY-1 机中的向量流水处理部分为例，介绍面向寄存器-寄存器型向量流水处理机的一些结构特点。CRAY-1 向量处理机不能独立工作，它需要一台前置机对整个系统进行管理，在此只介绍 CRAY-1 向量处理机本身。

1. CRAY-1 向量处理机的结构

CRAY-1 是由中央处理机、诊断维护控制处理机、大容量磁盘存储子系统、前置处理机组成的功能分布异构型多处理机系统。CRAY-1 向量处理机不能独立工作，它需要一台前置机对整个系统进行管理。图 3.47 是 CRAY-1 向量处理机中有关向量流水处理部分的简图。可为向量运算提供使用的功能部件有整数加、逻辑运算、移位、浮点加、浮点乘、浮点迭代求倒数。它们都是流水处理部件，其流水经过的时间分别为 3、2、4、6、7 和 14 拍，一拍为 12.5 ns，且六个部件可并行工作。

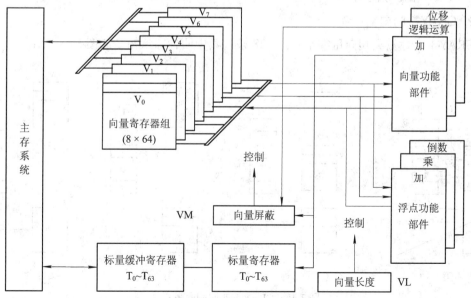

图 3.47　CRAY-1 的向量流水处理部分简图

向量寄存器组的容量为 512 个字，分成八块，编号为 V_0 至 V_7。每个 V_i 块为可存元素个数达 64 的一个向量。因此，向量寄存器中同时可存放八个向量。对于长度超过 64 个元素的长向量可以由软件加以分段处理，每段 64 个元素。为处理长向量而形成的程序结构称为向量循环。每次循环处理一段。在分段过程中余下不足 64 个元素的段通常作为向量循环的首次循环，最先得到处理。

为了能充分发挥向量寄存器组和可并行工作的六个功能部件的作用以及加快向量处理，CRAY-1 设计为每个 V_i 块都有单独总线可连到六个功能部件，而每个功能部件也各自都有把运算结果送回向量寄存器组的输出总线。这样，只要不出现 V_i 冲突和功能部件冲突，各个 V_i 之间和各个功能部件之间都能并行工作，从而大大加快了向量指令的处理，这是 CRAY-1 向量处理的显著特点。

所谓 V_i 冲突是指并行工作的各向量指令的源向量或结果向量的 V_i 有相同的。除了相关情况之外，就是出现源向量冲突，例如：

$$V_4 = V_1 + V_2$$
$$V_5 = V_1 \wedge V_3$$

这两条向量指令不能同时执行，必须在第一条向量指令执行完，并释放 V_1 后，第二条指令才能执行。这是因为这两条指令的源向量之一虽然都是取自 V_1，但二者的首元素下标可能不同，向量长度也可能不同，难以由 V_1 同时提供两条指令所需的源向量。这种冲突同前面所讨论的结构相关是一样的。

所谓功能部件冲突指的是同一个功能部件被一条以上的并行工作向量指令所使用。例如：

$$V_1 = V_2 * V_3$$
$$V_5 = V_1 * V_6$$

这两条向量指令都需用到浮点相乘部件，所以在第一条指令执行完毕，且功能部件释放后，第二条指令才能执行。

2. CRAY-1 的向量指令

CRAY-1 有标量类和向量类指令共 128 条，其中四种向量指令如图 3.48 所示。

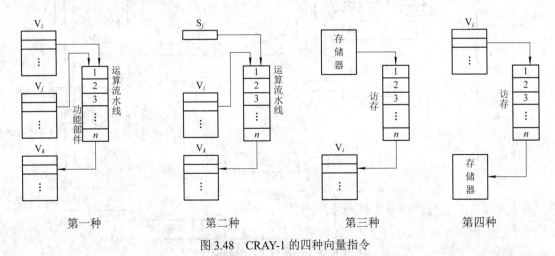

图 3.48　CRAY-1 的四种向量指令

第一种，源向量分别取自两个向量寄存器组 V_i、V_j，结果送入向量寄存器组 V_k。元素的个数由 V_L(向量长度)寄存器指明。向量屏蔽寄存器(V_M)为 64 位，每位对应 V 的一个元素。

第二种与第一种的差别只在于它的一个操作数取自标量寄存器 S_j。大多数向量指令都属于这两种。由于它们不是由主存而是由向量寄存器组取得操作数的，所以流水速度可以很高。

第三、四种用于控制主存与 V_i 向量寄存器组之间的成组数据传送。主存与向量寄存器之间的数据通路可以看成一个数据传送流水线，访存流水线建立时间为六拍。

3. CRAY-1 提高运算速度的措施

1) 链接技术

CRAY-1 向量处理的一个显著特点是只要不出现功能部件冲突和源向量冲突，通过链接技术可使"写后读"相关的向量指令也能并行处理。例如，对上述向量运算 $D = A \times (B + C)$，若 $N \leqslant 64$，向量为浮点数，则在 B、C 取到 V_0、V_1 后，就可用以下三条向量指令求解：

$$V_3 \leftarrow 存储器(访存，取 A)$$
$$V_2 \leftarrow V_0 + V_1(B 和 C 浮点加)$$
$$V_4 \leftarrow V_2 * V_3(浮点乘，存 D)$$

第一、二条指令无任何冲突，可以并行执行。第三条指令与第一、二条指令之间存在数据相关，不能并行执行，但是如果能够将第一、二条指令的结果元素直接链接到第三条指令所用的功能部件，那么第三条指令就能与第一、二条指令并行执行。其链接过程如图 3.49 所示。

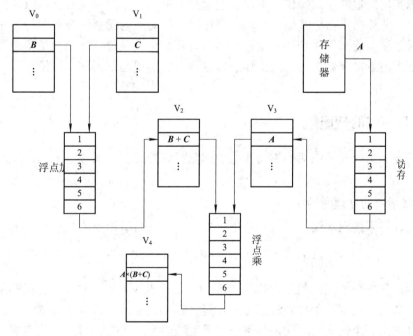

图 3.49 通过链接技术实现指令并行执行

CRAY-1 启动访存把元素从 V_i 送往功能部件及把结果存入 V_i 时都需一拍。由于第一、二条指令之间没有任何冲突，可以同时执行，而"访存"拍数正好与"浮加"的一样，

因此，从访存开始，直至把第一个结果元素存入 V_4 所需拍数(亦称为链接流水线的流水时间)为

$$1\left\{\begin{matrix}启动访存\\送浮点部件\end{matrix}\right\}+6\left\{\begin{matrix}访存\\浮加\end{matrix}\right\}+1\left\{\begin{matrix}存V_3\\存V_2\end{matrix}\right\}+1\left\{\begin{matrix}送浮乘部件\\送浮乘部件\end{matrix}\right\}+7\{浮乘\}+1\{存入V_4\}=17拍$$

此后，就是每拍取得一个结果元素存入 V_4。一共只需 $17+(N-1)$ 拍就可以执行完这三条向量指令，获得全部结果元素。

由此可见，所谓链接特性，实质上是把流水线"相关通路"的思想引入到向量指令执行过程之中。通过这种链接技术使得 CRAY-1 能灵活组织流水线并行操作，最多可并行处理六条向量指令，从而能进一步发挥流水技术的效能。

2) 加速向量递归操作

CRAY-1 的每个向量寄存器组 V_i 都有一个相应的元素计数器。当一条向量指令开始执行时，它的源向量寄存器和结果向量寄存器相应的元素计数器均置成 0。每次从源向量寄存器组送一个元素到功能部件时，与其相应的元素计数器就加 1，因而计数器总是指向下一次要用到的源元素。同样，每次从功能部件送一个结果元素到结果向量寄存器组时，相应的元素计数器也加 1。

CRAY-1 的向量指令可以通过让源向量和结果向量使用同一个向量寄存器组，并控制元素计数器值的修改，来实现递归操作。

一般情况下，向量指令使用的源向量寄存器组 V_i 和 V_j 与结果向量寄存器组 V_k 都不相同。如果想实现向量的递归操作，可以让向量指令中的一个源向量寄存器组兼作为结果向量寄存器组，并让向量指令开始执行时该寄存器组相对应的元素计数器保持为 0，直到第一个结果元素从功能部件送到该向量寄存器组为止。也就是说，让此向量寄存器组的元素计数器按结果向量寄存器组的方式工作。以这种方式实现递归操作，可使运算速度得到显著提高。

3.6.3　向量处理的性能

评价向量流水处理机性能的主要参数为向量指令的处理时间 T_{vp} 和向量流水线的最大性能 R_∞。

1. 向量指令的处理时间 T_{vp}

向量处理机采用流水线方式对向量进行处理，一条向量指令的执行时间 T_{vp} 可表示为

$$T_{vp}=T_s+T_1+(n-1)T_c=s\times T_c+l\times T_c+(n-1)T_c=(s+l-1)T_c+nT_c$$

其中，n 为向量指令处理的向量的长度；T_s 为向量流水线的建立时间，包括向量起始地址的设置、计数器的设定、条件转移指令执行等；T_1 为向量流水线从指令的译码到流水线流出结果向量的第一个元素的时间，即第一对元素通过流水线的时间；T_c 为向量流水线的时钟周期；s 为向量流水线建立时间所需的时钟周期数；l 为向量流水线流过时间所需的时钟周期数。

一组向量指令的执行时间主要取决于三个因素：向量的长度、向量操作之间是否存在

流水功能部件的冲突和数据相关。把可以在一个时钟周期内并行执行的几条向量指令称为一个编队，同一个编队中的向量指令不存在流水功能部件的冲突和数据相关。

【例 3.7】 假设每种流水功能部件只有一个，下面一组向量指令能分成几个编队？

LV	V1, RX	；取向量 X
MULTSV	V2, F0, V1	；向量和标量相乘
LV	V3, RY	；取向量 Y
ADDV	V4, V2, V3	；向量加
SV	RY, V4	；存结果向量

解： 第一条指令 LV 为第一编队，MULTSV 指令因与第一条 LV 指令相关，所以它们不能在同一个编队中。MULTSV 指令和第二条 LV 指令之间不存在功能部件冲突和数据相关，所以这两条指令为第二编队。ADDV 指令与第二条 LV 指令存在数据相关，所以 ADDV 为第三编队。SV 指令与 ADDV 指令数据相关，所以 SV 为第四编队。因此，这一组向量指令分为以下 4 个编队：LV；MULTSV　LV；ADDV；SV。

将一个编队计算一个元素的执行时间记为 T_g，若程序分为 m 个编队，向量长度为 n，则整个程序用于对向量元素流水计算的时间为 mnT_g。若向量寄存器的长度为 MVL $< n$，则对长度为 n 的向量需分为 $\left\lceil \dfrac{n}{\text{MVL}} \right\rceil$ 组，分组按编队进行计算。假设对一组向量按编队计算时，执行标量代码的开销为 T_v，启动向量部件的开销为 T_{start}，那么，整个程序的执行时间为

$$T_n = \left\lceil \frac{n}{\text{MVL}} \right\rceil \times (T_v + T_{\text{start}}) + mnT_g$$

为简单起见，通常可把 T_v 看作一个常量。例如，CRAY-1 机器的 T_v 约等于 15 个时钟周期。

【例 3.8】 在一台向量处理机上实现 $A = B \times s$ 计算，其中 A 和 B 是长度 $n = 200$ 的向量，s 是一个标量。向量寄存器长度 MVL = 64，各功能部件的启动开销：取数和存数部件为 12 个时钟周期、乘法部件为 7 个时钟周期，执行标量代码的开销 $T_v = 15$ 个时钟周期，对一个向量元素执行一次操作的时间 T_g 为 1 个时钟周期。求计算 A 的总执行时间。

解： 假设向量 A 和 B 存放在向量寄存器 Ra 和 Rb 中，标量 s 在标量寄存器 Fs 中，分组计算由下面三条向量指令完成。

LV	V1, Rb	；取向量 B
MULTVS	V2, V1, Fs	；向量 B 和标量 s 相乘
SV	Ra, V2	；存向量 A

由于这三条指令有数据相关，需划分为三个编队，$m = 3$。向量需要分为 $\lceil 200/64 \rceil = 4$ 组进行计算，每组计算前都需花费 $T_v = 15$ 个时钟周期为本组向量计算进行有关的标量操作和花费 T_{start} 来启动向量部件。根据 T_n 的计算公式可得

$$T_{200} = 4 \times (15 + T_{\text{start}}) + 3 \times 200 \times 1 = 660 + 4\,T_{\text{start}}$$

其中，T_{start} 是向量取(LV)的启动时间(12 个时钟周期)、向量乘(MULTVS)的启动时间(七个时钟周期)和向量存(SV)的启动时间(12 个时钟周期)的和，所以 $T_{\text{start}} = 12 + 7 + 12 = 31$ 个时钟周期。因此可得计算向量 A 的总的执行时间为 $T_{200} = 660 + 4 \times 31 = 784$ 个时钟周期，并

可得出向量 A 的一个结果元素的平均执行时间为 784/200 = 3.9 个时钟周期。

2. 向量流水线的最大性能 R_∞

向量流水线的最大性能 R_∞ 表示当向量长度趋于无穷大时的向量流水线的最大吞吐率，单位为 MFLOPS。它可用于评价向量处理机的峰值性能。R_∞ 可表示为

$$R_\infty = \lim_{n \to \infty} \frac{\text{一对元素浮点运算次数}}{\text{对元素平均执行时钟周期数} \times \text{时钟周期长度}}$$

上式中浮点运算次数和时钟周期的时间长度与向量长度 n 无关，且时钟周期长度=1/时钟频率。若长度为 n 的向量计算的总时钟周期数为 T_n，则一个向量元素的平均执行时钟周期数为 T_n/n。由此可将上式写为

$$R_\infty = \frac{\text{浮点运算次数} \times \text{时钟频率}}{\lim_{x \to \infty}(T_n / n)}$$

【例 3.9】 向量处理机 Cray Y-MP/8 的机器周期时间为 6 ns。一个周期可以完成一次加和一次乘运算。另外，八台处理机在最佳情况下可以同时运算而互不干扰。计算 Cray Y-MP/8 的峰值性能。

解： Cray Y-MP/8 的峰值性能为

$$R_\infty = \frac{(1+1) \times 8}{T_c \times 10^6} = \frac{16}{6 \times 10^{-9} \times 10^6} \approx 2667 \text{ MFLOPS}$$

本 章 小 结

流水线是提高处理器性能的一种非常重要的技术。它与计算机系统结构的发展密切相关，流水技术的应用和发展对 RISC 机器的出现起着至关重要的作用。

本章从重叠解释方式出发，阐述了先行控制技术和流水线技术中的基本思想、基本原理及其流水线的分类；介绍了流水线性能指标以及它们的计算方法；研究了克服流水线瓶颈、改进流水线性能的技术措施。

相关问题的存在是影响流水线性能的重要因素。本章比较详细地讨论了局部性相关和全局性相关产生的原因，介绍了相关专用通路、转移预测缓冲技术以及延迟转移技术等多种相关处理的技术方法。为解决非线性流水线中出现的功能部件冲突，讲述了非线性流水线的调度方法及过程。简单介绍了流水机器的中断处理技术。

本章还讨论了两种流水线动态调度的硬件策略：记分牌技术和 Tomasulo 算法。介绍了另外一种解决控制相关的指令调度技术——动态转移目标缓冲技术。

为了进一步提高处理机的执行速度，可让单处理机在每个时钟周期里解释多条指令。本章讨论了与此有关的超标量、超长指令字、超流水线以及超标量超流水线等指令级高度并行技术。

最后，介绍了与流水技术紧密相关的向量处理方法、向量处理机结构及其向量处理的性能分析。

习 题 3

3-1 解释下列术语：

指令的重叠解释方式　　　　　一次重叠　　　　　　　指令相关

数相关　　　　　　　　　　　静态流水线　　　　　　动态流水线

线性流水线　　　　　　　　　非线性流水线　　　　　流水线的实际吞吐率

流水线的加速比　　　　　　　流水线的效率　　　　　预约表

冲突向量　　　　　　　　　　局部性相关　　　　　　全局性相关

先写后读相关　　　　　　　　先读后写相关　　　　　写后写相关

超标量流水线　　　　　　　　VLIW　　　　　　　　超流水线

超标量超流水线

3-2 指令的解释方式采用顺序、一次重叠和流水，其主要差别在什么地方？流水方式与完全重复增加多套解释部件的方式相比各有什么优缺点？

3-3 假设指令的解释分为取指、分析和执行三步。每步的时间相应为 $t_{取指}$、$t_{分析}$、$t_{执行}$，试：

(1) 分别计算下列几种情况下，执行完 100 条指令所需时间的一般关系式。

① 顺序方式。

② 仅"执行 $_k$"与"取指 $_{k+1}$"重叠。

③ 仅"执行 $_k$"、"分析 $_{k+1}$"、"取指 $_{k+2}$"重叠。

(2) 分别在 $t_{取指}=t_{分析}=2$、$t_{执行}=1$ 及 $t_{取指}=t_{执行}=5$、$t_{分析}=2$ 两种情况下，计算出上述各结果。

3-4 某个流水线由四个功能部件组成，每个功能部件的执行时间都为 Δt。当连续输入 10 个数据后，停顿 $5\Delta t$，又连续输入 10 个数据，如此重复。画出时-空图，计算流水线的实际吞吐率、加速比和效率。

3-5 有一个四段流水线结构如图 3.50 所示。

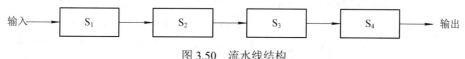

图 3.50　流水线结构

其中，段 S_1 和 S_3 的执行时间均为 200 ns，段 S_2 和 S_4 的执行时间均为 100 ns。

(1) 分别使用公式和时-空图求连续流入四条指令的实际吞吐率和效率。

(2) 若瓶颈段 S_1 可采用细分方法改造，瓶颈段 S_3 只能采用瓶颈段并联方法改造，对改造后的流水线，分别使用公式和时-空图求连续流入四条指令的实际吞吐率和效率。

3-6 有一条五个功能段的浮点加法器流水线，每个段的延迟时间均为 Δt，流水线的输出端与输入端之间有直接数据通路，且设置有足够的缓冲寄存器。要求用尽可能短的时间计算

$$F = \sum_{i=1}^{10} A_i$$

画出流水线时-空图，计算流水线的实际吞吐率、加速比和效率。

3-7　一个流水线由四段组成，各段执行时间均为 Δt，但是，流入的每个任务都需在第三段循环一次后，才能流到第四段，问：

(1) 当在流水线间隔 Δt 连续流入任务时，会发生什么情况？

(2) 该流水线的最大吞吐率是多少？如果每 $2\Delta t$ 输入一个任务连续流入 10 个任务，流水线的实际吞吐率和效率分别是多少？

(3) 如何改造该流水线，以提高吞吐率？仍然连续流入 10 个任务，改造后的流水线的实际吞吐率相对于改造前的流水线吞吐率提高了多少？

3-8　一条线性静态多功能流水线由六个功能段组成，加法操作使用其中的一、二、三、六功能段，乘法操作使用其中的一、四、五、六功能段，每个功能段的执行时间均为 Δt，流水线的输出端与输入端之间有直接数据通路，且设置有足够的缓冲寄存器。试用尽可能短的时间计算

$$F = \sum_{i=1}^{6}(a_i \times b_i)$$

画出流水线时-空图，并计算流水线的实际吞吐率、加速比和效率。

3-9　有一条动态流水线由六段组成，加法用一、二、三、六段，乘法用一、四、五、六段，各段执行时间均为 Δt。输入端和输出端的缓冲器足够大，且输出端的数据可以直接返回到输入端。若用流水线按最快的处理方式计算

$$f = \prod_{i=1}^{4}(a_i \times b_i)$$

(1) 画出流水线计算 f 的时-空图。

(2) 计算流水线的实际吞吐率和效率。

3-10　现有长度为 8 的向量 $\boldsymbol{A}$ 和 $\boldsymbol{B}$，请分别画出在下列四种结构的处理器上求点积 $\boldsymbol{A} \cdot \boldsymbol{B}$ 的时-空图，并分别求出完成运算所需的最少时间以及处理器的实际吞吐率、加速比和效率。设处理器中每个部件的输出均可直接送到任何部件的输入端或存入缓冲器中，部件之间的数据传送延时不计，指令和源操作数都能连续提供。

(1) 处理器有一个乘法部件和一个加法部件，不能同时工作，部件内也只能按顺序方式工作，完成一次加法或乘法均需 $5\Delta t$。

(2) 与(1)基本相同，但是，乘法部件和加法部件之间可并行执行。

(3) 处理器有一个乘、加双功能静态流水线，各由五个段构成，各段执行时间均为 Δt。

(4) 处理器有乘、加两条流水线，可同时工作，各由五个段构成，各段执行时间均为 Δt。

3-11　在一台单流水线处理机上执行下述的指令序列，每条指令的取指令和指令译码各需要一个时钟周期，MOVE、ADD 和 MUL 的执行分别需要二个、三个和四个时钟周期，且都在第一个时钟周期从通用寄存器中读取源操作数，在最后一个时钟周期把目的操作数写到通用寄存器中。

k:	MOVE	R1, R0	; R1←(R0)
$k+1$:	MUL	R0, R2, R1	; R0←(R2) × (R1)
$k+2$:	ADD	R0, R2, R3	; R0←(R2) + (R3)

(1) 就程序本身而言，哪些指令之间可能发生何种数据相关？

(2) 画出按指令序列的顺序流水执行的时-空图。说明共使用了多少个时钟周期？

3-12　在一个五段的流水线处理机上需经九拍才能完成一个任务,其预约表如表 3.2 所示。

表3.2　预　约　表

段号	时　间								
	t_0	t_1	t_2	t_3	t_4	t_5	t_6	t_7	t_8
S_1	√								√
S_2		√	√						
S_3				√			√	√	
S_4				√	√				
S_5						√	√		

(1)　分别写出禁止表 F、冲突向量 C。

(2)　画出流水线状态转移图。

(3)　求出最佳调度方案,其最小平均延迟及流水线的最大吞吐率。

(4)　按此流水调度方案输入六个任务,求实际吞吐率。

3-13　在一个四段的流水线处理机上需经七拍才能完成一个任务,其预约表如表 3.3 所示。分别写出延迟禁止表 F、冲突向量 C;画出流水线状态转移图;求出最小平均延迟及流水线的最大吞吐率及其调度时的最佳方案。按此流水调度方案,输入六个任务,求实际的吞吐率。

表3.3　预　约　表

段号	时　间						
	t_1	t_2	t_3	t_4	t_5	t_6	t_7
S_1	√				√		√
S_2		√		√			
S_3			√				
S_4				√		√	

3-14　设指令流水线由取指、分析、执行三个子部件组成。每个子部件经过时间为 Δt,连续执行 12 条指令。请分别画出在标量流水处理机及并行度 m 均为 4 的超标量处理机、超长指令字处理机、起流水线处理机上工作的时-空图,分别计算出它们相对标量流水处理机的加速比 S_p。

3-15　某 VLIW 流水线,有五个功能段,其指令一次最多可以进行四个操作,设每个功能段的流经时间都为 Δt,试计算当流入流水线的任务数分别为 12、14、16 时,各需要的时间是多少?

3-16　若上题的 VLIW 流水线改为超标量超流水流水线,同样有五个功能段,其一次最多可以同时发射四条指令,每时钟周期可以分时发射两次,设每个功能段的流经时间都是 Δt。试计算当流入流水线的任务数分别为 12、14、16 时,各需要的时间是多少?

3-17　对于第 3-15 题的 VLIW 流水线,如改为超流水线,每个时钟周期可以分时发射四条指令,其他条件不变,当流入流水线的任务数分别为 12、14、16 时,各需要的时间是多少?

3-18　在向量流水处理机上计算向量 $D = A \cdot (B + C)$，各向量元素个数均为 N，参照 CRAY-1 方式分解为三条向量指令：

① V3←存储器；　　　访存取 A 送入向量寄存器 V3

② V2←V0+V1；　　　$B + C \to K$

③ V4←V2*V3；　　　$K \times A \to D$

设启动存储器、启动乘/加流水线、数据输入寄存器各需要时间 Δt，向量加流水线完成一次加法需要时间 $6\Delta t$，访存一次需要时间 $6\Delta t$，向量乘流水线完成一次乘法需要时间 $7\Delta t$。求出分别采用下列三种方式工作时，完成三条向量指令共需的时间。

(1) 三条指令依序串行。

(2) 指令①与指令②并行执行完后，再执行指令③。

(3) 采用链接技术。

3-19　设有一台时钟频率为 $f = 200\,\text{MHz}$ 的向量流水处理机，其中，向量加流水处理部件完成一次加运算需要六个时钟周期，向量乘流水处理部件完成一次乘运算需要七个时钟周期，访存流水处理部件对存储器读/写一个数据需要 12 个时钟周期，所有流水处理部件对向量元素的处理需要一个时钟周期。V 为向量寄存器，S 为标量寄存器，向量长度为 n。处理机执行下述向量指令序列：

V1←存储器

V2←V1 × S

V3←存储器

V4←V2 + V3

存储器←V4

(1) 处理机顺序执行各向量指令且不链接，若 $n = 64$，计算处理机的执行时间。

(2) 若向量元素都是浮点数，计算处理机执行该指令序列的 MFLOPS 速率。

(3) 若指令序列在标量处理机上以顺序方式执行，忽略向量横向处理的循环控制等时间开销，计算标量处理机的执行时间，并计算向量流水处理机相对标量处理机的加速比。

3-20　在向量流水处理机上，向量长度均为 32，S 为标量寄存器，V 为向量寄存器。设启动功能部件(包括存储器)需要时间 Δt，一个数据打入寄存器需要时间 Δt，从存储器读/写一个数据需要时间 $6\Delta t$，完成一对数据的加运算需要时间 $6\Delta t$，完成一对数据的乘运算需要时间 $7\Delta t$。

问：下列各指令组中，哪些指令可以同时并行？哪些指令可以链接？分别计算各指令组的执行时间。

(1) V0←存储器　　　　　　　(2) V3←存储器
　　V1←V2 + V3　　　　　　　　V2←V0 + V1
　　V4←V5 × V6　　　　　　　　S0←S2 + S3
　　S0←S1 + S2　　　　　　　　V3←V1 × V4

(3) V3←存储器　　　　　　　(4) V0←存储器
　　V2←V0 + V1　　　　　　　　V2←V0 + V1
　　V4←V2 × V3　　　　　　　　V3←V2 × V1
　　存储器←V4　　　　　　　　V5←V3 × V4

第 4 章 存 储 系 统

存储器是用于存放程序和数据的计算机核心部件之一，其性能好坏直接关系到整个计算机系统性能的高低。存储系统是指存储器硬件以及管理存储器的软、硬件，对存储系统的基本要求是大容量、高速度和低成本。如何以合理的价格设计容量和速度满足计算机系统要求的存储器系统，始终是计算机体系结构设计中的关键问题之一。本章将着重介绍存储系统的基本原理及并行存储器、虚拟存储器、高速缓冲存储器(Cache)的有关技术。

4.1 存储系统及性能

4.1.1 存储系统的层次结构

存储器的三个主要指标是容量、速度和价格。存储器容量 $S_M = W \times l \times m$。其中，$W$ 为单个存储体的字长，l 为单个存储体的字数，m 为并行工作的存储体的个数。也就是说，存储器的容量正比于单个存储体的字长、单个存储体的字数和并行工作的存储体的个数。

存储器的速度可以用访问时间 T_A、存储周期 T_B 或频宽 B_m 来描述。B_m 是存储器被连续访问时，可以提供的数据传送速率，通常用传送信息的位数(或字节数)每秒来衡量。单体的 $B_m = W / T_M$，m 个存储体并行工作时可达到的最大频宽 $B_m = W \cdot m / T_M$。以上指的都是理想情况下存储器所能达到的最大频宽，由于存储器不一定总能连续满负荷的工作，所以，实际频宽往往要低于最大频宽。

存储器的价格可以用总价格 C 或每位价格 c 来表示。具有 S_M 位的存储器每位价格 $c = C / S_M$。存储器价格包含了存储单元本身及为该存储器操作所必需的外围电路的价格。

人们对存储器的要求是"容量大、速度快、价格低"，然而这三个要求是相互矛盾的。通过研究不同的存储器实现技术可以发现，存储器的速度越快，价格就越高；存储器的容量越大，速度就越慢，价格也越高。

为了解决以上矛盾，满足系统对存储器性能的要求，除了不断研制高速、低价、大容量的新型存储器之外，还可以考虑以下技术途径。

(1) 在组成上引入并行和重叠技术，构成并行主存系统。在保持每位价格基本不变的情况下，能使主存的频宽得到较大的提高。

(2) 改进存储器的系统结构，发展多层次存储体系(或称存储系统)。

所谓存储体系，是指计算机系统的存储器部分由多种不同的存储器构成，由操作系统和硬件技术来完成程序的定位，使之成为一个完整的整体。由于它由多级存储器构成，故又称之为存储层次。层次结构的存储体系在速度、容量、价格等性能指标方面的综合水平优于任何的单级存储器。

存储体系的层次结构如图 4.1 所示。其中，$M_1, M_2, \cdots, M_n$ 为用不同技术实现的存储器，它们之间以块或页面为单位传送数据。最靠近 CPU 的 M_1 速度最快，容量最小，每位价格最高，而离 CPU 最远的 M_n 则相反，速度最慢，容量最大，每位价格最低。对于其中任何相邻的两级来说，靠近 CPU 的存储器总是容量小一些，速度快一些，价格高一些。

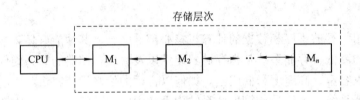

图 4.1　多层次存储体系

若设 c_i、T_{Ai}、S_{Mi} 分别表示 M_i 的每位价格、访问时间和存储容量，则多级存储层次中任意相邻两级之间存在以下关系：

$$c_i > c_{i+1}$$

$$T_{Ai} < T_{A(i+1)}$$

$$S_{Mi} < S_{M(i+1)}$$

层次存储系统设计追求的目标：从 CPU 来看，该存储体系是一个整体，且具有接近于 M_1 的速度和 M_n 的容量和价格。

要实现上述目标，必须让 CPU 对离 CPU 近的存储器访问频度尽量高，而且最好大多数的访问都能在 M_1 中完成。由于 M_1 的容量较小，一般不足以存放整个程序和程序需要使用的数据，但根据程序访问的局部性原理，实际 M_1 只需要存放包含近期 CPU 访问过的程序和数据的块或页面(存储器中一个小的连续区域)。局部性原理指出，绝大多数程序访问的指令和数据是相对簇聚的，它包括时间上的局部性和空间上的局部性。时间局部性是指在近期将要用到的信息很可能是现在正在使用的信息，这主要是程序循环造成的，即循环中的语句要被重复执行。空间局部性是指在近期将要用到的信息很可能与现在正在使用的信息在程序空间上是相邻或相近的，这主要是由于指令通常是按执行顺序存储，以及数据经常以向量、阵列、树、表格等形式簇聚的存储所致。

我们可以把近期内 CPU 使用的程序和数据放在尽可能靠近 CPU 的存储器中。在存储层次中，任何一层存储器中的数据一般都是其下一层(离 CPU 更远的一层)存储器中数据的子集。CPU 访存时，首先访问 M_1，若在 M_1 中找不到所要的数据，则访问 M_2，并将包含所需数据的块或页面调入 M_1，若在 M_2 中仍找不到，就要访问 M_3，以此类推。

4.1.2　存储系统的性能参数

我们以如图 4.2 所示两级存储层次结构为例分析存储系统的性能。存储层次由 M_1 和

M_2 两个存储器构成，假设 M_1 的容量、访问时间和每位价格分别为 S_{M1}、T_{A1} 和 c_1，M_2 的对应参数为 S_{M2}、T_{A2} 和 c_2。

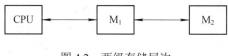

图 4.2　两级存储层次

1. 每位平均价格 c

每位平均价格的计算公式为

$$c = \frac{c_1 S_{M1} + c_2 S_{M2}}{S_{M1} + S_{M2}}$$

当 $S_{M1} \ll S_{M2}$ 时，有 $c \approx c_2$。

2. 命中率 H

命中率为 CPU 产生的逻辑地址流在 M_1 中访问到指定信息的概率。命中率一般用模拟的方法来确定，也就是通过模拟执行一组有代表性的程序，分别记录下访问 M_1 和 M_2 的次数 R_1 和 R_2，则命中率为

$$H = \frac{R_1}{R_1 + R_2}$$

命中率 H 与程序的访存地址流、M_1 和 M_2 之间所采用的地址映像关系、替换算法及 M_1 的容量都有很大的关系。显然，H 越接近于 1 越好。

为反映不命中的情况，还经常使用不命中率或失效率 F 这个参数，它是指 CPU 的逻辑地址流在 M_1 中访问不到指定信息的概率。显然

$$F = 1 - H$$

3. 等效访问时间 T_A

等效访问时间 T_A 为

$$T_A = H T_{A1} + (1 - H) T_{A2}$$

当命中率 H 接近于 1 时，等效访问时间 T_A 就接近于速度比较快的 M_1 存储器的访问时间 T_{A1}。因此，命中率 H 越大，整个存储系统的工作速度就越高，越接近于 M_1 的工作速度。

4. 存储层次访问效率 e

两级存储层次的访问效率为

$$e = \frac{T_{A1}}{T_A} = \frac{T_{A1}}{H T_{A1} + (1 - H) T_{A2}} = \frac{1}{H + (1 - H) r}$$

其中，$r = \dfrac{T_{A1}}{T_{A2}}$，为两级存储器的访问时间比。因此，存储层次的访问效率主要与命中率和构成存储层次的两级存储器的访问时间比有关。r 值越大时，为获得同样访问效率 e 所要求的命中率 H 越高。可以通过增加存储层次的级数来降低 r 值，也可以在获得同样的访问效率 e 时，降低对 H 的要求。

5. 复杂存储系统的性能参数

对于结构复杂的存储系统，应根据具体情况采用不同的方法分析其性能参数。

1) 多级存储体系的性能

若存储体系由 n 级存储器构成，如图 4.1 所示。设 M_i 的访问时间、访问次数和命中率分别表示为 T_{Ai}、R_i 和 H_i，则有

$$H_1 = \frac{R_1}{R_1 + R_2 + \cdots + R_n}$$

$$H_2 = \frac{R_2}{R_2 + R_3 + \cdots + R_n}$$

$$\vdots$$

$$H_n = \frac{R_n}{R_n} = 1$$

等效访问时间 T_A 为

$$T_A = H_1 T_{A1} + (1 - H_1) H_2 T_{A2} + (1 - H_1)(1 - H_2) H_3 T_{A3} + \cdots +$$
$$(1 - H_1)(1 - H_2) \cdots (1 - H_{n-1}) T_{An}$$

2) 两级分类存储体系的性能

将 Cache 存储器分为指令 Cache(I-Cache)和数据 Cache(D-Cache)，如图 4.3 所示。

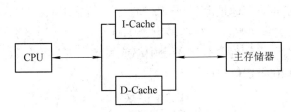

图 4.3　由指令 Cache 和数据 Cache 构成的两级存储体系

设指令 Cache 和数据 Cache 的访问时间均为 T_c，主存的访问时间为 T_m，指令 Cache 的命中率为 H_1，数据 Cache 的命中率为 H_D，CPU 访存取指的比例为 f_1，则存储体系的等效访问时间为

$$T_A = f_1(H_1 T_c + (1 - H_1) T_m) + (1 - f_1)(H_D T_c + (1 - H_D) T_m)$$

【例 4.1】　某机是由高速缓存与主存组成的两级存储系统，高速缓存访问时间 $T_c =$ 50 ns，主存访问时间 $T_m = 400$ ns，访问 Cache 的命中率为 0.96。问：

(1) 系统的等效访问时间 T_A 为多少？

(2) 如果将高速缓存分为指令 Cache 与数据 Cache，使等效访问时间减小了 10%。在所有的访存操作中有 20%是访问指令 Cache，而访问指令 Cache 的命中率仍为 0.96(假设不考虑写操作一致性的问题)，问数据 Cache 的访问命中率应是多少？

解：(1) 系统的等效访问时间为

$$T_A = HT_c + (1 - H) T_m = 0.96 \times 50 + (1 - 0.96) \times 400 = 64 \text{ ns}$$

(2) 设改进后的数据 Cache 的命中率为 H_D，CPU 访存取指的比例为 f_1，则

$$T_A = f_1(H_1 T_c + (1-H_1)T_m) + (1-f_1)(H_D T_c + (1-H_D)T_m)$$
$$64 \times (1-10\%) = 0.2(0.96 \times 50 + (1-0.96) \times 400) + (1-0.2)(H_D \times 50 + (1-H_D) \times 400)$$
$$280 H_D = 275.2$$
$$H_D \approx 0.983$$

4.1.3　存储系统的相关问题

在多层次存储体系中的相邻层次之间不可避免地存在信息调度的操作，对于每一个层次都将涉及到以下四个问题。

(1) 把低层存储器的一个信息块调入靠近 CPU 的高一层存储器时，可以放到哪些位置上？(映像规则)

(2) 如果所访问的信息在高一层存储器中时，如何找到该信息？(查找算法)

(3) 在某层存储空间已满而对该存储器访问失效时，调入块应替换哪一块？(替换算法)

(4) 对存储器进行写访问时，应进行哪些操作？(写策略)

搞清楚这些问题，对于理解一个具体存储层次的工作原理以及设计时的考虑是十分重要的。

4.2　并行主存系统

4.2.1　主存系统的频宽分析

现代计算机是以存储器为中心工作的，存储器的访问速度能否满足系统的需要是影响整个计算机系统性能的关键问题。根据主存中存储体的个数以及 CPU 访问主存一次所能读出的信息的位数，可以将主存系统分为以下类型。

1. 单体单字存储器

如图 4.4 所示，这种存储器只有一个存储体，其存储器字长为 W 位，一次可以访问一个存储器字，所以主存最大频宽 $B_m = W/T_M$。假设此存储器字长 W 与 CPU 所要访问的字(数据字或指令字，简称 CPU 字)的字长 w 相同，即 $W=w$，则 CPU 从主存获得信息的速率为 W/T_M。我们称这种主存是单体单字存储器。

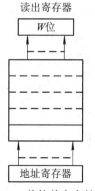

图 4.4　单体单字存储器

2. 单体多字存储器

这种存储器只有一个存储体,其存储器字长为 W 位,一次可以访问一个存储器字。但一个存储器字包含 n 个 CPU 字,即 $W = nw$,主存在一个存储周期内可以读出 n 个 CPU 字,所以主存最大频宽 $B_m = W/T_M = nw/T_M$。我们称这种主存为单体多字存储器。图 4.5 为 $n = 4$ 的单体多字存储器。

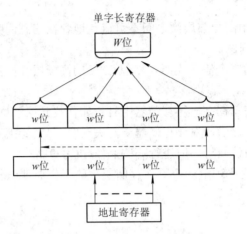

图 4.5　单体多字($n = 4$)存储器

3. 多体单字交叉存取的存储器

存储器有 m 个存储体,每个存储体都是一个 CPU 字的宽度,即 $W = w$。对存储单元采用按模 m 交叉编址,故称它为多体单字交叉存取的存储器。主存在一个存储周期内可以按同时启动或分时启动方式读出 m 个 CPU 字,所以主存最大频宽 $B_m = W/T_M = nw/T_M$。根据应用特点,这种交叉编址有低位交叉和高位交叉两种,后面将进一步介绍。图 4.6 为低位交叉编址 $m = 4$ 的多体交叉存储器。

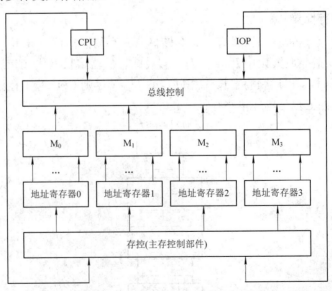

图 4.6　多体($m=4$)交叉存储器

4. 多体多字交叉存储器

它将多分体并行存取与单体多字相结合，存储器有 m 个存储体，每个存储体都是 n 个 CPU 字的宽度，即 $W = nw$。主存在一个存储周期内可以从每个存储体中读出 n 个 CPU 字，主存的最大频宽 $B_m = mW/T_M = mnw/T_M$。我们称这种主存为多体多字交叉存储器。

我们将能并行读出多个 CPU 字的单体多字、多体单字交叉、多体多字交叉存取的主存系统称为并行主存系统。

4.2.2 单体多字存储器

单体多字并行存储器利用将存储器的存储字字长增加 n 倍，存放 n 个指令字或数据字，从而实现在一个存储周期内能访问到 n 个指令字或数据字，以此增加存储器的频宽。

单体多字并行存储器的优点是实现简单，缺点是访问冲突概率大。访问冲突主要来自以下几个方面。

1. 取指令冲突

单体多字并行存储器一次取 n 个指令字，能很好地支持程序的顺序执行。但是，若一个存储字中有一个转移指令字，那么存储字中转移指令后被同时预取的几个指令字只能作废。

2. 读操作数冲突

单体多字并行存储器一次取 n 个数据字不一定都是要执行的指令所需要的操作数，而当前执行指令需要的全部操作数也可能因不包含在一个存储字中而不能被一次取出。因为数据存放的随机性比程序指令存放的随机性大，所以读操作数冲突的概率较大。

3. 写数据冲突

单体多字并行存储器必须是凑齐了一个数据字之后才能作为一个存储字一次写入存储器中。只写一个数据字时，需要先把属于一个存储字的个数读到数据寄存器中，改写其中一个字，然后再把整个存储字写回存储器。

4. 读写冲突

当要读出的数据字和要写入存储器的数据字同处于一个存储字中时，读和写的操作就无法在同一个存储周期中完成。

4.2.3 交叉访问存储器

一个存储器通常对存储单元是顺序编址的。如果主存采用多体单字方式组成，则对存储器 m 个存储体的存储单元采用 m 体交叉编址，组成交叉访问存储器。交叉访问存储器通常有两种交叉编址方式，一是地址码的高位交叉编址；二是地址码的低位交叉编址。高位交叉编址存储器的编址方式能很方便地扩展常规主存的容量。但只有低位交叉编址存储器才能提高存储器的实际频宽，有效地解决并行访问冲突问题，才能作为并行存储器的一种工作方式。

1. 高位交叉访问存储器

高位交叉访问存储器的结构如图 4.7 所示。如果主存空间为 $N=2^n$ 字，那么访问该存储器的地址为 n 位。若存储器由 2^m 个存储体构成(称为模 m 多体交叉存储器)，则用地址码的高 m 位来选择不同的存储体，低 $n-m$ 位为存储体的体内地址。当处理机发出的访存地址高 m 位不相同时，便可对存储器内不同的存储体进行并行存取(这里的并行性指的是并发性)。当处理机发出的访存地址高 m 位相同时，即访问同一存储体时，就不能并行操作了，我们称之为存储器的分体冲突。在最好的情况下，即一个模 m 的多体交叉访问存储器在不发生分体冲突时的频宽是单体存储器频宽的 m 倍。

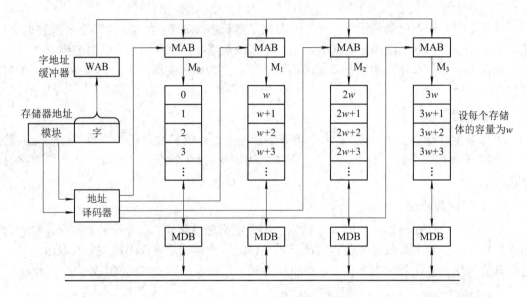

图 4.7   高位交叉访问存储器结构

即使每个存储体都可独立工作，但因为程序的连续性和局部性，在程序执行过程中被访问的指令序列和数据绝大多数会分布在同一存储体中，那么，就只有一个存储体在不停地忙碌，其他存储体是空闲的。

高位交叉方式主要有利于扩大常规主存容量，一般适合于共享存储器的多机系统。

2. 低位交叉访问存储器

低位交叉访问存储器的结构如图 4.8 所示。如果主存空间为 $N=2^n$ 字，那么访问该存储器的地址为 n 位，若存储器由 2^m 个存储体构成，则用地址码的低 m 位来选择不同的存储体，高 $n-m$ 位为体内地址。当处理机发出的访存地址低 m 位不相同时，便可对存储器内不同的存储体进行并行存取(这里的并行性指的是并发性)。当处理机发出的访存地址低 m 位相同时，即访问同一存储体时，则因发生存储器分体冲突而不能并行操作。

为了提高主存的速度，在一个存储周期内分时启动 m 个存储体。由于地址码低位交叉编址，所以对连续的地址访问将分布在不同的存储体中，避免了存储体访问冲突。在理想情况下，即一个模 m 的多体交叉访问存储器在不发生分体冲突时的频宽是单体存储器频宽的 m 倍。

低位交叉访问存储器一般适合于单处理机内的高速数据存取及带 Cache 的主存。

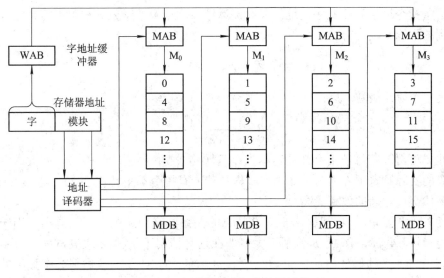

图 4.8　低位交叉访问存储器结构

4.2.4　提高存储器频宽的方法

由前述交叉访问的并行主存系统可达到的最大频宽为 $B_m = mW/T_M$，由此可见提高模 m 的值，应能提高主存系统的频宽 B_m，但 B_m 并不是随 m 值增大而线性提高。例如，CDC-6600、7600 采用模 32 交叉，而实际频宽却低于理想频宽的 1/3，其原因是：

(1) 工程实现上由于模 m 越高，存储器数据总线越长，总线上并联的存储芯片越多，负载越重，有时还不得不增加门的级数，这些都会使传输延迟增加。

(2) 系统效率问题。对模 m 交叉，如果都是顺序地取指令，效率可提高 m 倍。但实际中指令并不总是顺序执行的，一旦出现转移，效率就会下降。转移频度越高，效率下降越明显。数据的顺序性比指令差，实际的频宽可能更低一些；

下面通过一个模 m 交叉访问的并行主存系统，分析程序转移对其频宽的影响。

设 CPU 对有 m 个独立分体的并行主存系统发出一串地址为 A_1，A_2，…，A_g 的访存申请队，在每一个主存周期到来之前，该申请队被扫描. 并截取从队头起的 $A_1, A_2, …, A_k$ 序列，称为申请序列。该申请序列是访存申请队从队头向后，没有分体冲突的最长序列。序列长度 k 是一个随机变量，最大可为 m，但由于会发生分体冲突，k 往往小于 m，即 $1 \leqslant k \leqslant m$。截取申请序列的长度 k 是这个主存周期可以同时访问的分体数，所以系统效率取决于 k 的平均值，k 越接近 m，系统效率就越高。

设 $p(k)$ 是 k 的概率密度函数，其中，$k = 1$，2，…，m。即 $p(1)$ 是 $k = 1$ 的概率，$p(2)$ 是 $k = 2$ 的概率，$p(m)$ 是 $k = m$ 的概率。k 的平均值用 B 表示，则

$$B = \sum_{k=1}^{m} k \times p(k)$$

B 实际上是每个主存周期所能访问到的平均单元(字)数，正比于主存频宽 B_m。$p(k)$ 与程序密切相关，如果访存申请队均为指令地址，则影响最大的是转移概率 λ，它定义为给定

指令的下条指令地址为非顺序地址的概率。运用概率论及数学归纳法可得每个主存周期所能访问到的平均字数为

$$B = \sum_{i=0}^{m-1}(1-\lambda)^i$$

这是一个等比级数，因此有

$$B = \frac{1-(1-\lambda)^m}{\lambda}$$

由此式可得：若每条指令都是转移指令且转移成功($\lambda=1$)，则 $B=1$，即此时并行多体交叉存取的实际频宽下降为与单体单字一样；若所有指令都不转移($\lambda=1$)，则 $B=m$，即此时并行多体交叉存储的效率最高。

图 4.9 画出了 m 为 4、8、16 时，B 与 λ 的关系曲线。从图中可以看出，当转移概率 $\lambda > 0.3$ 时，$m=4$、8、16 的 B 差别不大，即在这种情况下，模 m 取值再大，对系统效率也并没有带来多大的好处；而在 $\lambda < 0.1$ 时，m 值的大小对 B 的改进则会有显著的影响。为了降低转移概率 λ，就要求在程序中尽量少使用转移指令。

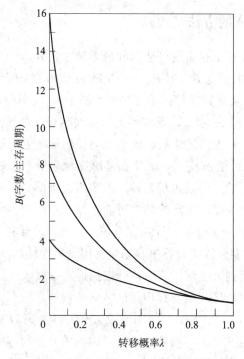

图 4.9　m 个分体并行存取 $B = f(\lambda)$ 曲线

若从最不利的情况考虑，让所有的访存申请(包括指令和数据)都是完全随机的，用单服务、先来先服务的排队论模型进行模拟，可得到 $B \approx \sqrt{m}$，即随着 m 的提高，主存频宽将近似与 m 平方根的关系得到改善。

因为程序的转移概率不会很低，数据分布的离散性较大，这都可能使交叉访问的并行主存系统因发生分体冲突而降低效率，所以单纯靠增大 m 来提高并行主存系统的频宽是有限的，而且性能价格比还会随 m 的增大而下降。

4.3 虚拟存储器

4.3.1 虚拟存储器的工作原理

虚拟存储器的概念是 1961 年由英国曼彻斯特大学 Kilburn 等人提出的，20 世纪 70 年代开始广泛应用于大中型计算机系统中，目前几乎所有的计算机都采用了虚拟存储系统。

虚拟存储器是"主存-辅存"存储层次的进一步发展和完善，主要针对主存的容量与价格之间的矛盾，为解决主存容量不能满足程序运行的需要而引入的。它由价格较贵、速度较快、容量较小的主存储器 M_1 和一个价格低廉、速度较慢、容量很大的辅助存储器 M_2(通常是硬盘)组成。在系统软件和辅助硬件的管理下，使应用程序员拥有一个比主存容量大得多的虚拟存储空间，而程序又可以按接近主存的工作速度在这个虚拟存储器上运行。

在虚拟存储技术中，把程序经编译生成的访存地址称为虚拟地址或虚地址，由虚地址表示的存储空间称为虚存空间(或称程序空间)。程序代码运行时，必须先把虚地址转换成主存物理地址(或称主存实地址)，才能按实地址访问主存。为实现将虚存单元在主存中的定位，遵循某种规则(算法)建立虚拟地址与物理地址之间的对应关系称为地址映像。程序在运行时按照某种地址映像方式装入主存，虚拟存储系统把虚拟地址转换成主存物理地址的过程称为地址变换。如果经地址变换发现虚地址所对应的数据不在主存中(未命中)，则需要访问磁盘存储器。此时首先把虚地址变换成磁盘存储器物理地址，称之为外部地址变换，然后才能访问磁盘存储器，将要访问的数据块调入主存。外部地址变换更多地依靠软件来实现。虚拟存储器中程序的定位是由系统提供的定位机构自动完成的，主存与辅存之间的信息交换由操作系统和硬件来实现，从而使虚拟存储器对应用程序员是透明的，但对系统程序员来讲基本上是不透明的，只是它的某些部分由于采用硬件实现才是透明的。访问虚拟空间的虚地址又称逻辑地址，由于指令中给出的地址码是按虚存空间来统一编址的，所以指令的地址码实际上是虚拟地址。虚拟存储器一般采用主存利用率较高的全相连映像方式。

如果有新的数据块要调入主存，但按地址映像关系对应的主存区域已无空闲位置时，则要采用某些替换算法来确定新数据块调入主存所替换已有数据块的位置。

地址映像与变换以及替换算法是虚拟存储器的重要技术，它们会直接影响虚拟存储器的性能。

4.3.2 虚拟存储器的管理方式及地址变换

根据采用的地址映像及变化方式的不同，虚拟存储器有段式、页式和段页式三种存储管理方式，相应的虚拟存储器分别称为段式虚拟存储器、页式虚拟存储器和段页式虚拟存储器。

1. 段式虚拟存储器

1）段式管理

根据结构化程序设计思想，一个程序可由多个在逻辑上相对独立的模块组成。这些模块可以是子程序、过程或函数，也可以是向量、数组、表等各种数据结构的数据集合。各模块大小可以不同，每个模块内都从地址 0 开始编址并分别构成单独的程序段。段式管理就是将程序空间按模块分段，主存空间按段分配的存储管理方式。一个段占用的存储容量称为段长，各段的段长可不同。采用段式管理的虚拟存储器中，每个程序都用一个"段表"来存放该程序各段装入主存的相关信息。每个段占用段表中的一行，存放该段的段长和该段在主存中的起始地址等内容。段表组成结构如图 4.10 所示，段表中各段参数说明如下。

(1) 段号。段号是各段用户或数据结构格式名称。也可以使用段的编号，这是由于段表行号与段序号存在的对应关系，段表中可以不设该字段。

(2) 起始地址。起始地址是该段在主存中的起始位置，即基址值。

(3) 装入位。装入位用来表示该段是否已装入主存。1 表示装入，0 表示未装入，装入位随该段是否调入主存而变化。

(4) 段长。段长表示该段的大小，可用于判断访问地址是否越界。

段表还可以有其他项目。段表常存于主存，也可存于辅存，需要时再调入。

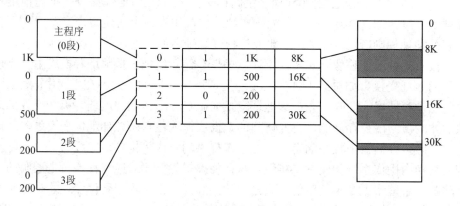

图 4.10　段式虚拟存储器的地址映像

2）地址映像与变换

段式虚拟存储器通过段表完成地址映像并结合段表基址寄存器实现地址变换，其地址映像如图 4.10 所示。一个程序的各段装入主存时，段与段之间并不一定是连续的，主存中只要有一个能容纳某个段的空间，就可将该段装入这个空间位置，并在段表中记载该段装入主存的有关信息。

段式虚拟存储器的地址变换如图 4.11 所示。一个多用户虚地址由用户号 U(或程序号)、段号 S 和段内偏移 D 等三部分组成。若系统中最多可同时有 N 道程序在主存中，可以在 CPU 中设置由 N 个段表基址寄存器组成的段表基址寄存器堆，每道程序由用户号 U 指明使用其中哪个段表基址寄存器。段表基址寄存器中的段表基地址字段指向该道程序的段表在主存中的起始地址 A_s。段表长度字段指明该道程序所用段表的行数，即程序段的段数。将 A_s 与虚地址中的段号 S 相加就得到这个程序段的段表地址，按这个段表地址访问段表，就能得到该程序段有关的全部信息。如果装入位信息显示该程序段已经装入主存，则只要把段表记录的该程序段在主存中的起始地址与虚地址中的段内偏移 D 相加就可得到要访问的主存实地址。

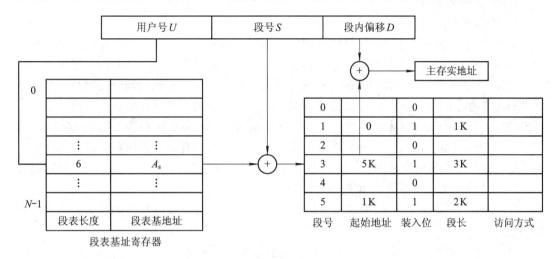

图 4.11　段式虚拟存储器的地址变换

段表中的段长和访问方式是用来保护程序段的。可根据程序段的起始地址和段长计算本次访问主存中的段是否发生地址越界。访问方式可以指出本程序段是否需要保护和所需保护的级别。

如果装入位信息显示被访问的段不在主存中，则不能将虚地址变换成主存实地址，而需要从辅存调入此段。为了有效利用段表空间，加快信息调动，对段表中装入位为 0 的行，可以用其起始地址字段来存放相应段在磁盘存储器中的起始地址，被访问时使用该段在磁盘存储器中的起始地址和段长，就可以从磁盘存储器中把该段读入主存，并修改该段在段表中的有关信息。

3) 段式虚拟存储器的特点

采用段式管理的虚拟存储器有以下特点：

(1) 段式管理可使编程模块化、结构化，从而可以并行编程，缩短程序设计周期；段与模块对应并相互独立，便于各段单独修改和编译。

(2) 段式管理便于实现公用信息的存储和使用。多任务公用的程序或数据段不用在主存中重复存储，只需在每个任务的段表中使用公用段的名称和同样的基址值即可。

(3) 段式管理便于实现以段为单位的存储保护。例如，可设置常数段只读不写；可变数据段只能读、写，不能作为指令执行；子程序段只能执行，不能修改等，若违反就会产生软件中断。

(4) 由于各段的段长不等，调入主存时每段要占用一个连续的主存空间，因此随着各段的调入调出，主存中各段之间会存在很多空闲存储区域。这些不足以容纳一个段的空闲存储区称为段间零头。段间零头会使主存空间利用率降低，而消除段间零头的操作又将增加系统运行的时间开销。

(5) 由于各段的长度依程序的逻辑可以是任意的，且程序段在主存中的起点也是随意的，这就要求段表中主存的起始地址和段长这两个字段的长度都要很长。这样，既增加了段表本身的存储开销，又增加了虚实地址变换的时间开销，使段式管理即复杂又费时。

2. 页式虚拟存储器

1) 页式管理

将主存空间和程序空间分别机械地划分成同样大小的页面，主存空间按物理地址顺序对页(实页)编号(即物理页号或实页号)，程序空间按虚拟地址对页(虚页)编号(即逻辑页号或虚页号)，程序以页为单位调进并装入主存中不同的页面位置。页式管理就是将程序空间按页划分，主存空间按页分配的存储管理方式。地址空间的页面划分和页的大小是由虚拟存储器的页式管理的软硬件来实现的。在一般计算机系统中，页的大小为 1 KB～16 KB。采用页式管理的虚拟存储器中，每个程序都用一个"页表"来存放该程序各页装入主存的有关信息。每个虚页占用页表中的一行，存放该页的虚页号及该页在主存中的实页号等内容。页表组成结构如图 4.12 所示，页表中各项参数说明如下：

(1) 虚页号。是程序空间中各页面编号。由于虚页号是顺序编写的，故页表内该项可以不设。

(2) 主存实页号。该虚页装入主存后所在主存实页的编号。

(3) 装入位。用来表示该虚页是否已装入主存。1 表示装入，0 表示未装入，装入位随该页是否调入主存而变化。

页表还可有自定义的所需项目。

2) 地址映像与变换

页式虚拟存储器通过页表完成地址映像并结合页表基址寄存器实现地址变换，其地址映像如图 4.12 所示。

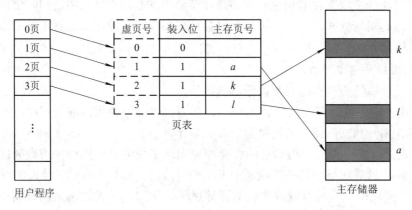

图 4.12 页式虚拟存储器的地址映像

页式虚拟存储器的地址变换如图 4.13 所示。一个多用户虚地址 N，由用户号 U(或程序号)、页号 P 和页内偏移 D 等三部分组成。由于虚页和实页的大小相同，因此，一个虚地址变换成主存实地址时，虚地址的页内偏移 D 同实地址的页内偏移 d 是相同的，需要变换的只是把虚地址中的虚页号 P 变换成主存实地址的实页号 p。这样可大大缩短进行变换的地址的长度，既节省了硬件和存储开销，又能加快地址变换的速度。

在 CPU 内部有一个页表基址寄存器堆，每个用户(程序)通过虚地址中的用户号 U 指明使用其中哪一个页表基址寄存器。页表基址寄存器中存放该程序的页表在主存中的基地址

A_p。虚地址中的虚页号 P 就对应页表中记载该虚页有关信息的行，只要把页表基地址 A_p 同虚页号 P 相加就得到要访问的页表地址。按这个页表地址访问页表，可得到相应虚页的有关信息。若装入位显示该虚页已经装入主存，则将页表中该虚页对应的主存实页号 p 同虚地址中的页内偏移 D 直接拼接就得到主存实地址 n_p。

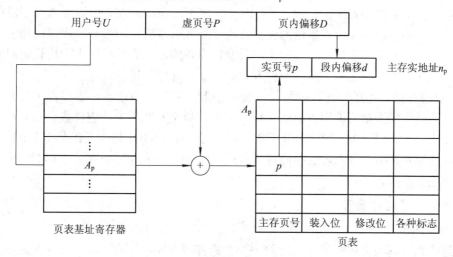

图 4.13　页式虚拟存储器的地址变换

　　页表中的修改位用来表示相应的实页是否被修改。如果没有被修改，则在有新的虚页调入该实页时只需简单覆盖即可；如果被修改过，在新页调入替换该实页时则需先把它写回磁盘存储器。通常，段表也可增加修改位字段。

　　同样，为提高页表空间利用率，可在页表中装入位为 0 的行中，用实页号字段存放此虚页在辅存中的实际地址，以便于实现调页。

　　3) 页式虚拟存储器的特点

　　我们通过与段式虚拟存储器比较来讨论页式虚拟存储器的特点。

　　(1) 存储管理简单。段是按程序的逻辑结构划分的，段的大小不定，需在段表中指明段长，程序段调入主存时要判断可用区域是否能放得下。页面是对程序空间和主存空间的机械划分，页的大小固定，无须在页表中指明，只要主存中有空页就可调入相应的虚页。因此，页式虚拟存储器的管理相对更简单。

　　(2) 主存空间利用率较高。由于用户程序划分成页装入主存，如果用户程序的长度不是页面长度的整数倍，则此程序空间的最后一个虚页中会有空闲区域。该虚页调入主存时也会在一个实页内形成空闲区域，称之为页内零头。页内零头远小于段间零头，而且一个用户程序最多只有一个页内零头。因此，页式虚拟存储器的主存空间利用率高于段式虚拟存储器的主存空间利用率。

　　(3) 地址变换速度较快。由于页表行的长度比段表行的长度短，所以读出和写入一行信息所需时间较少。段式虚拟存储器的虚实地址变换要做两次地址加法；页式虚拟存储器中的虚页与实页大小相等，故虚地址的页内偏移 D 与实地址的页内偏移 d 完全相同，所以虚实地址变换只需要做一次地址加法。

　　(4) 程序的链接和调度不方便。段式虚拟存储器中的信息以段为单位进行调度。各段都是保持逻辑完整性的程序代码段或独立的数据段，且每个段装入主存后占有一个连续的主存空间。因此在程序运行时，程序代码和数据的链接、调度比较方便。在页式虚拟存储器中信息以页为单位进行调度。一个程序代码段或数据块可能只有部分内容被调入主存，在主存中占用若干个不连续的实存空间。因此在程序运行时．需要不断地进行信息的调入调出。

(5) 程序和数据的保护不方便。采用段式管理时，通过对段表中访问方式字段的设置就可以实现对整个程序段或数据段的保护。而在页式管理时，由于一个程序段通常被划分为多个页，也可能在一个页面中包含不同段的信息。因此，即使在页表中增设访问方式标志，对属于同一个段的多个页面的保护方式的设置和管理仍然不太方便。

(6) 页表行的长度虽然比段表行长度要短，但页表的行数很多，需要占用很大的存储空间。由于每个虚页都要占用页表的一行，由于虚拟空间非常大，虚页数会很多，因此页表的行数就很多。假设虚拟空间为 4 GB，页面大小为 1 KB，则页表就有 4M 个行，若每个页表行占用 4 字节，则页表的存储容量就达 16 MB。页表通常是常驻主存的，所以会占用很大的主存空间。

3. 段页式虚拟存储器

1) 段页式管理

它是段式管理和页式管理相结合的一种存储管理方式，综合了段式管理方式和页式管理方式二者的优点。段页式管理的基本思想是将主存空间等分成页，对程序空间按模块分段，段内再划分成与实页同样大小的页，程序以页为单位进行调度。因此，段页式管理就是将程序空间按模块分段、段内分页、主存空间按页分配的存储管理方式。由于采用段内分页方式，段页式与纯段式的一个显著区别在于段的起点不是任意的，而必须是实存中页面的起点。在采用段页式管理的虚拟存储器中，每道程序(任务)通过一个段表和一组页表(每段一个页表)进行定位。段表中的每行对应一个段，行内记录该段页表的长度和页表的起始地址，页表长度就是该段的页数。页表则指明该段各页是否装入主存，并给出该段各页在主存中的实页号及是否被修改等信息。

2) 地址映像与变换

段页式虚拟存储器通过一个段表和一组页表完成地址映像并结合段表基址寄存器实现地址变换，其地址映像如图 4.14 所示。

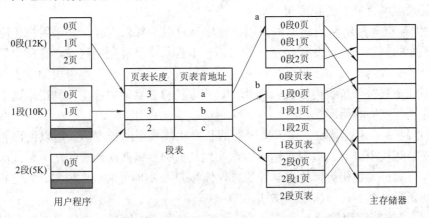

图 4.14　段页式虚拟存储器的地址映像

段页式虚拟存储器的地址变址如图 4.15 所示。一个多用户虚地址 N_s，由用户号 U、段号 S、虚页号 P 和页内偏移 D 等四部分组成。虚地址变换成主存实地址时要先根据段号查段表，得到该段的页表起始地址和页表长度，再根据虚页号查页表，得到该虚页装入主存页面的实页号 p，将实页号 p 与页内偏移 D 拼接即得到主存实地址。

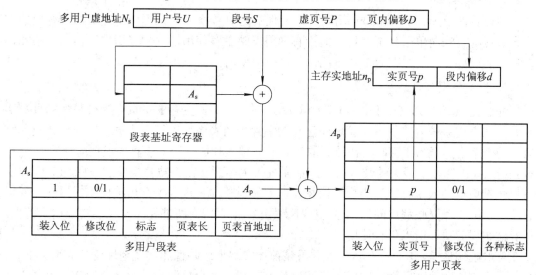

图 4.15　段页式虚拟存储器的地址变换

由以上地址变换过程可知，在段页式虚拟存储器中，应用程序访问主存中的一个数据(取指令、读一个操作数或写回一个结果)，需要查两次表：一次查段表，另一次查页表。如果段表和页表都在主存中，则需要三次访问主存。对于段式虚拟存储器和页式虚拟存储器，也要经过两次访问主存：第一次访问主存，通过查段表或页表完成虚实地址变换；再按实地址第二次访问主存，进行读写操作。因此，若要降低虚拟存储器与主存之间工作速度的差异，就必须缩短地址变换的查表时间。

3) 段页式虚拟存储器的特点

段页式虚拟存储器采用段式与页式相结合的管理方式，使其同时获得段式管理方式和页式管理方式的优点——既具有段式虚拟存储器保证程序段和数据段的逻辑独立性，使信息的共享和保护比较方便、程序可以在执行时再动态链接等优点，同时也具有页式虚拟存储器的主存空间利用率较高、固定大小的页面调动有利于对磁盘存储器的管理等优点。段页式虚拟存储器的缺点是地址变换过程查表访存次数多，使访问速度降低。

4.3.3　替换算法

处理机要用到的指令或数据不在主存中时会产生页面失效，此时应从辅存中将包含该指令或数据的虚页调入主存。通常虚存空间远大于主存空间，如果全部主存空间被虚页占满后再出现页面失效，则将辅存的一页调入主存时就会发生实页冲突(发生两个以上的虚页想要进入主存中同一个页面位置的现象被称为发生了页面争用或实页冲突)。在页面失效和页面争用同时发生时，需要让主存释放某个页面，才能接纳由辅存中调进的新页。选择主存中哪一页作为被替换页面的规则称为页面替换算法。

　　确定替换算法的原则主要是看按这种替换算法替换是否有高的主存命中率,其次要看算法是否便于实现,辅助软、硬件成本是否低。常见的替换算法有:随机算法、先进先出算法、近期最少使用算法或近期最久未用过算法、优化替换算法等。

1. 随机算法

　　随机算法(RAND,Random)用软件或硬件的随机数产生器来形成主存中要被替换的虚页号。这种算法简单,易于实现,但没有利用反映主存使用情况的"历史"信息,不能体现程序的局部性,使主存命中率很低,所以很少使用。

2. 先进先出算法

　　先进先出算法(FIFO,First-In First-Out)选择最早装入主存的虚页作为被替换的页。实现时,在操作系统为实现主存管理而建立的主存页面表中,给每个实页设置一个计数器字段。当一个虚页调入主存时,让该页的计数器清零,其他已装入主存的虚页的计数值加1。替换时,找出计数值最大的装入页就是最先进入主存而现在将被替换掉的虚页。FIFO算法可以记录虚页装入主存的"历史"信息,但不能反映虚页进入主存后被使用的情况,所以它不一定能正确反映程序的局部性,因为最先进入的页很有可能正是现在经常要用到的页。该算法实现简单,所以仍有使用。

　　需要说明的是,这个主存页面表并不是前述实现地址映像和实现地址变换的那个页表。页表是对用户程序空间而言的,每道程序都有一个;主存页面表是对主存而言,整个主存只有一个,主存页面存于主存,其结构如图4.16所示,其中每一行用来记录主存中各页的使用情况。

（计数器）

实页号	占位用	程序号	段页号	使用位	程序优先位	H_s	其他信息
0							
1							
⋮							
2^P-1							

图 4.16　主存页面表

3. 近期最少使用算法

　　近期最少使用算法(LRU,Least Recently Used)选择近期最少访问的虚页作为被替换的页。这种算法能比较正确地反映程序的局部性,因为一般近期最少使用的页在未来一段时间内也将很少被访问。此算法在实现时,需在页表或目录表中对每个实页增设一个字长很长的"使用次数计数器"字段,某个页被访问一次,该页的计数器字段加1,使用次数最少(即计数值最小)的页是被替换页。为了简化实现,一般采用它的变形,即把近期最久没被访问过的页作为被替换的页。

　　近期最少使用算法仍通过主存页面表来实现。表中占用位表示该主存页面是否已被占用:占用位为0,表示该页是空的,未被占用;占用位为1,表示该页已被占用。至于被哪个程序的哪个段、哪个页占用,则由程序号和段页号字段表示。为实现近期最久未用过的替换算法,需给表中每个主存页面配一个"使用位"标志。开始时,所有页的占用位和使用位全为 0。由于采用全相联映像,调入页可进入对应于主存页面表中任何占用位为 0 的实页位置,并置该实页的占用位为 1。只要某个实页的任何单元被访问过,就由硬件自动置该页使用值为 1。当所有占用位都是 1,且又发生页面失效时才有页面替换问题,此时选择使用位为 0 的页替换即可。

显然,任何时候都不能出现使用位全为 1 的情况,否则,在发生页面失效时就无法确定究竟哪页该被替换。一种解决办法是一旦使用位进入全 1,就立即由硬件强制全部使用位都为 0;另一种解决办法是让它定期地置全部使用位为 0。为此,可给每个实页配一个"未用过计数器"H_s(或称为历史位),定期地每隔 Δt(例如每隔几毫秒、几秒或几分钟)时间扫视所有使用位。对使用位为 0 的页,令其 H_s 位加 1,并让使用位继续保持为 0;而对使用位为 1 的页,则置 H_s 位为 0,同时将使用位置 0。这样,扫视结束时,所有页的使用位都成了 0,又开始一个新的 Δt 期,但原有使用位的状态都已被记录到各自的 H_s 中。某页的 H_s 值最大,说明该页最久未被用过,应成为被替换的页。因此,使用位只反映一个 Δt 期内的页面使用情况,H_s 则反映了多个 Δt 内的页面使用情况,且这种方法比近期最少使用算法的设置计数器所耗费的辅助硬件要少得多。主存页面表的修改设置可用软硬件结合的方法去实现。在主存页面表中还可增设某些其他信息,例如,增设修改位以记录该页进入主存后是否被修改过的信息。如果是未修改(写入)过的页,在替换时可以不必写回辅存,以减少辅助操作时间,否则必须先将它写回辅存,然后才能替换。

LRU 算法尽管比 FIFO 算法更能反映程序的局部性,但它们都是根据页被使用的"历史"情况来预估该页未来将被使用情况,所以必然存在一定的局限性。

4. 优化替换算法

优化替换算法(OPT,Optimal Replacement Algorithm)选择将来一段时间内最久不被访问的页作为被替换页。它需要在时刻 t 找出主存中每个页将要用到的时刻 t_i,然后选择其中 t_i-t 最大的那一页作为被替换页。显然,只有让程序运行过一遍,得到程序访问的全部虚页号序列(称为虚页地址流),才能找到为实现这种替换算法所需要的各页使用信息,这是不现实的。因此,优化替换算法是一种理想的算法,它的命中率是最高的。它的意义在于可以作为评价其他替换算法好坏的标准,看看哪种替换算法能使主存的命中率最接近于优化替换算法。

5. 影响主存命中率的因素

替换算法一般是通过使用典型程序的虚页地址流模拟其替换过程,并根据所得到的访问主存命中率的高低来评价其优劣。影响命中率的因素除了替换算法外,还有虚页地址流、页面大小、主存容量等因素。

1) 替换算法对命中率的影响

设有一道程序,有 1~5 共五个虚页,程序执行时的访存虚页地址流为

2,3,2,1,5,2,4,5,3,2,5,2

若分配给该道程序三个实页,分别采用 FIFO、LRU、OPT 三种替换算法对这三页的使用情况和替换过程如图 4.17 所示。图中"*"标记的是由替换算法确定的将要被替换的虚

页。替换结果表明 FIFO 算法的命中率为 3/12 = 0.25，OPT 算法的命中率为 6/12 = 0.5，LRU 算法的命中率为 5/12 = 0.417，非常接近于 OPT 算法的命中率。这反映了替换算法对命中率的影响，同时表明 LRU 算法要优于 FIFO 算法，所以在实际中 LRU 算法得到更多应用。

时间 t	1	2	3	4	5	6	7	8	9	10	11	12
页地址流	2	3	2	1	5	2	4	5	3	2	5	2
先进先出 FIFO 命中三次 (行1)	2	2	2	2*	5	5	5*	5*	3	3	3	3*
(行2)		3	3	3	3*	2	2	2	2*	2*	5	5
(行3)			1	1	1	1*	4	4	4	4	4*	2
动作	调进	调进	命中	调进	替换	替换	替换	命中	替换	命中	替换	替换
近期最少使用 LRU 命中五次 (行1)	2	2	2	2*	2	2	2*	3	3	3*	3*	
(行2)		3	3	3*	5	5	5*	5	5	5*	5	5
(行3)			1	1	1*	4	4	4*	2	2	2	
动作	调进	调进	命中	调进	替换	命中	替换	命中	替换	替换	命中	命中
优化 OPT 命中六次 (行1)	2	2	2	2	2	2*	4*	4*	4*	2	2	2
(行2)		3	3	3	3*	3	3	3	3*	3	3	
(行3)			1*	5	5	5	5	5	5	5		
动作	调进	调进	命中	调进	替换	命中	替换	命中	命中	替换	命中	命中

图 4.17　三种替换算法对同一页地址流的替换过程

2) 页地址流对命中率的影响

假设有一个循环程序，共有四个虚页，如果分配给该程序三个主存实页，用 FIFO、LRU 和 OPT 替换算法对这三个主存实页的使用和替换过程如图 4.18 所示。

时间 t	1	2	3	4	5	6	7	8
页地址流	1	2	3	4	1	2	3	4
先进先出 FIFO 无命中 (行1)	1	1	1*	4	4	4*	3	3
(行2)		2	2	2*	1	1	1*	4
(行3)			3	3	3*	2	2	2*
近期最少使用 LRU 无命中 (行1)	1	1	1*	4	4	4*	3	3
(行2)		2	2	2*	1	1	1*	4
(行3)			3	3	3*	2	2	2*
优化 OPT 命中三次 (行1)	1	1	1	1	1*	1	1	1
(行2)		2	2	2	2	2*	3*	3*
(行3)			3*	4*	4	4	4	4
动作					命中	命中		命中

图 4.18　命中率与页地址流的关系

结果显示 OPT 算法命中三次，而 LRU 和 FIFO 算法均没有命中。因为它们使程序在按虚页地址流访问主存的过程中，每次发生替换时的被替换页就是下次要使用的页，从而导致连续不断的页面失效，产生所谓的"颠簸"现象。这表明命中率与页地址流的状况有关。

虚拟存储技术的代价之一是在执行存取时，往往引起可观的 I/O 操作，因而占用相当的时间，这部分对于直接处理问题无用的时间称为"系统开销"。I/O 操作的目的是把不在主存的信息从辅存中找到并调入主存，而把主存中已不用的信息送回辅存。这种信息交换在严重时可使系统只忙于交换，而无法对问题进行处理，这种现象被称为"颠簸"。颠簸使系统效率显著下降，是影响存储管理和存储体系性能的一个重要因素。

3) 程序的主存页数对命中率的影响

对于图 4.18 所给的页地址流，只要分配给该道程序的实页数增加一页，就会使命中次数都增加到四次。因此，命中率与分配给程序的主存页数有关。一般来说，分配给程序的主存页数越多，虚页装入主存的机会越多，命中率也就可能越高，但实际能否真正提高命中率还与替换算法的类型有关。图 4.19 反映的就是当分配给程序的主存页数由三页增加到四页时，用 FIFO 算法反而使命中率由 3/12 降低到 2/12，而 LRU 算法却能保证随着分配给程序的主存页数的增加，使命中率得到提高或保持不变。

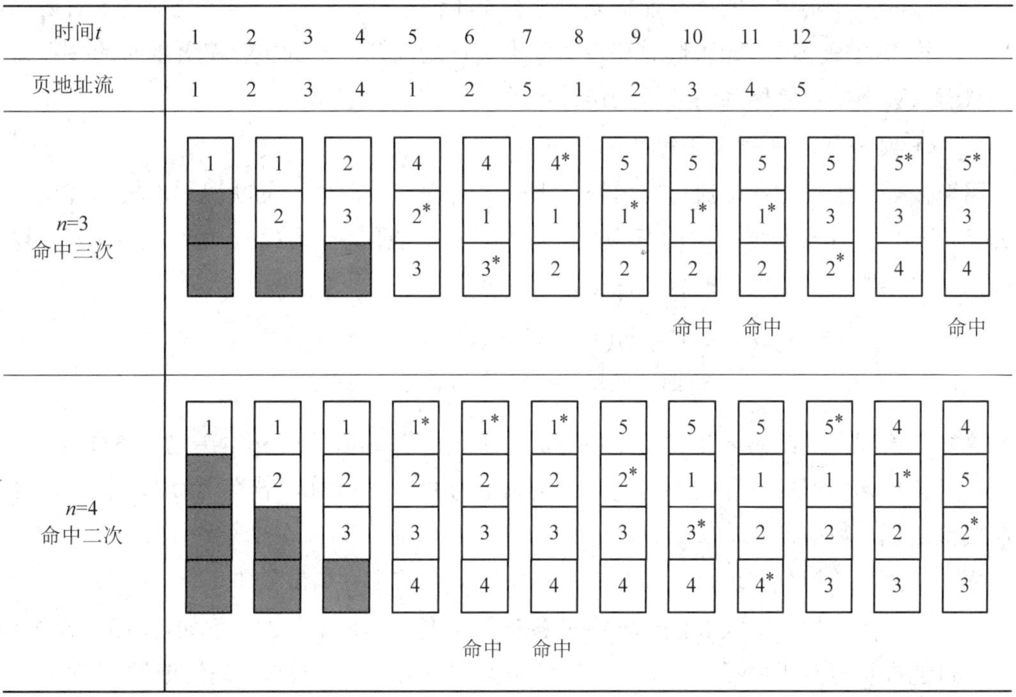

图 4.19 FIFO 算法的实页数增加，命中率反而有可能下降

如果从衡量替换算法好坏的命中率高低来考虑，对主存页数 n 取各种不同值时都进行一次模拟，其工作量是非常大的，于是提出了若干能优化存储体系设计、减少模拟工作量的分析模型，其中堆栈处理技术的分析模型就适合于采用堆栈型替换算法的系统。

6. 堆栈型替换算法及模拟处理技术

1) 堆栈型替换算法

堆栈型替换算法的定义如下：设 A 是长度为 L 的任意一个虚页地址流，t 为已处理过 $t-1$ 个虚页的时间点，n 为分配给该虚页地址流的主存实页数，$B_t(n)$ 表示在 t 时间点、在 n 个主存实页中的虚页集合，L_t 表示到 t 时间点已处理过的虚页地址流中虚页号相异的页数。如果替换算法具有下列包含性质：

$$当 n < L_t 时，\quad B_t(n) \subset B_t(n+1)；$$
$$当 n \geqslant L_t 时，\quad B_t(n) = B_t(n+1)$$

则此替换算法为堆栈型替换算法。

对于 LRU 算法，在主存中保留的是 n 个最近使用的页面，它们又总是被包含在 $n+1$ 个最近使用的页面之中，所以 LRU 算法是堆栈型算法。同理，可说明 OPT 算法也是堆栈型替换算法。而对于 FIFO 算法，从图 4.19 中可看到 $B_7(3) = \{1, 2, 5\}$，而 $B_7(4) = \{2, 3, 4, 5\}$，所以 $B_7(3) \not\subset B_7(4)$。FIFO 算法不具有任何时刻都能满足上述包含性质的特征，所以它不是堆栈型替换算法。

堆栈型替换算法所具有的包含性质，可以使采用此类替换算法访问主存的命中率随着分配给程序的主存实页数的增加而提高，至少不下降。因此可采用堆栈处理技术对访存虚页地址流模拟处理一次，即可同时获得对此虚页地址流分配不同主存实页数时的主存命中率，从而大大降低存储体系的分析工作量。

2) 堆栈型替换算法的模拟处理技术

用堆栈处理技术对地址流进行模拟处理时，主存在 t 时间点的状况用堆栈 S_t 表示。S_t 是 L_t 个不同虚页面号在堆栈中的有序集，$S_t(1)$ 是 S_t 的栈顶项，$S_t(2)$ 是 S_t 的次栈顶项，以此类推。按照堆栈型算法具有的包含性质，必有

$$n < L_t 时，\quad B_t(n) = \{S_t(1), S_t(2), \cdots, S_t(n)\}；$$
$$n \geqslant L_t 时，\quad B_t(n) = \{S_t(1), S_t(2), \cdots, S_t(L_t)\}$$

这样，给程序分配的 n 个实页中所存放的虚页号就由 S_t 的前 n 项决定。而页地址流 A 在 t 时间点的 A_t 页是否命中，只需看 S_{t-1} 的前 n 项中是否有 A_t，若有则命中。因此，经过一次模拟处理，获得 $S_t(1)$、$S_t(2)$、…、$S_t(L_t)$ 之后，就能同时知道对应于不同 n 值时的主存命中率，从而对该道程序达到所需命中率确定应分配的主存页数提供依据。

对于不同的堆栈型替换算法，堆栈 S_t 各项的改变过程是不同的。例如，LRU 算法是把刚访问过的虚页号置于栈顶，而把最久未被访问的虚页号置于栈底。确切地说，t 时间点访问的页 A_t，若 $A_t \notin S_{t-1}$，则把 A_t 压入堆栈使之成为 $S_t(1)$，而 S_{t-1} 各项都下推一个位置；若 $A_t \in S_{t-1}$，则把它由 S_{t-1} 中取出，压入栈顶成为 $S_t(1)$，在 A_t 之下各项的位置不动，而在 A_t 之上的各项都下推一个位置。

【例 4.2】 对图 4.17 给出的访存虚页地址流，采用 LRU 算法进行堆栈模拟处理。分别求出分配给该程序主存实页数为 1、2、3、4 和 5 页时的主存命中率。

解： 使用 LRU 算法对虚页地址流进行堆栈模拟处理的过程如图 4.20 所示。

时间 t	1	2	3	4	5	6	7	8	9	10	11	12
页地址流 A	2	3	2	1	5	2	4	5	3	2	5	2
$S_t(1)$	2	3	2	1	5	2	4	5	3	2	5	2
$S_t(2)$		2	3	2	1	5	2	4	5	3	2	5
$S_t(3)$				3	2	1	5	2	4	5	3	3
$S_t(4)$					3	3	1	1	2	4	4	4
$S_t(5)$							3	3	1	1	1	1
$S_t(6)$												
$n=1$												
$n=2$		命中										命中
$n=3$		命中				命中		命中			命中	命中
$n=4$		命中				命中		命中		命中	命中	命中
$n=5$		命中				命中		命中	命中	命中	命中	命中

图 4.20　使用 LRU 算法对页地址流进行堆栈模拟处理过程

由图 4.20 中的 S_t 可确定对应的虚页地址流，当分配主存页数 n 取不同值时的命中率 H 如下：

n	1	2	3	4	5	>5
H	0.00	0.17	0.42	0.50	0.58	0.58

3) 堆栈型替换算法的发展

基于堆栈型替换算法具有随分配给该道程序的实页数 n 的增加，命中率 H 会单调上升的基本特点，可对 LRU 算法加以改进和发展，提出使系统性能可以更优的动态页面调度算法，即根据各道程序运行中主存页面失效率的高低，由操作系统动态调节分配给每道程序的实页数。当主存页面失效率超过某个限值时就自动增加分配给该道程序的主存页数来提高其命中率；而当主存页面失效率低于某个限值时就自动减少分配给该道程序的主存页数，以便释放出这部分主存页面位置来给其他程序用，从而使整个系统整体的主存命中率和主存利用率得到提高。我们称这种替换算法为页面失效频率(PFF，Page Fault Frequency)法。

【例 4.3】 一个程序由五个虚页组成，采用 LRU 替换算法，在程序执行过程中依次访问的页地址流为 4，5，3，2，5，1，3，2，3，5，1，3。

(1) 可能的最高页命中率是多少？

(2) 至少分配给该程序多少个主存页面才能获得最高页命中率？

(3) 如果在程序执行过程中每访问一个页面，平均要对该页面内的存储单元访问 1024 次，求访问存储单元的命中率。

解：(1) 由于在页地址流中互不相同的页面共有五个，所以最多分配五个主存页面就可获得最高页命中率，可能的最高页命中率为

$$H = \frac{12-5}{12} = \frac{7}{12}$$

(2) 因为 LRU 替换算法为堆栈型替换算法，可采用堆栈处理技术对该页地址流进行堆栈模拟处理，其处理过程如图 4.21 所示。

时间 t	1	2	3	4	5	6	7	8	9	10	11	12
页地址流 A	4	5	3	2	5	1	3	2	3	5	1	3
$S_t(1)$	4	5	3	2	5	1	3	2	3	5	1	3
$S_t(2)$		4	5	3	2	5	1	3	2	3	5	1
$S_t(3)$			4	5	3	2	5	1	1	2	3	5
$S_t(4)$				4	4	3	2	5	5	1	2	2
$S_t(5)$						4	4	4	4	4	4	4
$S_t(6)$												
$n=1$												
$n=2$									命中			
$n=3$					命中				命中			命中
$n=4$					命中		命中	命中	命中	命中	命中	命中
$n=5$					命中		命中	命中	命中	命中	命中	命中

图 4.21　对页地址流进行堆栈模拟处理

由模拟处理结果可知，至少要分配给该程序四个主存页面才能获得最高的命中率。

(3) 访问存储单元的命中率为

$$H = \frac{1024\times12-5}{1024\times12} \approx 0.99959$$

值得说明的是，尽管 LRU 属于堆栈型替换算法，但分配的实页数 n 并不是越多越好，当命中率 H 达到饱和后，实页数的增加不仅不会提高命中率，反而会使主存的利用率下降。

4.3.4　虚拟存储器中的相关技术

1. 多级页表技术

在页式虚拟存储器和段页式虚拟存储器中，页表的大小很可能超过一个页面，此时页表可能分存于主存中不连续的页面位置上。这样，前述基于整个页表连续存储情况下的由页表起始地址加页号得到该页在页表中对应行的查表方式就会出错。例如，虚地址为 20 位，

页内地址为 8 位，即

$$
\underbrace{\qquad}_{\text{12 位}}\qquad\underbrace{\qquad}_{\text{8 位}}
$$

虚地址 | 虚页号 | 页内地址 |

则页表就需要 $2^P = 2^{12}$ 行，而页面大小为 $2^D = 2^{12}$ 个存储单元，如果每个页表行占用一个存储单元，则有 $2^P/2^D = 2^{12}/2^8 = 2^4 = 16$，该页表要分存于 16 个页面。为此要建立多级页表，用页表基址寄存器指明第一级页表的基址，用第一级页表中各行的地址字段指明各第二级页表的基址，……，以此类推。用树的概念可得出页表级数 i 和 P、D 的关系为

$$
i = \left\lceil \frac{\mathrm{lb}2^P}{\mathrm{lb}2^D} \right\rceil = \left\lceil \frac{P}{D} \right\rceil
$$

对于上例来说，应有 $i = \lceil 12/8 \rceil = 2$，需二级页表。

如果页表中的每一项(行)需要 B_e 个编址单元，而 B_e 是 2 的幂，则 B_e 需用 $N_e = \mathrm{lb}B_e$ 个地址位表示，这样就有

$$
i = \left\lceil \frac{P}{D - N_e} \right\rceil
$$

上例中若页表一行为八个字节，$B_e = 8 = 2^3$，则 $N_e = 3$，故表层次 $i = \lceil 12/(8-3) \rceil = 3$ 需要三级页表。

2. 加快地址变换的技术

由于多用户虚存空间比主存空间大得多，而每一个虚页都要占用页表中的一行，所以页表的存储容量是由虚页数决定的，一般只能将容量较大的页表放在主存中。主存的工作速度较低，使地址变换耗时较多。为了提高地址变换的速度，可采用如下技术。

1) 目录表法

把页表压缩成只保留已装入主存(即装入位为 1)的那些虚页与实页位置对应关系的表项，我们称它为相联目录表，简称目录表，并采用相联存储器保存。目录表的存储容量取决于主存的实页数，所以所需的存储容量较小，而相联存储器的并行查找速度比主存的工作速度快得多，从而可以加快查表的速度。

采用目录表的虚拟存储器的地址变换如图 4.22 所示。相联存储器在一个存储周期中将给定的多用户虚页号 P' 作为关键字段与目录表中全部 2^P 个单元对应的虚页号字段内容比较，进行相联查找。如有相符的，则表示此虚页已被装入主存，该单元中存放的实页号 p 就是此虚页所在的实页位置，将其读出并拼接上 D 就可形成访存实地址 n_p。该单元其他字段内容可供访问方式保护或其他作用；如无相符的，就表示此虚页未装入主存，此时发页面失效故障(异常)信息，请求从辅存中调页。

采用相联目录表法，由于目录表存放在按内容访问的相联存储器中，尽管目录表的行数少于页表，但当主存容量达到一定程度时，这个值仍然很大，这时采用相联存储器作目录表的造价就会太高，而且查表速度也会因此而降低。因此，一般在虚拟存储器中不直接用目录表来存储全部虚页号与实页号的对应关系，而是将这种用相联查找的方法来提高地

址变换的速度的思想，用于页表与快表相结合的按术。

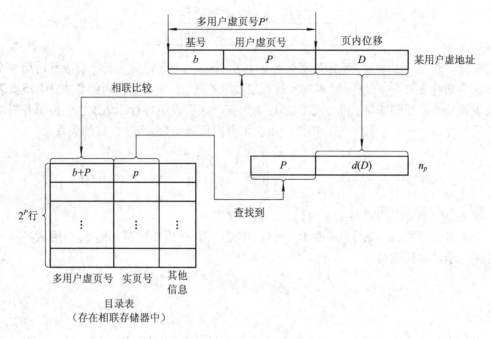

图 4.22　采用目录表的地址变换

2) 快表—慢表技术

由于程序访问的局部性特点，在一段时间内，地址变换对页表的访问会只用到表中很少的几行。因此，可以用高速硬件构成比页表小得多的部分"目录表"，存放当前正在使用的虚、实地址映像关系。我们把这个部分目录表称为快表，将原位于主存中存放全部虚、实地址映像关系的页表称为慢表，快表只是慢表中很小的一部分副本。按目录表方式组织的快表存放在相联存储器中，快表的容量可为 8~16 行，其相联查找的速度将会很快。

快表与慢表实际上构成了由两级存储器组成的用于支持地址变换的存储层次，它使地址变换的速度接近快表的访问速度，而主存中的慢表容量也不受限制。快表的英文缩写为 TLB(Translation Lookaside Buffer)，可译为地址变换后援缓冲器或地址转换后备缓冲器等。

采用快慢表的虚拟存储器的地址变换如图 4.23 所示。查表时，用多用户虚页号 P' 同时去查快表和慢表。如果在快表中查到有此虚页号，则立即终止慢表的查表过程，并从快表中读出该虚页对应的实页号 p，将其送入主存实地址寄存器；如果在快表中查不到，经一个主存访问时间后查慢表结束。若在慢表中查到，则从慢表中读出该虚页对应的实页号 p 送入主存实地址寄存器，同时将此虚页号和对应的实页号送入快表，如果快表已满，则采用某种替换算法替换快表中应该移掉的一行；若在慢表中也未查到，说明被访问的虚页尚未装入主存，这时应发出页面失效信息，请求从辅存调入要访问的页。

由于快表的查表速度很快，若快表的命中率高，地址变换所需时间与主存的一个存储周期相比几乎可以忽略不计，则虚拟存储器的访问速度就可接近于主存的工作速度。

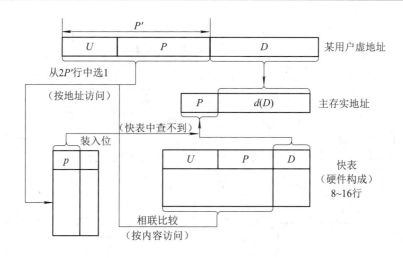

图 4.23 采用快表和慢表的地址变换

3) 内页表和外页表

在页式和段页式虚拟存储器中，一般虚页数远远多于实页数。这使得由虚页数决定的页表中绝大部分装入位为 0 的行中实页号字段及其他字段成为无用，从而使页表的空间利用率大大降低。为了提高页表的利用率，可采用如下技术修改页表。

当 CPU 访问某多用户虚地址 N_s 所在的虚页未装入主存时，称为发生页面失效故障。

此时应由操作系统或 I/O 处理机将要访问的虚页从辅存调入主存中。到辅存中去调页需要提供该虚地址在辅存中的实际地址，辅存一般是按信息块编址的，可以让辅存块的大小等于主存页面的大小，以提高调页效率。以磁盘为例，辅存实(块)地址 N_{vd} 的格式为

N_{vd}	磁盘机号	柱面号	磁头号	块号

多用户虚地址 N_s 到辅存实(块)地址 N_{vd} 之间的变换可采用类似前述页表的方式，每道程序(用户)在装入辅存时由操作系统建立一个存放用户虚页号 P 与辅存实(块)地址 N_{vd} 映像关系的表，称为外页表，用于实现外部地址变换，而将前述用于实现内部地址变换的存放 P 与 p 映像关系的页表称为内页表。每个用户的外页表也是 2^P 项(行)，每行中用装入位表示该信息块是否已由海量存储器(如磁带)装入磁盘。当装入位为 1 时，辅存实地址字段内容有效，是该信息块(虚页)在辅存(磁盘)中的实际位置。外页表也可采用多级表技术。其地址变换过程如图 4.24 所示。

由于虚拟存储器的页面失效率一般低于 1%,调用外页表进行虚拟地址到辅存地址变换的机会很少，加上访问辅存调页需机械动作，速度很慢，所以外页表通常存在辅存中，并采用软件方法查外页表实现地址变换过程。当某道程序初始运行时，从辅存调信息页进入主存并建立内页表，同时把未调入主存的其他虚页在外页表的内容转录到内页表中。用内页表中装入位为 1 的行的实页号字段存放该程序的虚页在主存中的实地址，实现虚地址到主存实地址的变换，而用内页表中装入位为 0 的行的实页号字段存放该程序的虚页在辅存中的实地址，以方便调页时实现用户虚页号到辅存实地址的变换。图 4.25 表示出了各地址空间与内、外页表的关系。

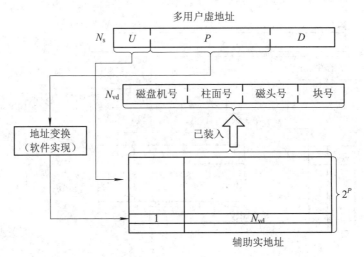

图 4.24　虚地址到辅存实地址的变换

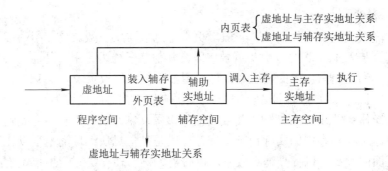

图 4.25　各地址空间与内、外页表的关系

当发生页面失效时，不是让处理机空等着调页，而是切换到其他已准备就绪的任务(进程)继续运行。与此同时，由操作系统或 I/O 处理机去完成调页。

4.3.5　虚拟存储器的工作过程

以页式虚拟存储器为例描述虚拟存储器工作的全过程如图 4.26 所示。

① CPU 执行程序，从指令中获得用户虚地址 P' (用户标志 U + 用户虚页号 P)，送入内部地址变换。

② 在内部地址变换中，依据 $U+P$ 查内页表，如果对应该虚页的页表行中装入位为 1，则进入③；如果装入位为 0，则进入④。

③ 内页表中虚页对应的装入位为 1，说明该虚页已在主存中，则取出其页表行中的主存页号 p 与虚地址 N_s 中的 D(等于 d)拼接成主存实地址 n_p，并在主存中完成读/写操作。

④ 内页表中虚页对应的装入位为 0，说明该虚页未在主存中，则产生页面失效故障，然后转入⑤，启动外部地址变换，同时转入⑨，启动操作系统查主存页面表。

⑤ 在外部地址变换中，依据 $U+P$ 查外页表，判断该页是否在辅存。如果该虚页的装入位为 1，则进入⑥；如果装入位为 0，则进入⑧。

⑥ 外页表中虚页对应的装入位为 1，说明该虚页已在辅存中，通过外部地址变换形成

辅存实地址 N_{vd}，并将辅存实地址送入辅存硬件。

⑦ 在 I/O 处理机(通道)的参与下，将该页从辅存调入主存。该操作与 CPU 的运行并行进行。

⑧ 外页表中虚页对应的装入位为 0，说明该虚页不在辅存中，此时产生辅存缺页故障(异常)，从海量存储器(例如磁带)将该页调入辅存。

⑨ 页面失效时，启动操作系统查主存页面表，查找可用实页，该操作与⑤、⑥并行。

⑩ 若查主存页面表得到主存未满结果，则将内部地址变换得到的实页号送入主存页面表进行更新。

⑪ 若查主存页面表得到主存已满结果，则执行页面替换算法。

⑫ 确定被替换的主存页面，获得该页的实页号。

⑬ 将实页号(主存未满时为内部地址变换后得到的实页号；主存已满时为执行替换算法后得到的被替换的实页号)送入 I/O 处理机，I/O 处理机根据辅存实地址到辅存读出一页信息，然后根据主存实页号(实地址)将该页信息写入主存。

⑭ 在页面替换时，如果被替换的页调入主存后一直未经修改则不需回送辅存；如果已经修改(查主存页面表可知)，则需先将其送回辅存的原来位置，而后再把调入页装入主存。

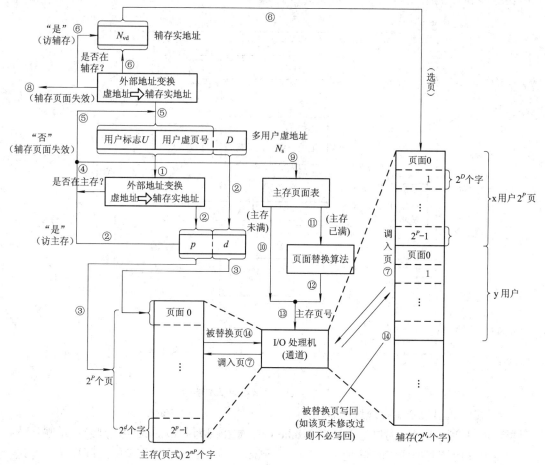

图 4.26　页式虚拟存储器工作的全过程

4.4　高速缓冲存储器

高速缓冲存储器(Cache)用以弥补主存速度的不足。在处理机和主存之间设置一个高速、小容量的缓冲存储器(Cache)，构成存储器体系结构中的"Cache-主存"存储层次，使之从 CPU 观察，具有接近 Cache 的速度，又具有主存的容量。Cache 技术在当代计算机系统中已被普遍使用，成为提高系统性能不可缺少的功能部件。Cache 的容量不断增大，Cache 的管理实现全硬化，其部件已高度集成，这些已成为当代 Cache 的特征。

4.4.1　Cache 的基本原理

1. Cache 的基本结构和工作原理

Cache 存储器的基本结构如图 4.27 所示。Cache 和主存都分成相同大小的块(行)，每块(行)由若干个字(节)组成，"块"相似于"主存-辅存"层次中的"页"。主存地址 n_m 由块号 B 和块内地址 W 两部分组成。Cache 地址 n_e 由块号 b 和块内地址 w 组成。由于 Cache 块与主存块的大小相等，因此，Cache 地址中的块内地址 w 与主存地址中的块内地址 W 相同。

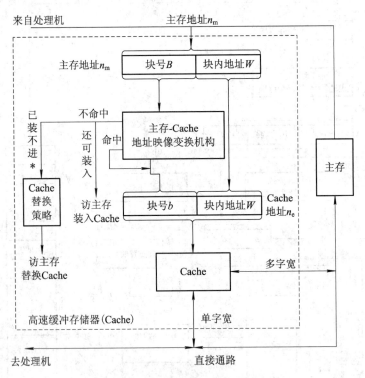

图 4.27　Cache 存储器的基本结构

当 CPU 送出一个主存地址访存时，该主存地址将被主存-Cache 地址映像变换机构通过查表判定包含被访问字的块是否已在 Cache 中。如在即为 Cache 命中，则经地址映像变换机构将主存地址变换成 Cache 地址去访问 Cache，此时 Cache 与处理机之间以单字宽进行信息传送；如果不在 Cache 中则产生 Cache 块失效，这时刚主存地址直接访问主存，将被访问字直接从单字宽通路送往处理机,同时把包含该字的一块信息通过多字宽通路从主存调入 Cache。如果 Cache 已装不进信息,即发生块冲突,则要采用某种替换算法将包含被访问字的块替换进 Cache,新块调入 Cache 时要更新地址映像表中的相关信息。

2. Cache 存储器的特点

Cache 系统与虚拟存储系统都是两级存储系统,在地址映像与变换、替换算法及性能评价等方面有许多相似之处,但由于对 Cache-主存存储层次的速度要求更高,所以在构成、实现以及透明性等问题上有它自己的特点。

(1) 为使 Cache 能与 CPU 在速度上相匹配,一般采用与 CPU 相同的半导体工艺所制成的大规模集成电路芯片,并在物理位置上使 Cache 尽量靠近处理机或者就在处理机中。VLSI 技术的迅速发展,使现代高档微处理器芯片中(如 32 位的微处理器芯片 Intel Pentium)不仅集成了存储管理部件,而且还集成了一定容量的 Cache。目前,一般采用高速 SRAM 芯片组成 Cache,并且 Cache-主存之间的地址映像和变换,以及替换、调度算法全部由专门的硬件来实现。虚拟存储系统以扩大存储系统的容量为目标,故虚拟存储系统中的管理功能更多地依靠软件实现。因此,Cache 系统对系统程序员和应用程序员都是透明的,而虚拟存储系统仅对应用程序员是透明的。

(2) 由于访问 Cache 实际上包括查表进行地址变换和真正访问 Cache 两部分工作,故 Cache 存储器在设计时可以让前一地址的访问 Cache 与后一地址的查表变换在时间上采用重叠流水方式,以提高 CPU 访问 Cache 的速度。

(3) Cache 与主存之间以块为单位进行数据交换。为了加快调块,每块的容量一般等于在一个主存读/写周期内由主存所能访问到的字数。因此,具有 Cache 的存储系统中的主存通常采用多体交叉存储结构。

(4) 在虚拟存储系统中,处理机和辅存之间没有直接的通路,若 CPU 访主存时未命中,则需要等待被访问的虚页从磁盘存储器调入主存后方能再进行访问,由辅存调页的时间是毫秒级。在 Cache 发生块失效时,因从主存调块的时间只是微秒级,故不会采用虚拟存储器中的切换任务(即程序换道)方式来减少 CPU 等待时间,而是在 Cache 到 CPU 和主存到 CPU 之间分别设置通路,一旦出现 Cache 块失效,就使 Cache 调块与 CPU 访问主存同时进行,即通过直接通路实现 CPU 对主存的读直达。同样,也可实现 CPU 直接写主存的写直达。因此,Cache 既是“Cache-主存”层次中的一级,又是 CPU 与主存之间的一个旁视存储器。

(5) 由于主存被计算机系统的多个部件共享,难免发生访存的冲突。应该把 Cache 访问主存的优先级尽量提高,一般要高于通道访存的级别,因为 Cache 调块时间只占用一两个主存周期,这样安排不会对外设访问主存产生太大的影响。

4.4.2 地址映像与地址变换

在 Cache-主存层次中,主存容量远大于 Cache 的容量。地址的映像就是将主存块按什么规则定位于 Cache 之中;而地址的变换就是当主存中的块按照这种映像方式装入 Cache 之后,每次访 Cache 时如何将主存地址变换成对应的 Cache 地址。地址映像和地址变换是紧密相关的,不同的地址映像方式在硬件实现相应地址变换的难易程度、地址变换的速度、主存或 Cache 空间利用率、块调入时发生块冲突的概率等方面有所不同。常用的地址映像方式有全相联映像、直接映像、组相联映像和段相联映像。

1. 全相联映像及变换

全相联映像方式是指主存中的任意一块可以映像到 Cache 中任意的块位置上。如果 Cache 的块数为 2^b，主存的块数为 2^B，则主存与 Cache 之间的映像关系有 $2^b \times 2^B$ 种，如图 4.28 所示。存放这种映像关系的目录表的行数为 2^b，宽度(存储字长度)为 Cache 地址中块号 b 的长度与主存地址中块号 B 的长度之和再加一个有效位，有效位为 1，表示映像关系有效，否则，映像关系无效。目录表由高速的相联存储器存储。

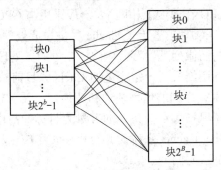

图 4.28　全相联地址映像方式

全相联地址变换如图 4.29 所示，对 CPU 送来的主存地址，用主存地址的块号 B 作为相联查找的关键字段，与目录表中的主存块号字段进行并行比较，若找到一个相同的主存块号字段，并且有效位为 1 时，则取其 Cache 块号 b 与主存块内地址 W 拼接在一起，形成 Cache 地址送行 Cachc 地址寄存器。如果在相联查找中没有发现与 B 相同的主存块号，表示该主存块尚未装入 Cache，则由硬件自动完成调该主存块到 Cachc 中来，并修改目录表。

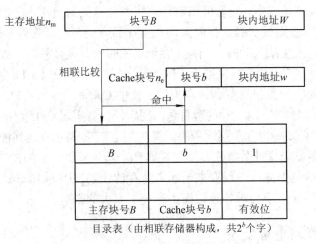

图 4.29　全相联地址变换

全相联映像法的主要优点是块冲突概率最低，因为全相联映像方式规定任何一个主存块可以放在任何一个空闲的 Cachc 块位置上，只有当 Cache 中全部装满后，才有可能出现块冲突，所以 Cache 的空间利用率最高。但由于要构成容量为 2^b 项的相联存储器来存放目录表，其代价相对较大。由于 Cache 的容量越来越大，目前计算机中的片外 Cache 容量已达 256 KB~1 MB，而一个 Cache 块的大小因受主存频宽的限制，只有几十个主存存储字的容量。因此，Cache 的块数越来越大，要求相联存储器的容量越来越大。过大的相联存储器不仅价格贵，而且也会降低地址变换的速度。

2. 直接映像及变换

直接映像方式是指主存中的每一块只能映像到 Cache 中的一个特定缺位置上，如图 4.30 所示。设主存块的块号为 B、Cache 块的块号为 b，若 Cache 的块容量(块数)为 2^b，则它们的映像关系可表示为

$$b = B \bmod 2^b$$

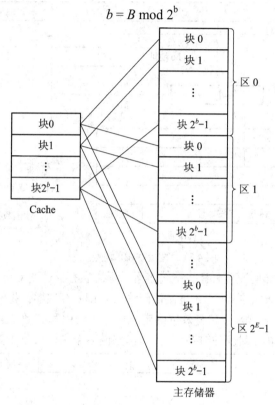

图 4.30　直接映像方式

这相当于把主存空间按 Cache 的空间分成 2^E 个区，主存各个区内块号相同的那些块都映像到 Cache 中相同块号的那个块位置上。因此，Cache 地址与主存地址除区号外的低位部分完全相同。

显然按照直接映像规则，装入 Cache 中的某块信息可能来自主存中不同区对应于此位置的块。为了区分是主存中哪个区的块装入 Cache 中的对应块位置，建立了一个称为区号标志表的按地址访问的表存储器来存放 Cache 中的各块目前是被主存中哪个区的相应块所占用的信息。区号标志表存储器的行数与 Cache 的块数 2^b 相同，字长为主存地址中区号 E 的长度，另加一个有效位。当主存中的第 i 块信息按直接映像规则装入 Cache 中的第 j 块时，应将第 i 块在主存中的区号装入 Cache 第 j 块对应的区号标志字段中，且有效位置 1。

直接映像方式的地址变换如图 4.31 所示。当处理机给出主存地址 n_m 访主存时，用主存地址中的块号 B 去访问区号标志表存储器，并把读出的区号与主存地址中区号 E 相比较。

若比较相等，有效位也为 1，表示 Cache 命中，则截取主存地址中的块号 B 和块内地址 W，作为 Cache 地址访问 Cache，并让访主存作废；若区号相等，而有效位为 0，则表示 Cache 中的块同已被修改过的主存对应块内容不一致，已经作废，需从主存重新调入该块，并把有效位置 1；若区号不相等，有效位为 1，则表示没有命中，但该 Cache 块为有效块，需要把该 Cache 块写回主存，修改主存中相应的块，然后从主存中调入所需要的新块；若区号比较不相等，有效位为 0，则表示 Cache 块失效，这时要让主存的访问继续完成，并由硬件自动将主存中的该块调入 Cache。

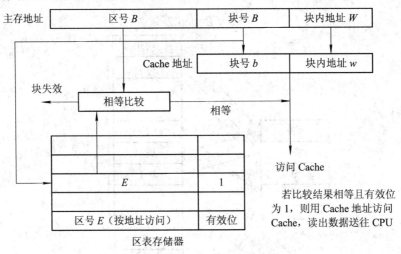

图 4.31　直接映像的地址变换

为了提高 Cache 的访问速度，有些系统将区号标志表存储器与 Cache 合并成一个存储器，如图 4.32 所示。用主存地址的块号 B 直接访问这个 Cache 存储器，把有效位、区号和这一块的所有数据同时读出来，由区号和有效位确定该块是否命中和有效，若命中且有效，则通过一个多路选择器，在块内地址 W 的控制下，从读出的多个字中选出指定的那个字送往 CPU。

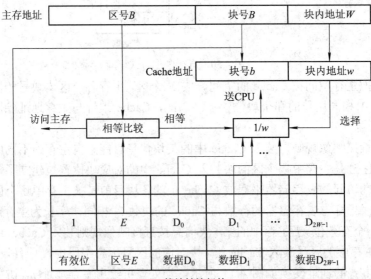

图 4.32　快速的直接映像的地址变换

直接映像方式的优点是所需硬件简单，不需要相联存储器，所以成本很低，而且访问 Cache 与访问区号表、比较区号是否相符的操作是同时进行的。当 Cache 命中时，主存地址去掉区号 E 后的低位部分就是 Cache 地址，所以省去了地址变换所花费的时间。直接映像法最致命的缺点是 Cache 的块冲突概率比较高。当两个或两个以上的块映射到相同的 Cache 块位置即发生冲突，这会使 Cache 的命中率急剧下降。而且，此时 Cache 中即使存在其他空闲块也不能被使用，所以 Cache 的利用率很低。

3. 组相联映像及变换

组相联映像方式是将全相联映像和直接映像相结合，形成一种既能减少块冲突概率，提高 Cache 空间利用率，又能使地址映像机构及地址变换的速度比起全相联的要简单和快速的映像方式。它是目前应用较多的一种地址映像方式。

组相联映像方式把主存按 Cache 的容量分区，主存中的各区和 Cache 再按同样大小划分成数量相同的组，组内按同样的大小划分成数量相同的块，主存的组到 Cache 的组之间采用直接映像方式，但组内各块之间则采用全相联映像方式，如图 4.33 所示。

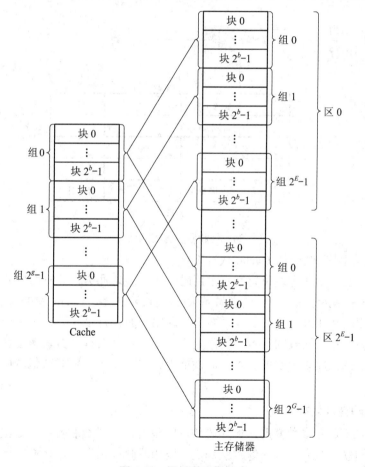

图 4.33 组相联映像方式

组相联映像方式中，用于保存地址变换信息的表称为块表。块表存储器可采用按地址访问与按内容访问混合的存储器实现，块表的行数应与 Cache 块数相等，块表的字长为主

存地址的区号 E、组内块号 B 与 Cache 地址的组内块号 b 的长度之和，另外加一个有效位及其他控制字段等。

　　组相联映像方式的地址变换过程如图 4.34 所示。当要访问 Cache 时，用主存地址中的组号 G 按地址访问块表存储器。从块表存储器中读出一组字，字数为组内的块容量 2^b。把这些字中的区号和块号与主存地址中相应的区号 E 和块号 B 进行相联比较，若发现有相符的，表示要访问的主存块已装入 Cache，若有效位为 1 则命中。从这个字中取出 Cache 块号 b 与主存地址中送过来的组号 G 与块内地址 W 拼接起来形成 Cache 地址。如果相联比较没有相符的或有效位不为 1 则不命中，应调入新块。

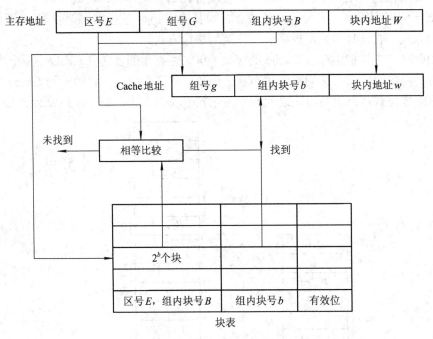

图 4.34　组相联映像的地址变换

　　可以看出，组相联映像的 Cache 块冲突概率要比直接映像的低得多，只有当主存块要进入的 Cache 相应组中所有块位置都被占用时，才出现块冲突，此时即使 Cache 其他组中有空闲块也不能被使用。而且，组的容量越大(组内块数越多)，Cache 块冲突的概率就越低。另一方面，组相联映像进行地址变换时参与相联比较的只有 2^b 行、$E + B$ 位，比全相联映像地址变换时参与相联比较的行数、位数要小得多，这都会提高查表速度。因此，组相联映像比全相联映像在成本上要低得多，而性能上仍可接近于全相联映像，所以获得了广泛应用。

4. 段相联映像及变换

　　地址映像方式还有多种变形，例如段相联映像方式。段相联实质上是组相联的特例，它采用组间全相联、组内直接映像。就是说，段相联映像是把主存和 Cache 分成具有相同的 Z 块的若干段，段与段之间采用全相联映像，而段内各块之间则采用直接映像。如图 4.35 所示，主存共 2^B 块，Cache 共 2^b 块，主存各段中的第 i 块可以映像装入 Cache 任意段中的第 i 块位置。

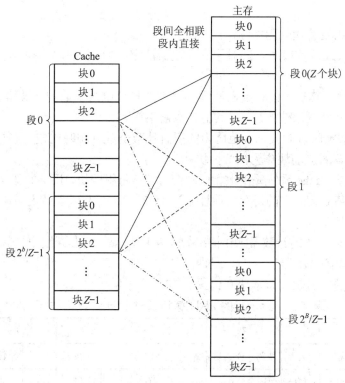

图 4.35　每段有 Z 个块的段相联映像

采用段相联映像的目的与采用组相联映像一样，主要是为减小相联目录表的容量、降低成本、提高地址变换的速度。当然，其 Cache 块冲突概率将比全相联的高。

4.4.3　Cache 的替换算法及实现

当访存发生 Cache 块失效而需要把主存块按所使用的映像规则装入 Cache 时，如果又出现 Cache 块位置冲突，就必须按某种替换策略选择将 Cache 中的某一块替换出去。

对于直接映像方式实际上不需要替换算法，因为一个主存块只能与一个 Cache 块位置具有唯一的对应关系，如果 Cache 的这个块位置是空闲的，则该主存块装入；如果这个块位置已经被占用，只能把原占用块替换出去。在全相联映像方式中，由于一个主存块可以装入 Cache 中任意的块位置上，使它的替换算法实现起来非常复杂；在组相联映像方式中，则需要从同一组内的几个 Cache 块中选择一块替换出去。

Cache-主存存储层次的替换算法与虚拟存储器的大致相同，一般采用 FIFO 算法或 LRU 算法，其中 LRU 算法最常用。但由于 CPU 调 Cache 块的时间在微秒级，所以其替换算法必须全部用硬件实现。下面介绍两种用硬件实现 LRU 替换算法的具体方法。

1. 计数器法

在块表中为每个 Cache 块设置一个计数器,计数器的长度与被选择替换范围内的 Cache 块号字段的长度相同。假设 Cache 共有 16 块，对于全相联映像，被选择替换范围为全部 Cache 块，计数器应与 Cache 块号字段的位数相同，为 4 位；若此 Cache 采用分成两组、每组八块的组相联映像，则被选择替换范围为一组内的 Cache 块，故计数器应为组内块号字段的长度 3 位。

计数器的使用及管理规则：

(1) 块被装入或被替换时，其对应的计数器清零，而被选择范围内其他块对应的计数器都加 1。

(2) 块命中时，其对应的计数器清零。对被选择范围内其他的计数器，凡是计数值小于命中块所对应计数器原值的加 1，其他计数器不变。

(3) 需要块替换时，对被选择范围内的所有计数器进行相联比较，选择计数值最大(一般为全 1)的计数器对应的块作为被替换块。

【例 4.4】 某 Cache 系统采用组相联映像方式，每组四块，用计数器法实现 LRU 替换算法。若映像到某 Cache 组的访存块地址流为 1、3、2、8、9、8，请说明该组内四个 Cache 块计数器的工作情况。

解： 四个 Cache 块的计数器工作情况如表 4.1 所示。可见，当四个 Cache 块位置被占满后，Cache 块 0 的计数器值为 11，是四个计数器值中最大的。当主存块 9 要调入时，发生块冲突，主存块 9 替换 Cache 块 0 位置上的主存块 1。

表 4.1　Cache 的 LRU 替换算法的计数器工作情况

主存块地址流	1		3		2		8		9		8	
	块号	计数器	块号	计数器	块号	计数器	块号	计数器	块号	计数器	块号	计数器
Cache 块 0	1	00	1	01	1	10	1	11	9	00	9	01
Cache 块 1	—		3	00	3	01	3	10	3	11	3	11
Cache 块 2	—		—		2	00	2	01	2	10	2	10
Cache 块 3	—		—		—		8	00	8	01	8	00
	装入		装入		装入		装入		替换		命中	

计数器法需要硬件有相联比较功能，所以其速度较低，也比较贵。

2. 比较对法

比较对法的基本思想是让各块两两构成比较对，用一个触发器的状态表示该比较对的两块被访问过的先后顺序，经门电路组合，可从多个块中找出最久未被访问过的块。下面通过实例说明比较对法的实现方法。

假设有 A、B、C 三个块，互相之间不重复的组合有 AB、AC 和 BC 三对。分别用一个触发器的状态表示每个比较对内两块被访问过的顺序，例如，触发器 $T_{AB} = 1$ 表示 A 比 B 更近被访问过，$T_{AB} = 0$ 表示 B 比 A 更近被访问过，T_{AC} 和 T_{BC} 也类似定义。可得到最久未被访问过的块作为被替换块的布尔表达式分别为

$$C_{LRU} = T_{AC} \cdot T_{BC}$$

$$B_{LRU} = T_{AB} \cdot \overline{T_{BC}}$$

$$A_{LRU} = \overline{T_{AB}} \cdot \overline{T_{AC}}$$

用触发器、门电路等硬件组合实现比较对法的逻辑电路如图 4.36 所示。在每次 CPU

访问到 Cache 中的某块是，通过改变与该块有关的比较对触发器的状态来记录各块被访问过的顺序。对于块数更多的情况，可采用同样的思路实现。若块数为 p，触发器的个数为 $C_p^2 = p(p-1)/2$，即触发器个数随块数的平方递增，所以比较对法只适用于组内块数较少的组相联映像的 Cache 存储器。

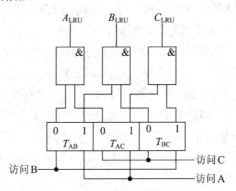

图 4.36　用比较对法实现 LRU 算法

总体来讲，实现替换算法的设计应考虑以下两点：

- 如何对每次访问进行记录，即记录 Cache 块被访问的先后次序。
- 如何根据所记录的信息来判断哪一块是最近最少使用的块，使之成为发生 Cache 块冲突时最先被替换的块。

4.4.4　Cache 的性能分析

1. Cache 的透明性

由于 Cache 存储器的地址变换、替换算法和调度算法等均由硬件实现，故 "Cache-主存" 层次对系统程序员和用户都是透明的，且 Cache 对 CPU 和主存之间的信息交换也是透明的。对于 Cachc 的透明性可能引发的问题及其影响需慎重对待，并予以妥善解决。

1) 一致性问题与写策略

一般情况下，Cache 中存放的内容应该是主存的部分副本。然而，由于以下两个原因，主存某单元中的内容与 Cache 对应单元中的内容可能在一段时间内不一致：CPU 修改 Cache 内容时，主存对应部分内容还没有变化；I/O 处理机(IOP)已将新的内容输入主存某区域，而 Cache 对应部分的内容却可能还是原来的。这些通信过程所引起的 Cache 内容与主存内容的不一致，在 Cache 对 CPU 和主存均是透明的前提下，可能引发错误。

当 CPU 执行写入操作时，若只写入 Cache，则主存中对应部分仍是原来的，会对 Cache 的块替换产生影响。而且，当 CPU、IOP 和其他处理机经主存交换信息时会造成错误。为了解决这个问题，提出了主存修改算法．即写策略。一般可用两种修改主存的写策略：写回法和写直达法。

(1) 写回法。写回法是指在 CPU 执行写操作命中 Cache 时，信息只写入 Cache，仅当需要被替换时，才将已被改写过的 Cache 块先送回主存，然后再调入新块。写回法包括简单写回法和采用标志位写回法：简单写回法是不管块是否被改写，都进行写回操作；而采用标志位写回法只在块被改写过时，才进行写回操作。

(2) 写直达法。写直达法是利用 Cache-主存存储层次在 CPU 和主存之间的直接通路，每当 CPU 将信息写入 Cache 的同时，也通过此通路直接写入主存。这样，在块替换时就无须写回操作，可立即调入新块。

写回法和写直达法是两种常用的写策略，它们具有以下特点：

(1) 写回法把时间花费在替换时，而写直达法则是把时间花费在每次写 Cache 时都要附加一个比写 Cache 时间长得多的写主存时间。

(2) 写回法和写直达法都需要有少量缓冲器。写回法中缓冲器用于暂存要写回的块，使之不必等待被替换块写回主存后才开始进行 Cache 取；写直达法中则用于缓冲由写 Cache 导致的要写回主存的内容，使 CPU 不必等待这些写主存完成就可往下运行。

(3) 写回法使主存的通信量比写直达法的要小得多(如采用写回法有利于省去许多将中间结果写入主存的无谓开销)，但它增加了 Cache 的复杂性(如需要设置修改位以确定是否需要写回以及控制先写回后才调入的执行顺序)，并且写回法在块替换前，会存在主存内容与 Cache 内容不一致的问题。

(4) 写直达法的可靠性比写回法的可靠性要高。

(5) 写直达法需花费大量缓冲器和其他辅助逻辑来减少 CPU 为等待写主存所耗费的时间，相对而言写回法的实现成本则要低得多。

在出现写不命中时，这两种方法都面临着一个在写时是否取的问题。这有两种解决方法：一种是不按写分配法，即当 Cache 写不命中时只写入主存，该单元所在块不从主存调入 Cache；另一种是按写分配法，即当 Cache 写不命中时除写入主存外，还把该单元所在块由主存调入 Cache。这两种策略对不同的写策略其效果不同，但差别不大。写回法一般采用"按写分配"，写直达法一般采用"不按写分配"。

采用写回法和写直达法还与使用场合有关：一般单处理机 Cache 多数采用写回法以节省成本；而共享主存的多处理机系统为保证各处理机经主存交换信息时不出错(为提高可靠性)，多数采用写直达法。

至于 Cache 的内容跟不上已变化了的主存内容的问题，一种解决方法是当 IOP 向主存写入(输入)新内容时，由操作系统用某个专用指令清除整个 Cache。这种方法的缺点是使 Cache 对操作系统和系统程序员非透明。另一种方法是当 IOP 向主存写入新内容时，由专用硬件自动地将 Cache 内对应区域的副本作废，而不必由操作系统干预，从而保持了 Cache 的透明性。另外，采用 CPU、IOP 共享一个 Cache 也是一种办法。

2) 多处理机系统的 Cache 结构及一致性

多处理机系统的一般形式，是由多个 CPU 和多个 I/O 处理机组成共享主存的系统。对于共享主存的多处理机系统，绝大多数还是采用各个 CPU 具有自己私有 Cache 的方式与共享主存连接。在这样的系统中，由于 Cache 的透明性，仅靠采用写直达法并不能保证同一主存单元在各个 Cache 中的对应内容都一致。例如，在图 4.37 所示的系统中，处理机 A 和处理机 B 通过各自的 Cache a 和 Cache b 共享主存。在处理机 A 写入 Cache a 的同时，采用写直达法也写入了主存，如果恰好 Cache b 中也有此单元，则其内容并未变化，此时若处理机 B 也访问此单元，就会因读到的是原先的内容而出错。因此，还需要采取措施以保证包含此单元的所有 Cache 的内容都一致才行。

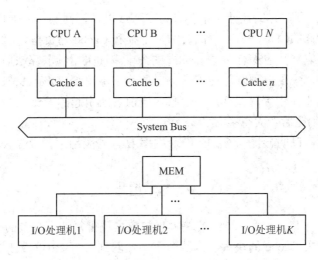

图 4.37 共享主存的多处理机系统

对于在共享主存的多处理机系统中，多个 Cache 与主存内容不一致的问题。解决的方法有三种：

(1) 播写法。当任何处理机要写入 Cache 时，不仅写入自己 Cache 的目标块和主存中，还把信息播写到其他包含此单元的 Cache 中，或者让其他 Cache 包含此单元的块作废。

(2) 控制某些共享信息不得进入 Cache。

(3) 目录表法。在 CPU 读、写 Cache 不命中时，先得查在主存中的目录表，以判定目标块是否已在别的 Cache 内，以及是否正在被修改等，然后再决定如何读、写此块。

如果一个 I/O 处理机修改了共享主存的内容，它会使某些 CPU 的 Cache 中与之相对的内容与主存内容不一致，解决方法有两种：

(1) 当 I/O 处理机未经 Cache 而往主存写入新内容时，由操作系统通过专用指令清除整个 Cache，但这样会使 Cache 对操作系统和系统程序员不透明。

(2) 当 I/O 处理机向主存的某个区域写入新内容时，由专用硬件自动地将所有 Cache 中对应此区域的副本作废，而无须操作系统进行任何干预，从而保持了 Cache 的透明性。

2. Cache 的取算法

所谓取算法是指将信息从主存调入 Cache 的规则，取算法的选择会对 Cache 的命中率有所影响。Cache 一般采用按需取进法，即在 Cache 不命中时，才将要访问的单元所在的块(行)调入 Cache。为了进一步提高 Cache 块命中率，还可以采用预取算法。

预取算法是指在用到某信息块之前就将其预取进 Cache 的算法。为了便于硬件实现，通常只预取直接顺序的下一块，至于何时取进该块，预取算法有两种不同的方法：恒预取和不命中时预取。恒预取是指只要访问到主存第 i 块的某个字，不论 Cache 是否命中，都发送预取命令；不命中时预取是指只当访问第 i 块的某个字不命中时，才发送预取命令。

采用预取法并非一定能提高命中率和效率，它还与下面的因素有关：

(1) 块的大小。若每块的字节数过少，则预取的效果不明显，但每块的字节数过多，一方面可能会预取进不需要的信息，另一方面则由于 Cache 的容量有限，又可能把正在使用或近期内将要使用到的信息给替换出去，反而降低了命中率。

(2) 预取开销。预取开销包括访主存和访 Cache 以及写回操作的硬件开销和时间开销，它一方面会增加设计的成本，另一方面会增加主存和 Cache 的负担。

因此，采用预取算法应综合考虑 Cache 的命中率和采用预取算法后的预取开销。由模拟实验的结果表明，采用恒预取能使 Cache 的不命中率降低 75%～80%，而采用不命中时预取能使 Cache 的不命中率降低 30%～40%，但前者所引起的 Cache 与主存间信息传输量的增加(即预取开销)比后者大得多。

采用预取技术可以明显提高 Cache 的命中率 H_c。若采用恒预取，采用预取算法后的命中率 H'_c 为

$$H'_c = \frac{H_c + n - 1}{n}$$

其中，H_c 原来的命中率，n 为 Cache 的块大小与数据块重复使用次数的乘积。

【例 4.5】　如果 Cache 的块大小为四个字，预取到 Cache 中的数据的重复利用率为五次，Cache 存储系统原来的命中率为 $H_c = 0.8$，则采用预取技术后，命中率为多少？若 $t_m = 5t_c$，则 Cache-主存存储系统的访问效率 e 为多少？

解：采用预取技术后，命中率为

$$H'_c = \frac{0.8 + 4 \times 5 - 1}{4 \times 5} = 0.99$$

Cache-主存存储系统的访问效率 e 为

$$e = \frac{t_c}{t_a} = \frac{t_c}{H'_c t_c + (1 - H'_c) t_m} = \frac{1}{0.99 + 0.05} \approx 0.96$$

3. Cache 的性能分析

评价 Cache 性能的重要指标是命中率的高低。而 Cache 命中率与块的大小、块的总数(即 Cache 的总容量)、采用组相联时组的大小(组内块数)、取算法、替换策略和地址流情况等有关。我们可以从不同的方面分别进行讨论。

1) Cache 的容量、组的大小和块的大小与命中率的关系

命中率 H_c 与 Cache 的容量、组的大小和块的大小的一般关系如图 4.38 所示。块的大小、组的大小及 Cache 容量这三者增大都会提高命中率。

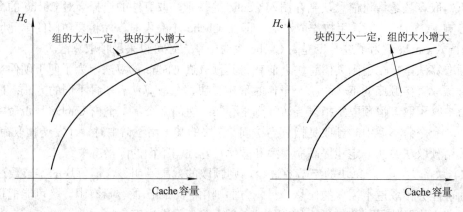

图 4.38　块、组的大小及 Cache 容量对命中率的影响

Cache 在调块时，处理机是空等，所以要求调块尽可能快。从这点看，希望块的大小是较小的。

Cache 容量与不命中率$(1 - H_c)$的关系为

$$(1 - H_c) = a \cdot (容量)^b$$

式中 a、b 为常数，且 $b<0$。随着存储器芯片集成度的提高及价格的下降，Cache 的容量正在不断增大，很快就会达到数百 KB。

2) Cache-主存存储层次的等效速度与命中率的关系

设 t_c 为 Cache 的访问时间，t_m 为主存的访问时间，H_c 为访 Cache 的命中率，则 Cache-主存存储层次的等效访问时间为

$$t_a = H_c \cdot t_c + (1 - H_c)t_m$$

由此得系统采用 Cache 后比 CPU 直接访问主存在速度上提高的倍数为

$$\rho = \frac{t_m}{t_a} = \frac{t_m}{H_c t_c + (1 - H_c)t_m} = \frac{1}{1 - \left(1 - \dfrac{t_c}{t_m}\right)H_c}$$

在给定主存和 Cache 的速度之比情况下，ρ 随 H_c 的提高而有所增加。如果 $H_c = 1$，则有 $\rho_{max} = t_m / t_c$，这是 ρ 可能的最大值。ρ 的期望值与 H_c 的关系如图 4.39 所示。由于 Cache 的 H_c 比 0.9 大得多，可达到 0.996，所以采用 Cache 结构可使 ρ 接近于所期望的 t_m / t_c。

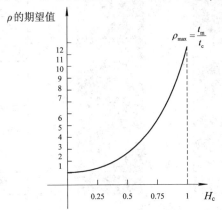

图 4.39 ρ 的期望值与 H_c 的关系

【例 4.6】 设某计算机的 Cache-主存存储层次采用组相联映像，已知主存容量为 8 MB，Cache 容量为 8 KB，按四字块分组，每个字块的长度为八个字(32 位/字)。

(1) 设计主存地址格式和 Cache 地址格式，标出各字段的位数。

(2) 假设 Cache 起始内容为空，CPU 从主存单元 0、1、2、…、2063 依次读出 2064 个字，并重复读此数序列共 10 次。若 Cache 速度为主存速度的 10 倍，且采用 LRU 算法，问采用 Cache 后速度提高了多少倍？

解： (1) 因为 Cache 的容量为 8 KB，有 8 KB/4 B $= 2^{11}$ 个字，所以 Cache 地址共需 11 位；因为字块大小为八个字，所以块内地址为 3 位；因为每组为四个字块，所以块号占 2

位，剩下的 11 - 3 - 2 = 6 位为组号所占的位数。由以上分析可知，Cache 地址格式为

6 位	2 位	3 位
组号	块号	块内字地址

因为主存的容量为 8 MB，有 8 MB/4 B = 2^{21} 个字，所以主存地址共需 21 位；而主存地址格式中的组号、块号、块内地址的位数均应与 Cache 的相同，所以区号的位数为 21 - 6 - 2 - 3 = 10 位。

由以上分析可知，主存地址格式为

10 位	6 位	2 位	3 位
区号	组号	块号	块内字地址

(2) 因为数序列共有 2064/8 = 258 块，而 Cache 的容量只有 256 块，所以在采用组相联时会出现块的替换，替换算法采用题目指定的 LRU 算法，并且只发生在第 0 组。块的替换过程如图 4.40 所示。

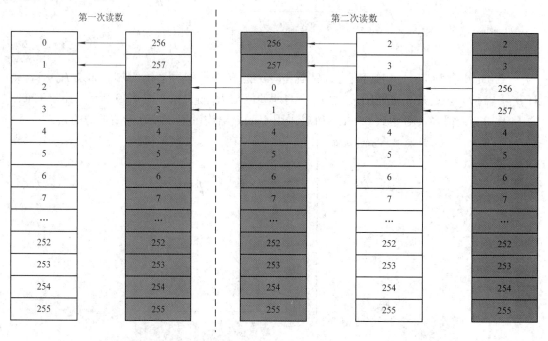

图 4.40　块的替换过程

Cache 的命中率为

$$H_c = \frac{2064 \times 10 - 256 - 2 - 6 \times 9}{2064 \times 10} \approx 0.98488$$

采用 Cache 后的等效访问时间为

$$T_a = H_c \cdot T_c + (1 - H_c)T_m = 0.098488 T_m + 0.01512 T_m = 0.113608 T_m$$

采用 Cache 后的速度提高了

$$\frac{T_m}{T_c} - 1 = \frac{1}{0.113608} - 1 \approx 7.8 \text{ 倍}$$

本 章 小 结

存储器是计算机的核心部件之一，其性能直接关系到整个计算机系统性能的高低。计算机体系结构设计中的一个关键问题，就是以合理的价格设计容量和速度满足计算机系统要求的存储器系统。

本章以程序访问的局部性原理为基础，引出层次结构的存储系统设计方法；阐述并行主存系统的基本概念；讨论存储系统设计中应考虑的问题及解决的方法。

本章中主要介绍了虚拟存储器和高速缓冲存储器(Cache)的基本结构和工作原理，讨论了虚拟存储器的段式、页式和段页式管理方式；全相联、直接和组相联(段相联)等地址映像与地址变换方式；FIFO、LRU 及 OPT 等替换算法以及目录表、快表-慢表、Cache 的取算法等其他相关技术；讲述了层次存储系统的性能指标和分析方法。

习 题 4

4-1 解释下列术语：

存储体系	程序局部性	并行主存系统
虚拟存储器	虚拟地址	地址映像
地址变换	段式管理	页式管理
段页式管理	首先分配算法	最佳分配算法
实页冲突	页面失效	堆栈型替换算法
写回法	写直达法	不按写分配法
按写分配法		

4-2 一个二级虚拟存储器，CPU 访问主存 M_1 和辅存 M_2 的平均访问时间分别为 $T_{A1} = 1 \mu s$ 和 $T_{A2} = 1 ms$。经实测，此虚拟存储器平均访问时间为 $T_A = 100 \mu s$。试提出使虚拟存储器平均访问时间下降到 $10 \mu s$ 的几种方法。

4-3 由二级存储层次的相关表达式，试推导 n 级存储层次的每位平均价格 c 及访问时间 T_A 表达式。

4-4 有 16 个存储器模块，每个模块的容量为 4 MB，字长为 32 位。现在要用这 16 个存储器模块构成一个主存储器，有如下两种组织方式：

方式 1：16 个存储器模块用高位交叉方式构成存储器。

方式 2：16 个存储器模块用低位交叉方式构成存储器。

(1) 写出访问各种存储器的地址格式。

(2) 比较各种存储器的优缺点。

(3) 不考虑访问冲突，计算各种存储器的频带宽度。

(4) 画出各种存储器的逻辑示意图。

4-5 设主存每个分体的存取周期为 $2 \mu s$，存储字长为 4 字节，采用 m 个分体低位交叉编址。由于各种原因，主存实际频宽只能达到最大频宽的 0.6 倍。现要求主存实际频宽为 4 MB/s，问主存分体数应取多少？

4-6 设二级虚拟存储器的 $T_{A1} = 10^{-5}$ s，$T_{A2} = 10^{-2}$ s，为使存储器的访问效率 e 达到最大值的 80%，命中率 H 要求达到多少？

4-7 程序存放在模 32 单字交叉存储器中，设访存申请队的转移概率 A 为 25%，求每个存储周期能访问到的平均字数。当模数为 16 呢？由此可得出什么结论？

4-8 某虚拟存储器共有八个页面，页面大小为 1024 字，实际主存为四个页面，采用页表法进行地址映像。页表的内容如下：

实页号	装入位
2	1
3	0
1	0
0	1
1	1
0	0
2	0
3	1

(1) 列出会发生页面失效的全部虚页号。

(2) 对应于以下虚拟地址的主存地址是什么？

$$0，3278，1023，1024，2055，7800，4096，6800$$

4-9 在页式虚拟存储器中，一个程序由 0~4 共五个虚页组成，在程序执行过程中，访存虚页地址流为

$$0，1，0，4，3，0，2，3，1，3$$

假设分配给这个程序的主存空间有三个实页，分别采用 FIFO、LRU 和 OPT 替换算法进行替换调度。

(1) 分别画出三种替换算法对主存三个实页位置的使用过程。

(2) 分别计算三种替换算法的主存命中率。

4-10 某程序包含五个虚页，其页地址为 4、5、3、2、5、1、3、2、2、5、1、3。当使用 LRU 法替换时，为获得最高的命中率，至少应分配给该程序几个实页？其可能的最高命中率为多少？

4-11 采用页式管理的虚拟存储器，分时运行两个程序，其中，程序 X 为：

```
DO   50 I=I, 3
B(I)=A(I)−C(I)
IF(B(I).LE.0) GOTO 40
D(I)=2*C(I)−A(I)
IF(D(I).EQ.0) GOTO 50
40  E(I)=0
```

50 CONTINUE

DATA: A = (−4, + 2, 0)

C = (−3, 0, +1)

每个数组分别放在不同的页面中。程序 Y 在运行过程中，其数组将依次用到程序空间的第 3、5、4、2.5、3、1、3、2、5、1、3、1、5、2 页。如果采用 LRU 替换算法，实存只能为这两个程序提供八个实页位置存放数组。试问为这两个程序的数组分别分配多少个实页最合理？为什么？

4-12 在一个页式二级虚拟存储器中，采用 FIFO 算法进行页面替换，发现命中率 H 太低，所以有下列建议：

(1) 增大辅存容量。

(2) 增大主存容量(页数)。

(3) 增大主、辅存的页面大小。

(4) FIFO 改为 LRU。

(5) FIFO 改为 LRU，并增大主存容量(页数)。

(6) FIFO 改为 LRU，且增大页面大小。

试分析上述各建议对命中率的影响情况。

4-13 一个组相联映像Cache由64个存储块构成，每组包含四个存储块，主存包含4096个存储块，每块由 128 字组成，访存地址为字地址。设计主存地址格式和 Cache 地址格式并标出各字段的位数。

4-14 有一个 Cache 存储器，主存有八块(0～7)，Cache 有四块(0～3)，采用组相联映像，组内块数为两块。采用 LRU 替换算法。

(1) 写出主存地址和 Cache 地址的格式，并指出各字段的长度。

(2) 指出主存各块与 Cache 各块之间的映像关系。

(3) 某程序运行过程中，访存的主存块地址流为

1，2，4 ，3，7，0，1，2，5，4，6，4，7，2

说明该程序访存对 Cache 的块位置的使用情况，指出发生块失效且块争用的时刻，计算 Cache 命中率。

4-15 采用组相联映像的 Cache 存储器，Cache 容量为 1 K 字，要求 Cache 的每一块在一个主存访问周期能从主存取得。主存采用四个低位交叉编址的存储体组成，主存容量为 256 K 字。采用按地址访问存储器存放块表来实现地址变换，并采用四个相等比较电路。

(1) 设计主存地址和 Cache 地址的格式，并说明地址各字段的长度。

(2) 设计地址变换的块表，求出该表的行数、宽度和容量。

(3) 说明地址变换过程及每个比较电路进行相等比较的二进制位数。

4-16 一个由高速缓冲存储器与主存储器组成的二级存储系统，已知主存容量为 1 M 字，缓存容量为 32 K 字。采用组相联地址映像与变换，缓存共分八组，主存与缓存的块的大小为 64 字。

(1) 写出主存与缓存的地址格式，要求说明各字段名称与位数。

(2) 假设缓存的存取周期为 20 ns，命中率为 0.95，希望采用缓存后的加速比达到 10，那么要求主存的存取周期应为多少？

4-17 假设某程序不计访存时间的指令执行时间都为两个时钟周期，平均每条指令访存 1.33 次。增设 Cache 后，程序访存命中 Cache 的概率为 98%，命中 Cache 时指令用于访存所需时间为两个时钟周期，未命中 Cache 时指令用于访存所需时间为 50 个时钟周期。请分别计算不设置 Cache 和增设 Cache 两种情况下的程序的指令平均执行时间(指令平均时钟周期数)，以及增设 Cache 相对于不设置 Cache 的加速比。

4-18 设某计算机的 Cache-主存存储层次采用组相联映像和 LRU 替换算法，已知主存容量为 1 MB，Cache 容量为 8 KB，按四字块分组，每个字块的长度为八个字(32 位，字)。假设 Cache 起始内容为空，CPU 从主存单元 0、1、2、…、2079 依次读出 2080 个字，并重复此读数序列共五次，问 Cache 的地址命中率为多少？

第5章 并行处理机

并行处理技术是构成高性能计算机的重要途径。实现并行性技术的途径主要有时间重叠、资源重复和资源共享。并行处理机(parallel processor)采用资源重复的并行性措施，通过重复设置大量相同的处理单元(PE, Processing Element)，将它们按一定方式互连成阵列，在单一控制部件(CU, Control Unit)的控制下，对各自分配的不同数据并行执行同一指令规定的操作，以获得高性能。并行处理机也称为阵列处理机(array processor)，是属于以单指令流多数据流(SIMD)方式工作的操作级并行计算机。

5.1 并行处理机的结构与特点

5.1.1 并行处理机的结构

并行处理机由于存储器采用的组成方式不同，有两种基本结构：具有分布式存储器结构的并行处理机和具有集中式共享存储器结构的并行处理机。

1. 分布式存储器结构的并行处理机

具有分布式存储器的并行处理机结构如图 5.1 所示。

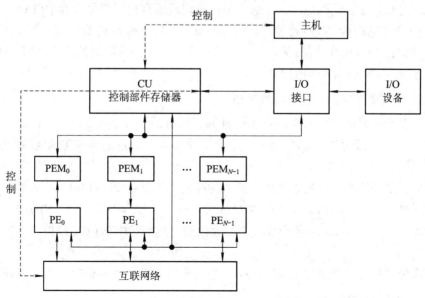

图 5.1 具有分布式存储器的并行处理机结构

分布式存储器的并行处理机包含重复设置的多个相同的处理单元 PE，各 PE 都拥有自己的局部存储器(PEM，Processing Element Memory)，存放被分配的数据，并只能被本处理单元直接访问。

在控制部件 CU 内设有一个存放程序和数据的控制部件存储器 CUM，整个系统在 CU 的控制下运行用户程序和部分系统程序。当启动处理机阵列工作时，主机就将程序和数据取入 CUM 中，并将要处理的数据通过数据总线存入各个 PE 所带的局部存储器 PEM 中。CUM 中的程序被执行时，所有指令都在 CU 中进行译码，并对其中的标量或控制类指令进行处理，同时把适合于并行处理的向量类指令"播送"给各个 PE，使各 PE 同时执行同一条指令。各 PE 所处理的数据从各自的 PEM 中取得，并将结果写回 PEM。从执行指令的过程来看，SIMD 计算机控制部件中的指令基本是一种单指令流的形式，但是从执行数据的过程来看，由于多个处理单元在同时执行一条指令时产生了多个数据流，所以具有数据并行性。另外，从某种意义上讲，标量类、控制类指令与向量类指令也在重叠执行，而且控制部件还可以采用流水线方式工作，让多条向量指令也进一步在时间上重叠执行。

为了有效地对向量数据进行高速处理，这种结构的并行处理机应能把数据合理地预分配到各个处理单元的 PEM 中。分布于各 PEM 的数据可以经系统数据总线从外部输入，也可以使用控制总线经 CU "播送"。运算过程中，各处理单元之间可通过互连网络(ICN，Inter Connection Network)实现数据交换。互连网络连通路径的选择也由控制部件统一进行控制。

系统中的处理单元阵列通过控制部件连接到一台主处理机(SC，Subject Computer)上。SC 主要实现整个并行处理机系统的管理，包括系统全部资源的管理，完成系统输入输出、用户程序的汇编及向量化编译、作业调度、存储分配、设备管理、文件管理等功能。而包括处理单元阵列、互连网络和控制部件在内的阵列处理部分，则可看成是系统的一个后端处理机。

这种结构的并行处理机是 SIMD 的主流，典型机器有美国伊里诺大学研制、Burroughs 公司生产的 ILLIAC-IV 阵列处理机，Goodyear 宇航公司研制的巨型并行处理机 MPP (Massively Parallel Processor)，英国 ICL 公司设计生产的分布式阵列处理机 DAP (Distributed Array Processor)，MasPar 公司的 MP-1 等。

2. 集中式共享存储器结构并行处理机

具有集中式共享存储器的并行处理机如图 5.2 所示。与分布存储器结构的并行处理机相比，其主要差别在于系统存储器是由 K 个存储体($SM_0 \sim SM_{K-1}$)集中构成，经互连网络 ICN 被整个系统的 N 个处理单元所共享。为了提高各 PE 访问存储器的速度，通常将存储器设计成多模块交叉存储器，以利于克服存储器的冲突。为使各 PE 对长度为 N 的向量中各个元素都能同时并行处理，存储体的个数 K 应等于或大于处理单元数 N。实现各 PE 与共享存储器(SM，Shared Memory)各个模块之间通信的互连网络(ICN)由 CU 根据对控制指令的译码进行控制。

采用这种结构的典型机器有 Burroughs 公司和伊里诺大学联合研制的科学处理机 BSP (Burroughs Scientific Processor)。

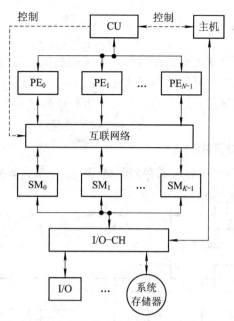

图 5.2　具有集中式共享存储器的并行处理机结构

5.1.2　并行处理机的特点

1. 资源重复

并行处理机利用多个处理单元对向量所包含的各个分量同时进行运算，是其获得高处理速度的主要原因。每个处理单元要具备多种处理功能，在效率上并行处理机比多功能流水线稍低，但具有很好的灵活性。要提高并行处理机的运算速度，主要依赖于增加处理单元的个数。

2. 连接模式

并行处理机的处理单元间是通过互连网络通信的。处理单元之间不同的连接模式确定了并行处理机的不同结构。互连网络对处理单元连接模式的限定，决定了并行处理机能适应的算法类别，对整个系统的各项性能指标将产生重要影响。因此，对互连网络设计的研究就成为并行处理机研究的重点之一。

3. 专用性

并行处理机是以某一类算法相联系的，其效率取决于在多大程度上把计算问题归结为向量数组来处理，所以并行处理机是以特定算法为背景的专用计算机。在设计上必须把并行处理系统结构的研究与并行算法研究结合起来，以使其求解算法的适应性更强、应用面更广一些。

4. 复合性

从并行处理机的处理单元上看，由于各处理单元都是相同的，因而可将并行处理机看成一个同构型并行处理机。但从整体上看，整个系统是由功能极强的控制部件构成的标量处理机、多个处理单元组成的并行处理阵列和负责完成系统 I/O 操作及操作系统管理功能的高性能前端主机三部分复合构成的一个异构型多处理机系统。

5.1.3　并行处理机的算法

在并行处理机上并行算法的研究是与结构紧密联系在一起的,并行处理机处理单元阵列的结构是为适应一定类型计算问题而设计的专门结构。这里,以 ILLIAC-IV 为例,讨论几种并行处理机上的常用算法。这些算法本身不带有任何原理上的局限性,对其他并行处理机同样具有典型意义。

1. ILLIAC-IV 的处理单元阵列结构

ILLIAC-IV 处理机阵列采用分布式存储器结构,处理单元阵列结构如图 5.3 所示。

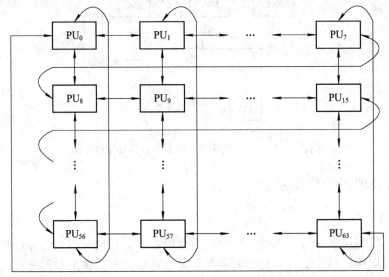

图 5.3　ILLIAC-IV 处理单元阵列的互连结构

PU$_i$ 为处理部件(PU,Processing Unit),其中包含 64 位的算术处理单元 PE$_i$ 所带的局部存储器 PEM$_i$ 和存储器逻辑部件。阵列由排列成 8×8 方阵的 64 个处理部件组成,任何一个 PU 只与其上、下、左、右四个邻近的 PU 相连,同一列上下两端的 PU 相连构成环形,每一行右端的 PU 与下一行左端的 PU 相连,最下面一行右端的 PU 与最上面一行左端的 PU 相连,从而形成一种闭合的螺线形状,所以又称闭合螺线阵列。

在这个阵列中,任意两个 PU 之间的通信可以用软件方法寻找最短路径进行,其最短距离都不会超过七步。例如,从 PU$_9$ 到 PU$_{55}$ 的通信路径为 PU$_9 \rightarrow$PU$_1 \rightarrow$PU$_0 \rightarrow$PU$_{63} \rightarrow$PU$_{55}$,只需四步。一般而言,在 $n \times n$ 个 PU 组成的阵列中,任意两个处理单元之间的最短距离不会超过 $n-1$ 步。

2. 阵列处理机的并行算法

1) 矩阵加法

在阵列处理机上,实现矩阵相加的算法是最简单的一维数组运算:设 A 和 B 是 $n \times n$ 阶矩阵,A、B 相加的和矩阵为 C,它也是 $n \times n$ 阶矩阵。矩阵加的算法为

$$A + B = C = (c_{ij})_{n \times n}$$

$$c_{ij} = a_{ij} + b_{ij}$$

由公式可以看出，计算 c_{ij} 时只与 a_{ij} 和 b_{ij} 有关，所以把 a_{ij} 和 b_{ij} 分布在同一个处理单元的 PEM 中，而结果 c_{ij} 也存放在此 PEM 中。在全部 64 个 PEM 中，令 A 的分量单元均为同一地址 d，B 的分量单元均为同一地址 $d+1$，而结果矩阵 C 的各分量也相应存放于各 PEM 同一地址为 $d+2$ 的单元内，图 5.4 给出了处理单元个数为 64，A、B、C 为 $8×8$ 矩阵的存储器分配示意图，其中 d 为存储器地址。

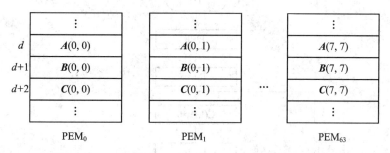

图 5.4 矩阵加算法的存储器分配示意图

对于这样的矩阵加运算，只需用三条 ILLIAC-IV 的汇编指令就可以一次实现。

LDA ALPHA ；全部 (d) 由 PEM$_i$ 送 PE$_i$ 的累加器 RGA$_i$

ADRN ALPHA+1 ；全部 $(d+1)$ 号 (RGA$_i$) 进行浮点加，结果送 RGA$_i$

STA ALPHA+2 ；全部 (RGA$_i$) 由 PE$_i$ 送 PEM$_i$ 的 $d+2$ 单元

这里，$0≤i≤63$。

由以上过程可以看出，并行处理机具有单指令流(三条指令顺序执行)多数据流(64 个元素并行相加)以及数组运算中的"全并行"等工作特点。由于全部 64 个处理单元是并行操作的，满负荷时的处理速度是顺序处理的 64 倍。同时表明，具有分布式存储器的并行处理机的效率能否发挥，取决于信息在存储器的分布状况。而 PEM 中信息分布的算法与系统结构及求解的问题直接相关，所以使存储分配算法的设计比较复杂。

2) 矩阵乘法

矩阵相乘是二维数组运算，要比矩阵相加复杂一些。设 A 和 B 是 $n×n$ 阶矩阵，A、B 的乘积矩阵 C 也是 $n×n$ 阶矩阵。矩阵乘的传统串行算法为

$$A×B=C=(c_{ij})_{n×n}$$

$$c_{ij}=\sum_{k=0}^{n-1}a_{ik}b_{kj}$$

其中，$0≤i≤n-1$ 且 $0≤j≤n-1$。

若 $n=8$，A、B 和 C 均为 $8×8$ 的矩阵。在 SIMD 阵列处理机上求解，可执行下列用 FORTRAN 语言编写的程序：

```
DO 10 I = 0, 7
C(I, J) = 0
DO 10 K = 0, 7
10   C(I, J) = C(I, J) + A(I, K)*B(K, J)
```

类似的计算在 SISD 计算机上要用 K、I、J 三重循环才能完成，每重循环执行八次，共

需 512 次乘、加时间(不考虑其他循环控制指令所需时间)。在 SIMD 计算机上执行上述程序时，可用八个处理单元并行计算矩阵 C(I, J)的某一行，即将 J 循环转化成一维的向量处理，只需一次计算即可完成，其余 K、I 两重循环仅需 64 次乘、加时间，速度可提高至八倍。程序执行流程如图 5.5 所示。

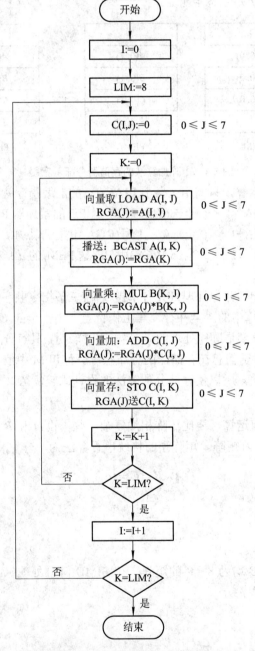

图 5.5　矩阵乘程序执行流程图

需要指出的是，每个处理部件内部的执行过程虽与 SISD 的类似，但实际的解决方式是不同的。控制部件执行的 PE 类指令表面上是标量指令，但因为是八个 PE 并行地执行同一条指令，故实际上已等效于向量指令，如向量取、向量存、向量加、向量乘等。另外，为了让各个处理单元 PE，尽可能只访问自己的 PEM，以保证高速处理，要求矩阵 **A**、**B**、**C** 各分量在 PEM 中的分布如图 5.6 所示。

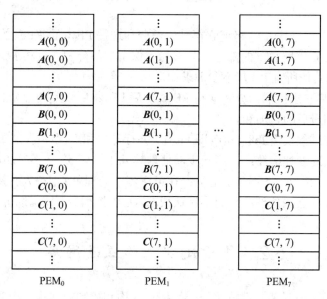

图 5.6　矩阵乘的存储器分配示意图

如果充分利用 ILLIAC-Ⅳ 的 64 个处理单元进行并行运算，把 K 循环的运算也改为并行运算，则可进一步提高速度，但需要在 PEM 中重新恰当地分配数据。同时，要使八个中间积 A(I，K)*B(K，J)能够并行相加(其中 $0 \leqslant K \leqslant 7$)，就需要用下面的累加和并行算法，且就 K 的并行而言，速度的提高不是八倍，而是 $8/\text{lb}8 \approx 2.7$ 倍。

3) 累加和运算

累加和并行算法是将 N 个数的顺序相加过程变为并行相加过程。例如，某一个向量含 N 个元素，求这些元素的累加和。如果在 SISD 计算机中采用串行方法来完成则需要进行 $N-1$ 次加法；如果在 SIMD 并行处理机上采用递归折叠方法，用 N 个处理单元来求和，则可以提高并行求和速度。为讲述的方便，假设处理单元的个数为八，即 $\text{PE}_0 \sim \text{PE}_7$，采用分布式存储器并行处理机系统，$\text{PE}_i$ 的 PEM_i 中存放向量的一个元素 A_i。对向量的八个元素 $A_0 \sim A_7$ 求累加和的递归折叠过程如图 5.7 所示。

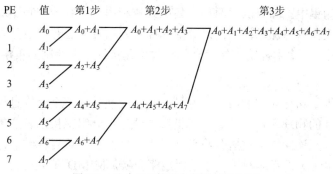

图 5.7　八个 PE 的递归折叠求和过程

第一步，对于所有下标为奇数(即 1、3、5、7)的 PE，将它们的向量元素送往一个下标为偶数的 PE(即 1 到 0、3 到 2 等)；然后对于所有下标为偶数的 PE，把它们所收到的向量元素与它自己拥有的向量元素并行相加，从而形成四个部分和，所有下标为奇数的 PE 不参加求和运算。

第二步，重复上述过程，PE_2 将把它得到的部分和送往 PE_0，而将 PE_8 的部分和送往 PE_4，然后 PE_0 和 PE_4 分别将所收到的部分和与它们所保留的部分和并行相加。在这一过程中，除 PE_0 和 PE_4 外的其他所有 PE 都不参加求和运算。

第三步，PE_4 将它求得的部分和送往 PE_0，然后 PE_0 将所收到的部分和与它自己保留的部分和相加，得到最后的累加和。

整个累加求和过程仅需 lb8 = 3(lb 即 $\log_2$)次并行传送和三次并行相加。在此期间，并非每个处理单元都始终参加运算：在第一步，处理单元 1、3、5、7 不参加运算；在第二步，处理单元 1、2、3、5、6、7 不参加运算；在第三步，处理单元 1～7 不参加运算。

在各处理阶段的这些处理单元的不活跃状态，是由控制器 CU 借助屏蔽方式来实现的。

5.2　并行处理机的互连网络

互连网络是一种由开关元件按照一定的拓扑结构和控制方式将集中式系统或分布式系统中的结点连接起来所构成的网络，这些结点可能是处理器、存储模块或者其他设备，它们通过互连网络相互连接并进行信息交换。互连网络已成为并行处理系统的核心组成部分，它对并行处理系统的性能起着决定性的作用。

5.2.1　互连网络设计的相关内容

1. 操作方式

操作方式分为同步操作方式和异步操作方式两种。在同步方式中，各 PE 对数据进行并行操作或由控制器向 PE 广播命令，都由统一的时钟来进行同步。SIMD 并行机都采用同步方式。异步方式则在操作时没有同步时钟，各处理单元根据需要相互建立动态连接。异步操作方式一般用于多处理机系统。

2. 控制策略

控制策略分为集中式和分散式两种。集中式控制由一个统一控制器对组成互连网络的各个互连开关的工作状态加以控制；而分散式控制则由各互连开关自身实行管理。一般的 SIMD 互连网络采用由集中控制部件对全部开关单元执行集中控制的策略。

3. 交换方式

交换方式分为线路交换和分组交换两种。线路交换是在整个交换过程中，在源和目标结点之间建立实际的物理通路，适用于成批数据传送；分组交换则将要传送的信息分成多个分组，分别送入互连网络。这些分组可通过不同的路由到达目标结点，一般适合于短数据报文的传送。SIMD 机互连网络一般采用线路交换，MIMD 多处理机系统则往往采用分组交换方式。

4. 网络拓扑结构

网络的拓扑结构是指互连网络中各个结点间可以实现的连接模式,分为静态网络(static network)和动态网络(dynamic network)两种。在静态拓扑结构中,两个 PE 之间的链是固定的,总线不能重新配置成与其他 PE 相连;而动态拓扑结构中的链通过设置网络中互连开关的状态可以重新配置。相关内容本章稍后将有更详细的介绍。

5.2.2 网络部件

1. 链路

链路也称为链或通道,它用来将计算机系统中两个硬件部件进行物理连接。链路可用铜线或光纤电缆实现。

一条链路可连接两个交换开关或连接一个交换开关和一个主机结点上的网络接口。链路的主要特性包括长度、宽度和时钟机制。

如果数据和控制信号以多路时分复用方式共享一根信号线,则称其为窄链路或串行链路。如果在多位信号线上允许数据和控制信号并行传送,则称其为宽链路或并行链路。

2. 交换开关

交换开关(switch)也称为路由器(router),它用于建立交换网络。一个交换开关通常有多个输入、输出端口。每个输入端口内有一个接收器输入缓冲器,用以处理收到的信息。每个输入端口内有一个发送器,传送输出数据信号到链路上。交换开关内部的交叉开关阵列用于同时建立 n 个输入和 n 个输出间的 n 个连接,n 被称为交叉开关的度。阵列中的每个交叉点可在程序控制下接通或断开。多个开关和链路可按某种拓扑结构建成大型的交换网络。

3. 网络接口电路

网络接口电路(NIC,Network Interface Circuit)也称为网卡(network interface card),它常用于将一台主机连接到某个网络上。NIC 必须能够处理主机与网络之间的双向传输。因此,NIC 的体系结构取决于网络和主机。

典型的 NIC 包括一个嵌入的处理器、一些输入/输出缓冲器以及控制存储器和控制逻辑。NIC 的成本由端口规模、存储容量、处理能力和控制电路决定。通常 NIC 的复杂程度高于交换开关。

5.2.3 互连函数

互连函数用于描述互连网络的连接特性,每种互连网络可用一组互连函数来描述。如果把互连网络的 N 个入端和 N 个出端($N=2^n$)分别用编号 0、1、$\cdots$、$N-1$ 来表示,那么互连函数则表示互连网络的入端号与出端号之间的一一对应关系。或者说,存在互连函数 f,在它的作用下,入端 j 应与出端 $f(j)$ 相连,这里 $0 \leqslant j \leqslant N-1$。在实现处理单元之间的互连时,互连网络的入端和出端实际上是同一组处理单元的输出端和输入端,对互连网络来说就是同一个结点。

互连函数一般有两种表示形式:

- **互连网络中入、出端对应连接表示法**。由于当处理单元的个数较多时,连接图在描述各结点之间的连接关系时显得非常复杂，并且难以体现出各结点连接的内在规律，所以该方法一般只在结点数比较少的情况下使用。

· **函数表示法**。把所有入端 j 和出端 $f(j)$ 都使用二进制编码，从两者的二进制编码上找出其对应的函数规律，并用函数关系式来表示。

下面介绍几种基本单级互连网络的互连函数。

1. 立方体

立方体(cube)单级网络是指如图 5.8 所示的二元三维立方体结构。立方体的每个顶点代表一个结点，结点的编号用二进制码($C_2C_1C_0$)表示。

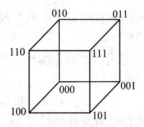

图 5.8　$N = 8$ 的三维立方体结构

立方体单级网络的互连函数实现二进制编号中第 k 位值不同的结点之间的连接，故三维的立方体单级网络有三种互连函数 $Cube_0$、$Cube_1$ 和 $Cube_2$，分别建立结点编号中 C_0 不同或 C_1 不同或 C_2 不同的结点之间的连接，其连接方式如图 5.9 所示。

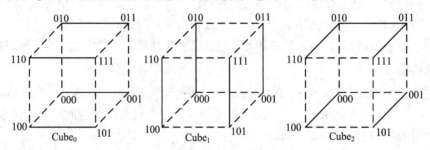

图 5.9　$N = 8$ 的三维立方体三种互连方式

一般情况下，一个 n 维立方体有 $N = 2^n$ 个结点，共有 n 种互连函数，分别由 n 位编号中的每一位的位值求反来确定，即

$$Cube_i = (P_{n-1} \cdots P_i \cdots P_1 P_0) = P_{n-1} \cdots \overline{P_i} \cdots P_1 P_0$$

其中，P_i 为入端标号的二进制代码第 i 位，且 $0 \leqslant i \leqslant n-1$。当维数 $n > 3$ 时，称为超立方体(hypercube)网络。对于 n 维立方体单级网络，要实现任意两个结点之间的连接，最多需使用 n 次不同的互连函数，所以 n 维立方体单级网络的最大距离为 n。

2. PM2I

PM2I(是加减 2^i 的简称，plus-minus2i)单级网络能实现 j 号结点与 $j \pm 2^i \bmod N$ 号结点的直接相连，N 为处理器的个数，$n = lbN$。因此，它共有 2^n 个互连函数，即

$$PM2_{+i}(j) = j + 2^i \bmod N$$

$$PM2_{-i}(j) = j - 2^i \bmod N$$

式中，$0 \leqslant j \leqslant N-1$，$0 \leqslant i \leqslant n-1$。

设 $N = 8$，则各互连循环为

$$PM2_{+0} := (01234567)$$

$$PM2_{-0} := (76543210)$$

$$PM2_{+1} := (0246)(1357)$$

$$PM2_{-1} := (6420)(7531)$$

$$PM2_{\pm2} := (04)(15)(26)(37)$$

PM2I 单级网络的最大距离为 $[n/2]$。在图 5.10 中给出了 PM2I 互连网络的部分连接图。

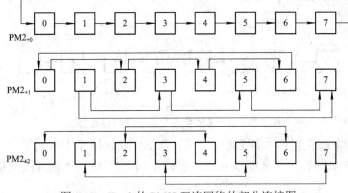

图 5.10　$N = 8$ 的 PM2I 互连网络的部分连接图

3. 混洗交换

混洗交换(shuffle-exchange)互连网络包含全混洗和交换两种互连函数。

1) 全混洗互联

全混洗的互连函数为

$$\text{Shuffle}(P_{n-1}P_{n-2}\cdots P_1P_0) = P_{n-2}\cdots P_1P_0P_{n-1}$$

由此可知，将入端二进制编号循环左移一位即得到对应出端的二进制编号。图 5.11 所示是八个结点的全混连接。

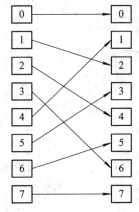

图 5.11　$N = 8$ 的全混互连网络连接图

可以看出，其连接规律是把全部按标号次序排列的入端处理器从中间分为数目相等的两半，前一半和后一半在连至出端时正好——隔开。由于它所实现的处理单元之间的连接，就好像将一叠扑克牌对分后均匀洗牌所实现的理想的"全混洗"状态一样，所以称这种互连网络为全混洗(也称为均匀洗牌)单级互连网络。在这种互连网络中，经过 $n = \mathrm{lb}N$ 次全混洗连接后，除了编号为全 0 和全 1 的结点外，各结点都遇到与其他结点连接的机会。

2) 交换互联

由于单一的全混洗互连网络不能实现二进制编号为全 0 和全 1 的结点与其他任何结点的连接，所以又增加了 Cube$_0$ 交换互连函数。同时采用了全混洗和交换的单级互连网络称为混洗交换单级互连网络，其连接如图 5.12 所示。

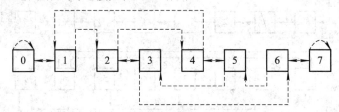

图 5.12　$N = 8$ 的全混交换互连网络连接

图 5.12 中虚线表示全混，实线表示交换。在混洗交换网络中，最远的两个入、出端号是全 0 和全 1，它们的连接需要经过 n 次交换和 $n-1$ 次混洗，所以混洗交换网络的最大距离为 $2n-1$。

4. 蝶形互联

蝶形(butterfly)互连网络的互连函数为

$$\mathrm{Butterfly}(P_{n-1}P_{n-2}\cdots P_1P_0) = P_0P_{n-2}\cdots P_1P_{n-1}$$

它将入端二进制编号的最高位和最低位互换位置即可得相应出端的二进制编号。图 5.13 所示为八个结点的蝶形互连网络的连接图。

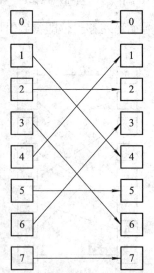

图 5.13　$N = 8$ 的蝶形互连网络的连接图

5.2.4　互连函数特性参数

1. 互连网络的结构特性参数

互连网络的网络拓扑(networking topology)可用有向边或无向边连接有限个结点的图来表示。利用图的有关参数能定义出互连网络拓扑结构的若干结构特性参数。

1) 网络规模

网络中的结点数称为网络规模(network size)，它表示该网络所能连接的部件个数。

2) 结点度

与结点相连接的边(链路或通道)数称为结点度(node degree)。在单向链路的情况下，进入结点的链路数称为入度(in degree)，而从结点出来的链路数则称为出度(out degree)，结点度为二者之和。结点度反映了结点所需要的 I/O 端口数，同时也反映着结点的价格。因此，考虑用模块化组件构造可扩展系统时，结点度应保持恒定，为了降低价格应尽可能使它小些。

3) 网络直径

网络直径(network diameter)是网络中任意两个结点间最短路径的最大值。路径长度用遍历的链路数来度量，所以网络直径也是指任意两个结点间不同行程数的最大值。从通信的观点来看，网络直径应当尽可能小些。

4) 网络等分宽度

一个有 n 个结点的网络的等分平面是一组连线，移去它将把网络分为两个 $n/2$ 个结点的网络。一个网络可以有许多个等分平面。最小的等分平面是指具有最小连线数的等分平面。

网络的等分宽度(network bisection width)是指对半分割网络时所必须移去的最少边数。设 b 为穿越最小等分平面的链路数，w 为每条链路的连线数，则该网络的等分宽度为 bw，表示穿越等分平面的总连线数。

5) 网络对称性

所谓网络对称性(network symmetry)，指的是如果从网络任意结点看上去网络的拓扑结构都是相同的，便称该网络是对称的，否则网络是非对称的。对称网络较易实现，有利于提高网络可扩展性和寻径的效率。

6) 数据寻径

数据寻径是指在网络通信中对路径的选择与指定。互连网络中数据寻径功能较强将有利于减少数据交换所需的时间，因而能显著地改善系统的性能。这种数据寻径可以是静态的，也可以是动态的。通常见到的 PE 之间的数据寻径功能有移数、循环、置换、广播、选播、散射、个人通信、聚集、归约、扫描、混洗、全交换等。

数据寻径网络用来进行 PE 间数据交换的方式有以下几种。

(1) 一对一通信也称点对点(point-to-point)通信，仅有一个发送者和一个接收者。

(2) 一对多通信包括广播(broadcast)和散射(scatter)两种操作。广播操作是指其中一个进程(或称根进程)向所有进程(包括自己)发送相同消息；散射操作则是由根进程对不同进程发送一个不同的消息。

(3) 多对一通信包括聚集(gather)和归约(reduction)两种操作。聚集操作是指根进程从每个进程处接收一个不同消息，所以根进程共接收了 n 个消息，这里的 n 是组的大小；归约是指某个根进程接收来自每个进程(包括自己)的局部值，并将它们在根进程中归约求和形成一个最终值。

(4) 多对多通信中最简单的形式是置换(permutation)，其中每个进程只向一个进程发送消息并只接收一个进程发来的消息，如循环移位(circular shift)、扫描(scan)、全交换(total exchange)等。图 5.14 中给出了几种常见的数据寻径方式。

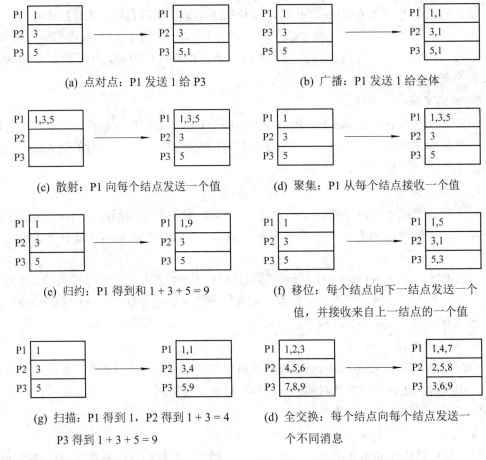

(a) 点对点：P1 发送 1 给 P3　　　　　　　(b) 广播：P1 发送 1 给全体

(c) 散射：P1 向每个结点发送一个值　　　(d) 聚集：P1 从每个结点接收一个值

(e) 归约：P1 得到和 $1+3+5=9$　　　(f) 移位：每个结点向下一结点发送一个
　　　　　　　　　　　　　　　　　　　　　　　　值，并接收来自上一结点的一个值

(g) 扫描：P1 得到 1，P2 得到 $1+3=4$　　(d) 全交换：每个结点向每个结点发送一
　　　 P3 得到 $1+3+5=9$　　　　　　　　　　　个不同消息

图 5.14　几种常见的数据寻径方式

2. 互连网络的传输特性参数

时延(latency)和带宽(bandwidth)是用来评估网络传输性能或系统互连性能的两种基本参数。时延和带宽又具体分为如下几种参数。

1) 通信时延

通信时延是指网络中从源结点到目的结点传输一条消息所需的总时间。该时延包括四部分：在网络两端，相应收发消息的软件开销；由于通道占用导致的通道时延；在沿寻径路径做一系列寻径决策期间花费的寻径时延；由于网络传输竞争导致的竞争时延。

2) 网络时延

软件开销和竞争时延依赖于程序行为，故而将通道时延和寻径时延之和称为网络时延，其大小完全由网络硬件特征决定，与程序行为和网络传输状况无关。

3) 结点带宽

网络中从任意结点到其他结点每秒钟传输消息的最大位数或字节数即为结点带宽。

在对称网络中，结点带宽和结点位置无关；在非对称网络中，结点带宽定义为所有结点带宽的最小值。

4) 聚集带宽

对于一个给定网络，聚集带宽定义为从一半结点到另一半结点每秒钟传输消息的最大位数或字节数。

5) 等分带宽

网络的等分带宽(bisection bandwidth)是指每秒钟内在网络的最小等分平面上通过所有连线的最大信息位数或字节数。

设 b 为穿越最小等分平面的链路数，w 为每条链路的连线数，r 为每条连线的数据传输率(单位为位/秒，即 b/s)，则该网络的等分带宽为 $B = bwr$(位/秒)。

一般来说，网络带宽只受网络硬件体系结构的影响，它与程序行为和传输模式无关。网络时延也是这样，而通信时延则受机器和程序行为两方面的影响。

5.2.5　静态连接网络

静态互连网络在各结点间使用直接链路，且一旦构成后就固定不变。这种网络比较适合构造通信模式可预测或可用静态连接实现的并行处理系统和分布计算机系统。

1. 线性阵列网络

线性阵列(linear array)是一种一维线性网络，用 $N-1$ 条链路将 N 个结点连成一行，如图 5.15(a)所示。线性阵列是连接最简单的拓扑结构，其内部结点度为 2，端结点度为 1，为不对称结构。网络直径为 $N-1$，等分宽度为 1，当 N 很大时，通信效率很低。

线性阵列与总线结构之间存在着明显的区别，总线结构是通过时分切换实现与其连接的多个结点之间的通信，而线性阵列允许不同的结点对并发使用系统的不同部分(链路)。

2. 环和带弦环网络

环(ring)是将线性阵列的两个端结点用一条附加链路连接在一起构成的，如图 5.15(b)所示。环可以单向工作，也可以双向工作。双向环有两个方向，当其中的一个单向环出现故障时，另一个环还可以继续工作。环是对称结构，结点度为 2。双向环直径为 $\lfloor N/2 \rfloor$，单向环直径为 N。

在环的结点上增加一条或两条附加链路，即可得到结点度分别为 3 和 4 的带弦环 (chordal ring)，分别如图 5.15(c)和图 5.15(d)所示。增加的链路越多，结点度越高，网络直径就越小。

在图 5.15 中，16 个结点的环(b)与带弦环(c)和(d)相比，网络直径由 8 分别减至 5 和 3。

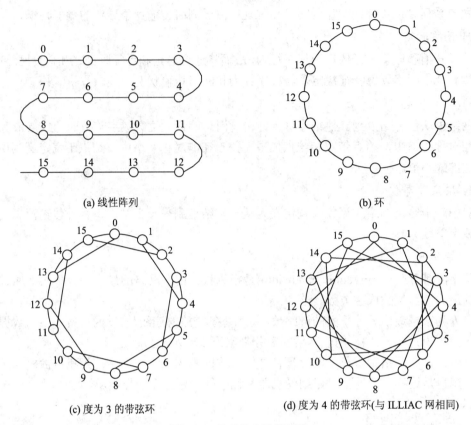

(a) 线性阵列　　　　　　　　　　　　　　(b) 环

(c) 度为 3 的带弦环　　　　　(d) 度为 4 的带弦环(与 ILLIAC 网相同)

图 5.15　几种静态连接网络

3. 循环移数网络和全连接网络

循环移数网络(barrel shifter)是将环上每个结点到所有与其距离为 2 的整数幂的结点之间都增加一条附加链路而构成的。若循环移数网络的规模为 $N = 2^n$，则循环移数网络的结点度为 $2n-1$，网络直径为 $n/2$。

全连接网络(completely connected network)是指环上任意两个结点间都有附加链路连接的网络。16 个结点的全连接网络如图 5.15(f)所示。这种全连接网络是一个对称的网络，当网络规模为 N 时，结点度为 $N-1$，网络直径为 1，链路数为 $N(N-1)/2$。

4. 树形和星形网络

图 5.16(a)所示的是一棵五层 31 个结点的二叉树(binary tree)。顶部的一个结点称为根，底部的 16 个结点称为叶子，其他的结点称为中间结点。除了叶子结点之外，每个结点都有两个孩子结点。一棵 k 层完全平衡的二叉树应有 $N = 2^k - 1$ 个结点，最大结点度为 3，直径为 $2(k-1)$。二叉树结构是一种可扩展的结构，但其直径较长。

星形(star)是一种二层树，结点度为 $N-1$，网络直径为常数 2。图 5.16(b)所示的是一个结点数为 9 的星形网络。星形结构一般用于有集中监督结点的系统中。

5. 胖树形网络

传统二叉树根部的交通最忙，所以二叉树中的根结点可能会成为性能瓶颈，胖树形(fat

tree)结构网络使得这一问题得到改善。

　　二叉胖树(binary fat tree)结构如图 5.16(c)所示，胖树的链路数从叶结点往根结点上行方向逐渐增多。

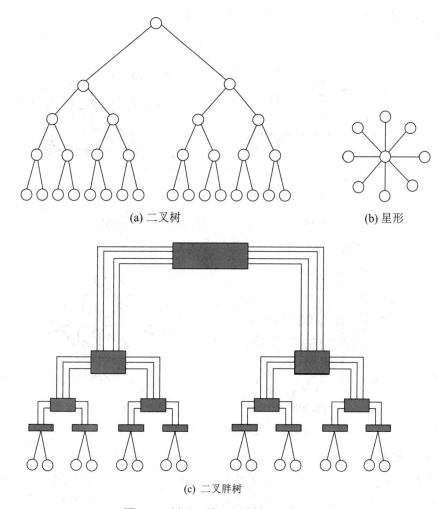

(a) 二叉树　　　　　　　　　(b) 星形

(c) 二叉胖树

图 5.16　树形、星形和胖树形网络

6. 网格形和环网形网络

　　一个 3×3 网格(mesh)形网络如图 5.17(a)所示。一般而言，网络规模为 $N = n^k$ 个结点的 k 维网格的网络直径为 $k(n-1)$，内部结点度为 $2k$，而边结点和角结点的结点度分别为 3 和 2。因各种结点的度不相同，故图 5.17(a)所示的纯网格形网络应为不对称结构。

　　图 5.17(b)所示为一种呈闭合螺线状回绕连接的网格网。ILLIAC-IV 系统采用的就是这种拓扑网络结构，故称这种结构为 ILLIAC 网，它是一种不对称的拓扑结构。一个 $N = n \times n$ 的 ILLIAC 网的网络直径为 $n-1$，仅为纯网格直径的一半。

　　图 5.17(c)所示的环网形(torus)结构是将环形连接和网格组合在一起的结构，环网形阵列的每行每列都有环形连接。一个 $N = n \times n$ 的二维环网的结点度为 4，直径为 $2 \times \lfloor n/2 \rfloor$。环网形网络是一种对称性的拓扑结构，并能向高维扩展。

7. 搏动式阵列网络

搏动式阵列(systolic array)通常是为实现某种特定数据流算法而设计的一类多维流水线阵列结构。图 5.17(d)所示就是实现矩阵相乘的搏动式阵列结构，其内部结点度为 6。这种结构可在多个方向上使数据流变成以流水线方式工作。

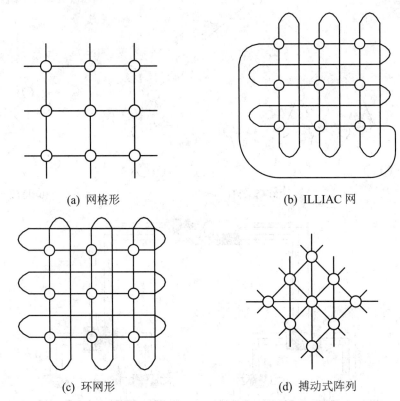

(a) 网格形　　　　　　　　　　　　　　(b) ILLIAC 网

(c) 环网形　　　　　　　　　　　　　　(d) 搏动式阵列

图 5.17　网格形、ILLIAC 网、环网形和搏动式阵列结构

8. 超立方体网络

超立方体(hypercube)是一种二元 n 维立方体结构。通常，一个 n-立方体由 $N=2^n$ 个结点组成，它们分布在 n 维上，每维有两个结点，这就是所谓二元 n 维的含义。图 5.18(a)所示为八个结点的 3-立方体结构。它沿着每个方向的结点数为 2，总结点数 $N=8=2^3$ 个，故也可称为二元 3-立方体结构。

4-立方体结构可通过将两个 3-立方体的相应结点互连得到，如图 5.18(b)所示。沿每个方向结点数为 2，总结点数为 16，即 $N=2^4$，维数为 4，故称为二元 4-立方体结构。n-立方体的结点度等于 n，即网络的直径为 n。由于结点度随维数线性地增加，所以超立方体不是一种可扩展结构。

9. 带环立方体网络

带环立方体(cube-connected cycle)结构从超立方体结构改进而来。图 5.18(c)所示为带环3-立方体(简称 3-CCC)，它是用含三个结点的结点环代替 3-立方体的每个角结点(顶角)而得到的。从一个 k-立方体构成一个有 $n=2^k$ 个结点环的带环 k-立方体，是用 k 个结点的环取代 k 维超立方体的每个顶点实现的，如图 5.18(d)所示。

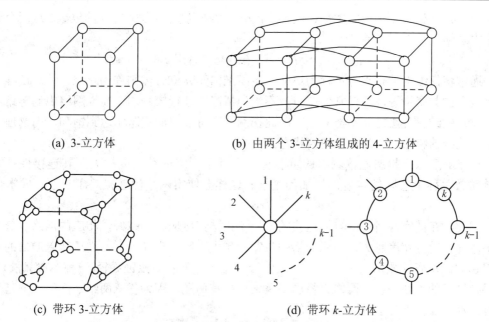

(a) 3-立方体　　　　　　　　(b) 由两个 3-立方体组成的 4-立方体

(c) 带环 3-立方体　　　　　　　(d) 带环 k-立方体

图 5.18　超立方体和带环立方体网络

10. k 元 n-立方体网络

前述环形、网格形、环网形、二元 n-立方体(超立方体)等网络都是 k 元 n-立方体网络 (k-ary n-cube network)系统的拓扑同构体。图 5.19 所示是一种四元 3-立方体网络。

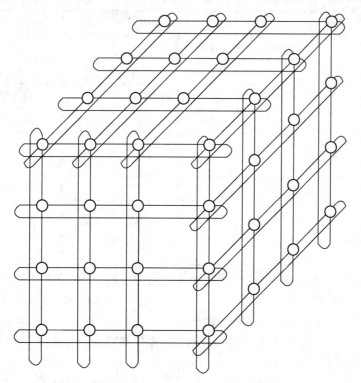

图 5.19　$k=4$ 和 $n=3$ 的 k 元 n-立方体网络(未画出隐藏部分的结点和连接)

k 元 n-立方体网络中的参数 k 是沿每个方向的结点数，n 是立方体的维数。这两个数与网络中总结点数 N 的关系为

$$N = k^n \quad (n = \log_k N)$$

通常将低维 k 元 n-立方体称为环网，而高维二元 n-立方体则称为超立方体。低维网络中有较多的共享资源，所以它们在负载不均匀情况下运行较好。而高维网络中的链路常分配给指定的维，各级之间不能共享，因此在网络中可能有的链路已达到饱和，而物理上分配给其他维的相邻链路却处于空闲状态。

表 5.1 汇总了静态连接网络的重要特性。其中网络的结点度越大，其连接性越好，但链路数总体上会随结点度的增加而增加，这样会使得网络的连接趋于复杂，成本也会趋高。

因此，在能实现所有结点间连接的前提下，结点度应越小越好，相应的网络时延也是越小越好。等分宽度越大，表示网络的带宽就越大。网络直径越大，则意味着通信的时间延迟越大。从表中显示网络直径有很大的变化范围，但随着虫蚀寻径(一种经典算法)等硬件寻径技术的不断完善，网络直径已不是一个严重问题，因为任意两结点间的通信延迟在高度流水线操作下几乎是固定不变的。

表 5.1 静态连接网络特性一览表

网络类型	结点数	网络直径	链路数	等分宽度	对称性	网络规模
线性阵列	2	$N-1$	$N-1$	1	非	N 个结点
环形	2	$\lfloor N/2 \rfloor$	N	2	是	N 个结点
全连接	$N-1$	1	$N(N-1)/2$	$(N/2)^2$	是	N 个结点
二叉树	3	$2(k-1)$	$N-1$	1	非	树高 $k = \lceil \text{lb}N \rceil$
星形	$N-1$	2	$N-1$	$\lfloor N/2 \rfloor$	非	N 个结点
二维网络	4	$2(n-1)$	$2N-2n$	n	非	$n \times n$ 网络，$N = n^2$
ILLIAC 网	4	$n-1$	$2N$	$2n$	非	与 $n = n^2$ 的带弦环等效
三维环网	4	$2\lfloor n/2 \rfloor$	$2N$	$2n$	是	$n \times n$ 网络，$N = n^2$ 个结点
超立方体	n	n	$nN/2$	$N/2$	是	N 个结点，$n = \text{lb}N$(维数)
3-CCC	3	$2k-1+\lfloor k/2 \rfloor$	$3N/2$	$N/(2k)$	是	$N = k \times 2^k$ 个结点，环长 $k \geq 3$
k 元 n 立方体	$2n$	$n\lfloor k/2 \rfloor$	nN	$2k^{n-1}$	是	$N = k^n$ 个结点

对称性会影响网络的可扩展性和寻径效率。而网络的总价格将随结点度和链路数的增大而上升。据以上分析，环形、网格、环网、超立方体、CCC 和 k 元 n-立方体都具备一定的条件用来构造大规模并行处理(MPP)系统。

【例 5.1】 设计一种采用加、乘和数据寻径操作的算法，分别在下面的计算机系统上用最短的时间来计算表达式 $S = A_1 \times B_1 + A_2 \times B_2 + \cdots + A_{32} \times B_{32}$。假设加法和乘法分别需要两个和四个单位时间，从存储器取指令、取数据、译码的时间忽略不计，并假定所有的指令和数据已装入有关的 PE，试确定下列每种情况的最小计算时间。

(1) 一台串行计算机，处理机中有一个加法器和一个乘法器，同一时刻只有其中一个可以使用。

(2) 一台有八个 PE(PE$_0$、PE$_1$、…、PE$_7$)的 SIMD 计算机，八个 PE 连成双向环结构。每个 PE 用一个单位时间可以把数据直接送给它的相邻 PE。操作数 A_i 和 B_i 最初存放在 PE$_{j(\bmod 8)}$中，其中 $i = 1,\ 2,\ \cdots,\ 32$。每个 PE 可在不同时刻执行加法或乘法。

(3) 若将(2)中八个 PE 之间的连接由双向环结构改为单向环结构，结果又如何？

解: (1) 采用单处理机系统串行处理不需要数据导径操作，所需的计算时间为

$$t = 32 \times 4 + 31 \times 2 = 190 \quad (单位时间)$$

(2) 根据题意，画出八个 PE 的双向环连接图和操作数的初始存放位置，如图 5.20 所示。

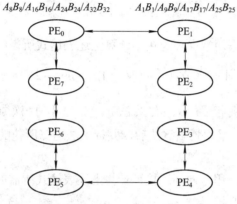

图 5.20　八个 PE 的双向环结构和操作数的初始存放位置示意图

数据寻径操作的算法如下:

- 每个 PE 同时执行乘法四次，加法三次。
- PE$_0$→PE$_7$、PE$_1$→PE$_7$、PE$_6$→PE$_5$、PE$_3$→PE$_4$同时传递和一次，再加法一次。
- PE$_7$→PE$_6$→PE$_3$、PE$_2$→PE$_3$→PE$_4$同时传递和二次，再加法一次。
- PE$_4$→PE$_5$传递和一次，最后加法一次。

因此，八个 PE 双向环并行处理所需的最小时间为

$$t = 4 \times 4 + 3 \times 2 + 1 + 2 + 2 + 2 + 1 + 2 = 32 \ (单位时间)$$

(3) 若将(2)中八个 PE 之间的连接由双向环结构改为单向环结构，则八个 PE 的连接图和操作数的初始存放位置如图 5.21 所示。

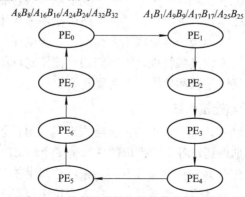

图 5.21　八个 PE 的单向环结构和操作数的初始存放位置示意图

数据寻径操作的算法如下：

- 每个 PE 同时执行乘法四次，加法三次。
- $PE_0 \rightarrow PE_1$、$PE_2 \rightarrow PE_3$、$PE_4 \rightarrow PE_5$、$PE_6 \rightarrow PE_7$ 同时传递和、再加法一次。
- $PE_1 \rightarrow PE_2 \rightarrow PE_3$、$PE_5 \rightarrow PE_6 \rightarrow PE_7$ 同时传递和二次，再加法一次。
- $PE_3 \rightarrow PE_4 \rightarrow PE_5 \rightarrow PE_6 \rightarrow PE_7$ 传递和四次，最后加法一次。

因此，八个 PE 双向环并行处理所需的最小时间为

$$t = 4 \times 4 + 3 \times 2 + 1 + 2 + 2 + 2 + 5 + 2 = 35 \text{(单位时间)}$$

推广到一般情形，假设处理器的个数 $N = 2^m$，进行一次乘法所需的时间为 t_1，进行一次加法所需的时间为 t_2，相邻 PE 之间传送数据所需的时间为 t_3，则

$$S = \sum_{i=1}^{n} A_i \times B_i$$

(1) 若各处理器之间采用双向环连接，计算上述表达式所需的总的时间为

$$\lceil n/N \rceil t_1 + (\lceil n/N \rceil - 1)t_2 + mt_2 + 2^{m-1}t_3$$

其中，每个 PE 同时执行 $\lceil n/N \rceil$ 次乘法，$(\lceil n/N \rceil - 1)$ 次加法，总的运算时间为 $\lceil n/N \rceil t_1 + (\lceil n/N \rceil - 1)t_2$；采用折叠算法后，并行加法运算所花的总时间为 mt_2；数据传送所花的总时间为 $2^{m-1}t_3$。

(2) 若各处理器之间采用单向环连接，计算上述表达式所需的总的时间为

$$\lceil n/N \rceil t_1 + (\lceil n/N \rceil - 1)t_2 + mt_2 + (\lceil 2^m - 1 \rceil)t_3$$

其中，每个 PE 同时执行 $\lceil n/N \rceil$ 次乘法，$(\lceil n/N \rceil - 1)$ 次加法，总的运算时间为 $\lceil n/N \rceil t_1 + (\lceil n/N \rceil - 1)t_2$；采用折叠算法后，并行加法运算所花的总时间为 mt_2；数据传送所花的总时间为 $(2^m - 1)t_3$。

5.2.6　动态连接网络

动态连接网络可根据程序要求实现所需的通信模式。它不用固定连接，而是沿着连接路径使用开关或仲裁器以提供动态连接特性。

根据级间连接方式，动态连接网络有单级和多级两类。单级网络只有有限的几种连接，任意两个结点之间的信息传送可能需经过在单级网络中循环多次才能实现，故单级网络也称循环网络。多级网络由多个单级网络串联组合而成，以实现任意两个结点之间的连接。级间连接模式的选择取决于网络连接特性，不同级的连接模式可能相同也可能不相同。在此基础上，还可将多级互连网络循环使用，以实现复杂的互连。

1. 总线互连方式的动态连接网络

总线互连方式是实现动态连接最简单的一种结构形式。用一条公用系统总线将多个处理机、存储器模块和 I/O 部件通过各自的接口部件或是多个由 CPU、本地存储器和 I/O 部件所组成的计算机模块通过公共的接口部件互连起来。总线上的各模块以分时或多路转换方式通过总线在主设备与从设备之间传送信息。在多个请求情况下，总线仲裁逻辑每次只

能将总线服务分配或重新分配给一个请求。

　　目前已建立了许多标准总线，例如，PCI、VME、MultiBus、SBus、Micro Channel、IEEEFutureBus 等，大多数标准总线在构造单处理机系统时价格很低。而多处理机总线和层次总线，常用来构筑 SMP、NUMA 和 DSM 机器。这些可扩展的总线一般用硬件来支持高速缓存一致性、快速多处理机同步，以及分离事务中的中断处理等。

　　图 5.22 所示的是一种总线连接的多处理机系统。系统总线通常布设在印刷电路底板上，其他的处理器板、存储器板或设备接口板都通过插座或电缆插入底板同总线连接。系统总线在多个处理机、I/O 子系统、多个主存模块和其他辅助设备之间提供了一条公用通信通路。主设备(CPU 或 IOP)生成访问特定从设备(存储器或磁盘驱动器等)的请求，从设备则响应请求。系统总线包括数据通路、地址线和控制线。特殊的接口逻辑 IF 和特殊的功能控制器 IOC(包括存储控制器 MC 和通信控制器 CC)使用在不同的插接板上。

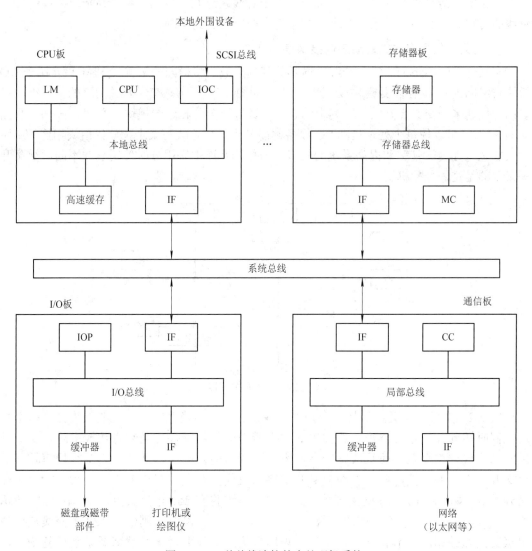

图 5.22　一种总线连接的多处理机系统

局部总线布设在 CPU、I/O 和其他接口板上。CPU 板上的总线称为本地总线，存储板上的局部总线称为存储器总线，I/O 板上的局部总线称为 I/O 总线。总线研制中的重要问题有总线仲裁、中断处理、协议转换、Cache 一致性协议、总线桥和总线事务的处理等。

另外，为了提高总线在构造大规模系统时的扩展能力，可采用层次总线结构来缓解这个矛盾——它将属于同一机群的所有处理机均连接到共同的机群总线上。机群高速缓存作为第二级高速缓存，可供同一机群中的所有处理器共享。多个处理机机群通过连接全局共享存储器模块的机群间总线相互通信。多总线层次必须用网桥机制实现各机群之间的接口，以维持所有私有和共享高速缓存之间的一致性。目前，IEEE FutureBus 总线为构造层次总线系统已开发了相应的功能。

总线互连方式也存在一些问题，比如，总线由多处理机分时共享的特性，使得每个处理器的带宽只能是总线总带宽的一部分；由于总线缺乏冗余机制，所以易于出错；另外，总线的可扩展性有限，导致它在大规模系统中的应用受到限制。

2. 交叉开关互连方式的动态连接网络

交叉开关(crossbar)互连由一组纵横开关阵列组成，将横向的 p 个处理机 P 及 i 个 I/O 模块与纵向的 m 个存储器模块 M 连接起来，如图 5.23 所示。交叉开关网络的每一行中可以同时接通多个交叉点开关，阵列中的总线条数等于全部相连的模块数之和 $m+p+i$，且当 $m \geqslant p+i$ 时，可以使每个处理机和 I/O 设备都能分到一套总线与某个存储器模块相连，从而大大加宽互连传输带宽和提高系统的效率。与总线互连中采用分时使用总线不同，交叉开关采用的是空间分配机制。

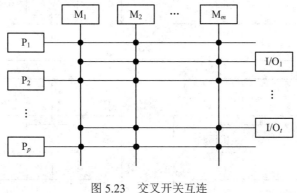

图 5.23　交叉开关互连

图 5.23 中每个交叉点都是一套开关，除了有多路转换逻辑外，还要有为处理多个处理机同时访问某一存储器模块所发生的冲突所需的仲裁部件。当结点数较多时，交叉开关阵列不仅结构复杂，而且成本较高。为了降低它的复杂性，通常可将多个规模较小的交叉开关串、并连接，构成多级交叉开网络以取代具有相同互连能力的较大规模单级交叉开关。例如，由 16×16 交叉开关构成的单级网络将有 256 个交叉点，而如图 5.24 所示用八个 4×4 交叉开关模块构成二级 16×16 的交叉开关网络，则仅需 128 个交叉点，与单级交叉开关相比可节省一半设备量。采用多级交叉开关网络虽然降低了硬件复杂性，但时延会随着网络级数的增加而增大。

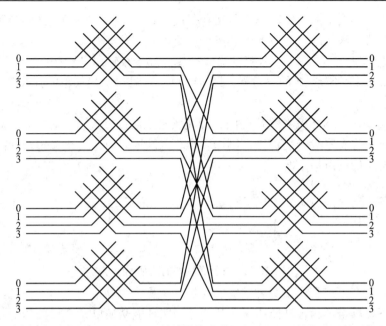

图 5.24　用八个 4×4 变叉开关模块构成的二级 16×16 的交叉开关网络

3. 多级网络互连方式的动态连接网络

多级网络互连是将多套单级互连网络通过开关模块串联扩展成多级互连网络(MIN，Multistage Interconnection Network)的方式。与单级网络相比，多级网络可以通过改变开关的控制方式灵活地实现各种连接，满足系统应用的需要。正是因为多级网络互连的灵活性，在许多 SIMD 和 MIMD 计算机设计中都使用多级互连网络。常见的多级互连网络有多级立方体互连网络、多级混洗交换网络(Omega 网络)、多级 PM2I 网络、多级 BENES 可重排网络和多级 CLOS 网络等。

图 5.25 为通用多级互连网络结构。其中每一级都用了多个 $a \times b$ 开关模块，相邻级开关之间都有固定的级间连接(ISC)。为了在输入和输出之间建立所需的连接，可用动态设置开关的状态来实现。

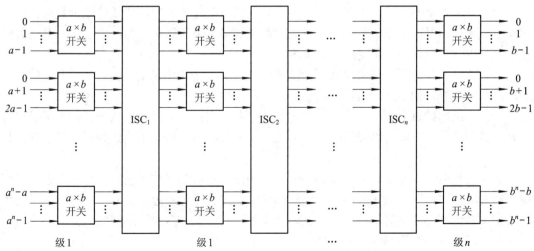

图 5.25　由 $a \times b$ 开关模块和级间连接模式 ISC 构成的通用多级互连网络结构

　　各种多级互连网络的区别就在于所用开关模块、级间连接(ISC)模式和控制方式上的不同，它们是构成多级网络互连方式中的三个重要内容。

　　(1) 开关模块。一个 $a \times b$ 开关模块有 a 个输入和 b 个输出。理论上 a 与 b 不一定相等，但实际上 a 和 b 经常选为 2 的整数幂，即 $a = b = 2^k$，$k \geqslant 1$。最简单的开关模块是 $a = b = 2$ 的 2×2 开关。

　　图 5.26 所示为 2×2 开关模块的四种开关状态或连接方式。一对一和一对多的连接是允许的，但不允许有多对一的连接，因为多个输入端同时争用一个输出端的冲突会导致通过这个开关传送的信息被阻塞。

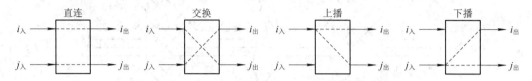

图 5.26　2×2 开关模块的四种连接方式

　　我们把只具有直连和交换两种功能的交换开关称为二功能交换单元；把具有直连、交换、上播和下播等全部四种功能的交换开关称为四功能交换单元。

　　(2) 级间连接模式。级间连接模式(ISC，Interstage Connection)是指多级互连网络中上一级开关模块的输出端和下一级开关模块的输入端相互连接的模式。级间连接是固定的，可以用互连函数表示级间连接模式。常用的级间连接模式包括混洗、交叉、立方体连接等。

　　(3) 控制方式。控制方式是指通过对开关模块的状态控制来实现多级网络间互连要求的方式，称之为互连网络拓扑结构可动态重构。具体的控制方式有以下三种：

　　• 级控制。同一级的所有开关只用一个控制信号控制，使它们同时只能处于同一种状态。

　　• 部分级控制。第 i 级的所有开关分别用 $i + 1$ 个信号控制，$0 \leqslant i \leqslant n-1$，行为级数。

　　• 单元控制。每一个开关模块都由单独的控制信号进行控制，可各自处于不同的状态。

　　动态网络互连方式的比较：

　　构成动态网络的总线、多级网络、交叉开关三种互连方式中，总线的造价最低，但其缺点是每台处理器可用的带宽较窄。总线所存在的另一个问题是容易产生故障。有些容错系统常采用双总线以防止系统产生简单的故障。

　　由于交叉开关的硬件复杂性以 n^2 倍上升，所以其造价最为昂贵，但是交叉开关的带宽和路由性能最好。如果网络的规模较小，它就是一种理想的选择。

　　多级网络则是以上两种方式的折中。它的主要优点在于采用模块结构，因而可扩展性较好。然而，其时延随网络级数的增加而上升。另外，由于增加了连线和开关复杂性，价格也是一种限制因素。

　　多级互连网络(MIN，Multistage Interconnection Network)把重复设置的多套动态单级网络串联起来，单级网络级间采用固定的级间连接模式，通过动态控制各单级网络的开关状态来实现多级互连网络的入端和出端之间所需的连接。动态多级互连网络可分为阻塞网、可重排非阻塞网和非阻塞网三种类型。

　　在同时实现多对入端与出端之间的连接时，可能会引起开关和通信链路使用上的冲突。

具有此类性质的互连网络称为阻塞网络(blocking network)。在阻塞网络中，为了建立某些输入、输出之间的连接，可能需要多次通过网络。各种阻塞网络都能实现一些典型互连函数表示的连接，但不能实现任意的互连函数。由于阻塞网所用开关数量少、延时短、路径控制较简单，能实现并行处理中许多常用的互连函数，所以在实际系统中使用广泛。典型的阻塞网络有多级立方体网络、多级混洗交换网络(Omega 网络)、多级 PM2I 网络、基准网络等。

可重排非阻塞网络的定义是：如果重新安排现有的连接，就可实现无阻塞的任意结点对的连接，从而满足一个新的结点对的连接请求。有代表性的可重排非阻塞网有可重排CLOS 网络、多级 BENES 网络等。

非阻塞网络(nonblocking network)不必改变原来的开关状态就可满足任意输入端和输出端之间的连接请求。它同可重排非阻塞网络是不同的，可重排非阻塞网络要通过改变原来的开关状态来改变连接的路径，才能满足新的连接请求。因此，多级非阻塞网络是连接能力最强的多级互连网络。交叉开关网络属于单级非阻塞网，对称和非对称多级 CLOS 网络属于多级非阻塞网。下面我们来介绍一些常见的多级互连网络：多级立方体网络，多级混洗交换网络，多级 PM2I 网络，基准网络，多级 CLOS 网络。

1) 多级立方体网络

多级立方体网络由 n 级相同的网络组成，每一级都包含一个 $Cube_i$ 拓扑和随后一列 2^{n-1} 个二功能交换单元。$N=8$ 个处理单元的多级立方体互连网络的拓扑结构如图 5.27 所示。

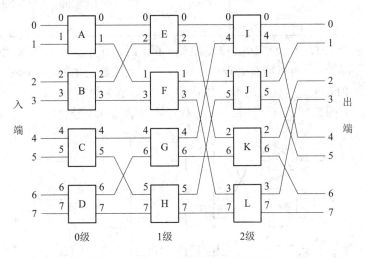

图 5.27 $N=8$ 的立方体多级互连网络

常见的多级立方体网络有 STARAN 网络和间接二进制 n 方体网络。两者的相同点是当第 i 级($0 \leq i \leq n-1$)交换单元处于交换状态时，实现的是 $Cube_i$ 互连函数，且都采用二功能交换单元；不同之处在于各级交换开关采用的控制方式，STARAN 采用级控制(称交换网络)或部分级控制(其中之一称移数网络)，而间接二进制 n 方体网络采用单元控制。

当 STARAN 网络用作交换网络时，采用级控制，每级的所有 2^{n-1} 个二功能交换开关用同一个控制信号控制。当第 i 级的级控制信号为 0 时，这一级的所有二功能交换开关都完成直连功能；当第 i 级的级控制信号为 1 时，这一级的所有二功能交换开关都完成 $Cube_i$

交换函数的功能。当处理单元个数 $N=8$ 时，STARAN 交换网络共设计为三级($\text{lb}N=3$)，共需要三个级控制信号，级控制信号的组合及所实现的功能如表 5.2 所示。

表 5.2　三级 STARAN 交换网络($N=8$)级控制信号的组合及所实现的功能

信号组合		级控制信号($K_2K_1K_0$)							
		000	001	010	011	100	101	110	111
入端号	0	0	1	2	3	4	5	6	7
	1	1	0	3	2	5	4	7	6
	2	2	3	0	1	6	7	4	5
	3	3	2	1	0	7	6	5	4
	4	4	5	6	7	0	1	2	3
	5	5	4	7	6	1	0	3	2
	6	6	7	4	5	2	3	0	1
	7	7	6	5	4	3	2	1	0
执行的交换函数功能		恒等	四组二元	四组二元 + 二组四元	二组四元	二组四元 + 一组八元	四组二元 + 二组四元 + 一组八元	四组二元 + 一组八元	一组八元
		i	Cube_0	Cube_1	Cube_0 + Cube_1	Cube_2	Cube_0 + Cube_2	Cube_1 + Cube_2	Cube_0 + Cube_1 + Cube_2

从表 5.2 可以看出，当级控制信号 $K_2K_1K_0=001$ 时，由于第 0 级的级控制信号 $K_0=1$，其他级控制信号都为 0，所以所有处理单元执行的交换函数的功能是 Cube_0。同理，当级控制信号 $K_2K_1K_0=011$ 时，所有处理单元执行的交换函数的功能是 $\text{Cube}_0+\text{Cube}_1$，此时各级交换开关的状态如图 5.28 所示。图中标示出 0 号处理单元到 3 号处理单元的路由选择过程。

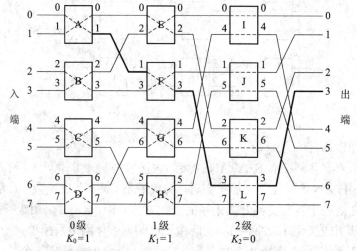

图 5.28　当级控制信号 $K_2K_1K_0=011$ 时的各级交换开关状态图

表 5.2 中级控制信号 $K_2K_1K_0=101$ 时，所有处理单元执行的交换函数的功能是四组二

元+ 二组四元 + 一组八元。其交换的实现过程是：将入端序列号[01234567]先分成四组 [01][23][45] [67]，组内二元交换后为[10][32][54][76]；再将当前的排列分成二组[1032] [5476]，组内四元交换后为[2301][6745]；最后再将当前新的排列分成一组[23016745]，组内八元交换后得到入端序列按序连接的出端序列为[54761032]。因此，级控制方式的 STARAN 网络被称为交换网络。

当 STARAN 网络用作移数网络时，采用部分级控制，将第 i 级的 2^{n-1} 个二功能交换开关分成 $i+1$ 组，每组用一个控制信号控制。对于级数是 $n = \mathrm{lb}N$ 的 STARAN 移数网络来说，从第 0 级到第 $n-1$ 级所需得控制信号个数分别为 1、2、…、n 个。因此，共需 $n(n+1)/2$ 个位信号组成二进制控制向量 F。当处理单元个数 $N = 8$ 时，需要六个位信号组成控制向量 F，表示为 $F = (f_{23} f_{22} f_{21} f_{12} f_{11} f_0)$。每一级控制信号的分组和控制结果如表 5.3 所示。K_0 级只有一个控制信号 f_0 控制 K_0 级的开关 A、B、C、D。K_1 级有两个控制信号 f_{11} 和 f_{12}，f_{11} 控制开关 E 和 G，f_{12} 控制开关 F 和 H。K_2 级有三个控制信号 f_{21}、f_{22} 和 f_{23} 控制开关 I，f_{22} 控制开关 J，f_{23} 控制开关 K 和 L，可实现七种移数功能。

表 5.3 三级移数网络实现的入、出端连接及所执行的移数函数功能

部分级控信号	2 级	f_{23}	K, L	0	0	1	0	0	0	0
		f_{22}	J	0	1	1	0	0	0	0
		f_{21}	I	1	1	1	0	0	0	0
	1 级	f_{12}	F, H	0	1	0	0	1	0	0
		f_{11}	E, G	1	1	0	1	1	0	0
	0 级	f_0	A, B, C, D	1	0	0	1	0	1	0
入端号			0	1	2	4	1	2	1	0
			1	2	3	5	2	3	0	1
			2	3	4	6	3	0	3	2
			3	4	5	7	0	1	2	3
			4	5	6	0	5	6	5	4
			5	6	7	1	6	7	4	5
			6	7	0	2	7	4	7	6
			7	0	1	3	4	5	6	7
执行的移数功能				移 1 mod 8	移 2 mod 8	移 4 mod 8	移 1 mod 8	移 2 mod 8	移 1 mod 8	不移恒等

STARAN 移数网络的置换函数可以表示为

$$\alpha(x) = (x + 2^m) \bmod 2^p$$

其中，p 和 m 为整数，且 $0 \leqslant m < p \leqslant n$。

例如，当控制信号 $f_{23} = f_{22} = 0$、$f_{21} = 1$、$f_{12} = 0$、$f_{11} = 1$、$f_0 = 1$ 时，开关 F、H、J、K、L

为直连功能，开关 A、B、C、D、E、G、I 为交换功能。STARAN 移数网络完成的功能是移 1 模 8，即 $m=0$、$p=3$，意思是对于入端的八个处理单元与出端的八个处理单元的连接在排列上表现为先将八个处理单元的排列分成一组，然后再将当前的处理单元排列循环移动一位。

再如，当控制信号 $f_{23}=f_{22}=f_{21}=0$、$f_{12}=f_{11}=1$、$f_0=0$ 时，开关 A、B、C、D、I、J、K、L 为直连功能，开关 E、F、G、H 为交换功能。STARAN 移数网络完成的功能是移 2 模 4，即 $m=1$、$p=2$，意思是对于入端的八个处理单元与出端的八个处理单元的连接在排列上表现为先将八个处理单元的排列分成 2 组，然后再将当前的处理单元排列循环移动 2 位。

2) 多级混洗交换网络

多级混洗交换网络又称 Omega 网络(或 Ω 网络)，有 $N=2^n$ 个输入的 Omega 网络由 n 级相同的网络组成，每一级都包含一个全混拓扑和随后一列 2^{n-1} 个采用单元控制方式的四功能交换单元。$N=8$ 的开关状态组合可实现各种置换、广播或从输入到输出的其他连接。图 5.29 所示为 $N=8$ 个处理单元的多级混洗交换网络的拓扑结构。

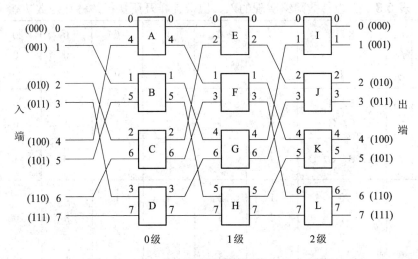

图 5.29　$N=8$ 的多级混洗交换网络(Omega 网络)

对交换单元的单元控制，采用检查目的结点的二进制地址编码来控制开关状态以选择数据路径的终端标记控制寻径算法。具体的控制寻径过程是：从输入级到输出级依次编号为 0 到 lb($N-1$)，目的结点的地址编码从高位开始的第 i 位为 0 时，第 i 级 $2×2$ 开关的输入端与上输出端连接，否则输入端与下输出端连接。

对图 5.29 所示 $N=8$ 的 Omega 网络，观察从入端 2 将信息传送到出端 6 的控制寻径过程。由于目的地址编码为 $d_0 d_1 d_2=110$，最高位 d_0 为 1，所以开关 C 设置成交换状态，使输入端 2 与下输出端连接；中间位 d_1 为 1，开关 F 设置成直送状态，使输入端与下输出端连接；最低位 d_2 为 0，开关 L 设置成直送状态，使输入端与上输出端 6 连接，从而形成网络入端 2 到出端 6 的连接。

由于此控制寻径算法使每一个人端出端对的连接路径是唯一的，所以不能保证不发生开关状态设置的冲突。例如，要同时实现 000→110 和 100→111 两对连接时，就会发生开关 A 的设置冲突，因为两个目的地址编码的最高位都是 1，开关 A 的两个输入端都要求与下输出端相连。为了解决这一冲突，必须拒绝一个请求。因此，Omega 网络是一种阻塞网络。当出现阻塞时，可以采用几次通过的方法来解决冲突。

如果 Omega 网络采用级控制，并且四功能单元只完成直连和交换两种功能，则它就成为了 STARAN 网络的逆网络，即它们的输入端和输出端的数据流向相反。

3) 多级 PM2I 网络

多级 PM2I 网络包含 n 级单元间连接，每一级都是把前后两列各 $N = 2^n$ 个单元按 PM2I 拓扑相互连接起来的。八个处理单元的多级 PM2I 网络如图 5.30 所示。就第 i 级而言($0 \leqslant i \leqslant n-1$，这里为 $0 \leqslant i \leqslant 2$)，每个输入端 j($0 \leqslant j \leqslant N-1$)都有三根线分别连接到输出端$(j - 2i) \bmod N$、$j$ 和$(j + 2i) \bmod N$，在图 5.30 中分别用虚线、实线和粗实线表示。第 0 级完成的是 $PM2_{\pm 0}$，第 1 级完成的是 $PM2_{\pm 1}$，第 2 级完成的是 $PM2_{\pm 2}$。组成多级 PM2I 网络时用了多个单级 PM2I 连接。如图 5.30 所示的八个处理单元的多级 PM2I 网络用了三级，在这种网络中，所有从入端到出端的连接要求都可以有多条路径来实现。如为实现人端 6 到出端 4 的连接，可以经 $6 \rightarrow 6 \rightarrow 4 \rightarrow 4$，或 $6 \rightarrow 2 \rightarrow 4 \rightarrow 4$ 等多条路径完成。显然，在多级网络中提供的这种冗余通路，有利于避免冲突，有利于提高系统的可靠性，便于集成化。

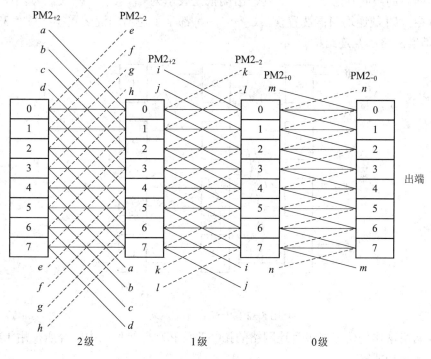

图 5.30　$N = 8$ 的多级 PM2I 网络

多级 PM2I 网络中各级各单元的单元控制原理如图 5.31 所示，每个单元有三个入端和三个出端。就第 i 级的 j 号处理单元而言($0 \leqslant i \leqslant n-1$，$0 \leqslant j \leqslant N-1$)，i 个输出端上播、直连和下播分别受控制信号 U、H 和 D 的控制。当相应的控制信号有效时，分别控制接往$(j - 2i) \bmod N$、j 和$(j + 2^i) \bmod N$ 号处理单元，三个输入端分别来自于第 $i+1$ 级的相应处理单元。当各级的处理单元均采用单元控制时，这种多级 PM2I 网络则称为强化数据变换网络(Augmented Data Manipulator，简称 ADM 网络)。这种多级网络互连方式较灵活，但硬件结构复杂且成本较高。

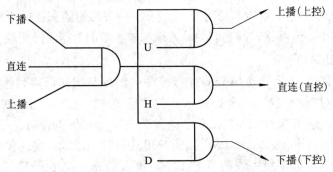

图 5.31　多级 PM2I 网络中各级各单元的单元控制原理图

4) 基准网络

基准网络采用单元控制方式，所有的开关均为二功能交换单元。开关级数为 $n = \mathrm{lb}N$，每级有 2^{n-1} 个二功能交换开关。开关级的编号从网络输入端到输出端，依次为 0 级、1 级、…、$n-1$ 级。

基准网络的级间互连从输入端到输出端依次表示为 C_0、C_1、…、C_n。其中，C_0 和 C_n 是恒等置换，C_1 是逆均匀混洗置换，$C_2 \sim C_{n-1}$，都是子逆均匀混洗置换。图 5.32 所示是 $N = 8$ 的基准网络的互连结构。

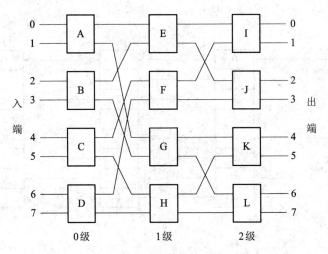

图 5.32　$N = 8$ 的基准网络

基准网络常作为研究多级互连网络的拓扑等价和功能等价的中间介质，用于模拟某种网络的拓扑和功能等。

5) 多级 CLOS 网络

多级 CLOS 网络是一个非阻塞网络，三级 CLOS 交叉开关网络的一个典型连接如图5.33所示。此网络的入端和出端数相同，均为 $n \times r$。网络共有三个开关级，0 级共有 r 个交叉开关，每个交叉开关的输入、输出端数均为 $n \times m$；一级共有 m 个交叉开关；每个交叉开关的输入、输出端数均为 $r \times r$；二级共有 r 个交叉开关，每个交叉开关的输入、输出端数均为 $m \times n$。

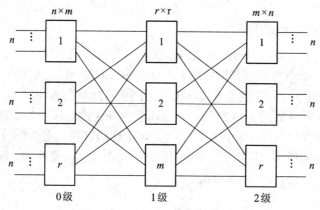

图 5.33　三级 CLOS 交叉开关网络

多级 CLOS 网络可以用三个参数 (m, n, r) 来表示。当 $m \geqslant 2n-1$ 时，多级 CLOS 网络 $N(m, n, r)$ 即可实现非阻塞连接。比如，$N(3, 2, 2)$ 就是一个非阻塞网络，其连接如图 5.34 所示。该网络每级有 12 个交叉点，共 36 个交叉点。由于输入端和输出端各有四个，若使用单级 4×4 交叉开关实现，则一共只需 $4 \times 4 = 16$ 个交叉点。由此可见，在这个例子中若直接使用单级交叉开关实现将更经济。

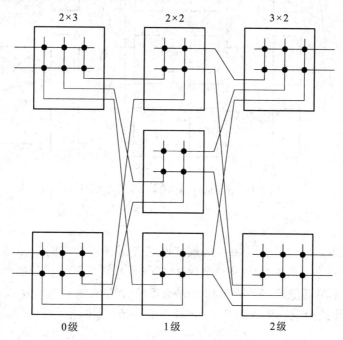

图 5.34　$N(3, 2, 2)$CLOS 交叉开关网络

现在我们做一下定量的分析，多级 CLOS 网络所需总的交叉点个数为

$$C = r(m \times n) + m(r \times r) + r(m \times n) = mr(2n + r)$$

若直接用单级交叉开关实现，总共需要 n^2 个交叉点。

当 $mr(2n+r)<n^2$ 时，即当 n 的值较大时，选用多级 CLOS 网络不仅可以实现无阻塞连接，而且成本低。另外，由于 CLOS 网络由若干个较小规模的交叉开关组成，所以在工程设计时也比较容易实现。

6) 多级 BENES 可重排网络

BENES 网络是将基准网络与其逆网络连接在一起构成的，属于可重排非阻塞网络。N 个处理单元的多级 BENES 可重排网络的开关级数为 $2\mathrm{lb}(N-1)$，每级有 $N/2$ 个采用单元控制方式的二功能交换单元，能满足入端与出端之间所有排列的 $N!$ 种置换。八个处理单元的 BENES 多级可重排网络如图 5.35 所示。网络需要的开关的总级数为 $2\mathrm{lb}8-1=4$ 级，每级有 $N/2=4$ 个二功能交换单元。网络通过一次，可实现的置换共有 $2^{20}=1\,048\,576$ 种，比全排列的 $8!=40\,320$ 种排列要多得多，所以 BENES 网络为非阻塞网络。图 5.35 中虚线框内是完全重复的两级开关，故可以合并成一级。

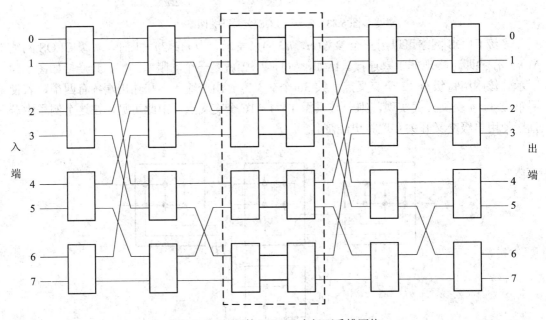

图 5.35　$N=8$ 的 BENES 多级可重排网络

4. 蝶式网络

多级蝶式网络是用交叉开关将单级蝶式网络连成模块构成的，图 5.36 所示是两个规模不同的蝶式网络。图 5.36(a) 是一个由 16 个 8×8 交叉开关构成的两级 64×64 蝶式网络，级间采用 8 路混洗连接；图 5.36(b) 是有 512 个输入端的三级蝶式网络结构，同样也由 8×8 交叉开关构成。图 5.36(b) 中的每个 64×64 方框相当于图 5.36(a) 中的两级蝶式网络。

图 5.36(a) 中的两级蝶式网络共用了 16 个 8×8 交叉开关，图 5.36(b) 中的三级蝶式网络共用了 $3\times8\times8=192$ 个 8×8 交叉开关。用这种模块结构构造更大的蝶式网络只要增加级数即可。

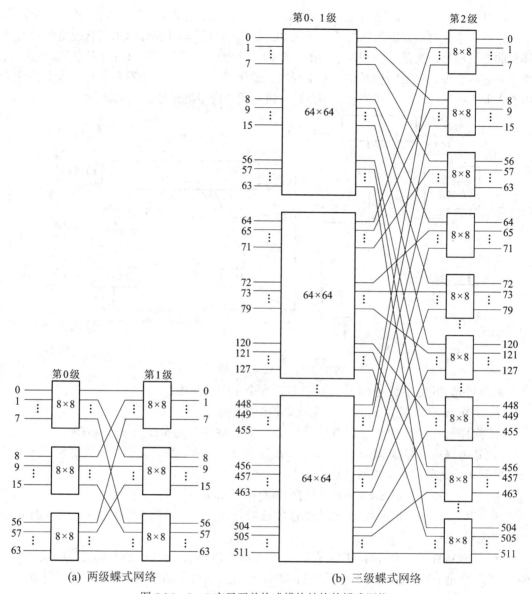

图 5.36 8×8 交叉开关构成模块结构的蝶式网络

5.3 几种典型的并行处理机

5.3.1 ILLIAC-IV 阵列处理机

ILLIAC-IV 是由美国伊里诺依大学研制，Burroughs 公司主产的阵列处理机，采用分布式局部存储器结构，处理单元之间采用网格状网络互连。系统使用了一个 CU，控制 64 个 PE，速度约 2 亿次/s 运算。这种处理机主要用于像天气预报、核物理工程研究及其他需要高速科学计算的应用领域。

ILLIAC-IV 系统的组成如图 5.37 所示。它实际上是由三种类型处理机组成的一个异构多机系统: 一是用于数组运算的处理单元 PE 阵列; 二是阵列控制器 CU, 它既是处理单元阵列的控制部分, 又是一台相对独立的小型标量处理机; 三是一台 B6500 计算机, 它担负整个系统的管理, 包括操作系统、汇编程序、编译程序、输入/输出服务子程序等都驻留在 B6500 中。控制处理单元阵列被看作是宿主机专用于向量处理的后端机。

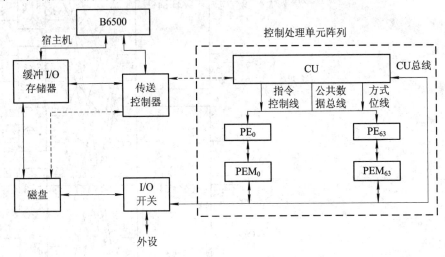

图 5.37　ILLIAC-IV 的系统组成

处理单元 PE 的字长为 64 位, 内部包括 6 个主要寄存器。

- 累加器 A(64 位), 存放第一操作数和操作结果。
- 操作数寄存器 B(64 位), 存放加、减、乘、除等二元操作的第二操作数。
- 数据路由寄存器 R(64 位), 用于 PE 与经过东、西、南、北四个互连通路之一的另一个处理单元之间的数据直接传送。
- 通用存储寄存器 S(64 位), 可用来暂存中间结果。
- 变址寄存器 X(16 位), 利用地址加法器修改访存地址, 并将形成的有效地址送往存储器逻辑部件。
- 方式寄存器 M(8 位), 用于存放测试结果和 PE 屏蔽标志。屏蔽标志位的设立使得 64 个处理单元中的任意一个都可以单独控制, 只有那些处于活动状态的处理单元才执行单指令流规定的共同操作。

PE 的运算部分包括一个加法/乘法器, 逻辑部件, 分别用于算术、布尔和移位操作的桶形移位单元和用于形成访存地址的地址加法器等。它在 PE 中能进行 64 或 32 位浮点运算、48 或 24 位定点运算、8 位字符处理、64 位逻辑运算等。这是将 64 个处理单元的硬件当做 64 个(64 位)、128 个(32 位)或 512 个(8 位)处理单元来使用的。所有 PE 都按 CU 播送来的指令工作, 但可通过屏蔽标志来确定本 PE 是否活跃, 即是否执行该指令。阵列并行的加法速度是每秒 10^{10} 次 8 位定点加法或每秒 150×10^6 次 64 位浮点加法。

处理单元存储器 PEM_i 分属于每一个处理单元 PE_i, 各有 2048×64 位(即 2K 字)存储容量, PEM 的取数时间不大于 350 ns。64 个 PEM_i 联合组成阵列存储器, 存放数据和指令。整个阵列存储器可以接受阵列控制器 CU 的访问, 读出八个字的信息块到 CU 的缓冲器中。阵列存储器也可经过 1024 位的总线与 I/O 开关相连。每个 PE_i 只能直接访问自己的 PEM_i。

分布在各个 PEM$_i$ 中的公共数据只能先读至 CU 后，再经 CU 的公共数据总线广播到 64 个处理单元中去。

ILLIAC-Ⅳ的处理单元阵列结构如图 5.3 所示，在前面已做过叙述，这里不再重复。

并行读写磁盘用作后援存储器，容量为 10^9 位。传送控制器将数据从磁盘取到 PEM 时，按 CU 来的要求向 B6500 发中断请求，缓冲 I/O 存储器用作 B6500 的缓冲。I/O 接口用作处理单元阵列与 I/O 子系统及磁盘间的数据通路转接和缓冲。PEM 中的指令或数据经 CU 总线送往 CU，每次可送八个字，即 512 位。CU 经 64 位的公共数据总线向所有 PE 播送公用信息，经指令控制线向所有 PE 发送控制命令。方式位线共 64 根，每个 PE$_i$ 有一根用来向 CU 传送该 PE 的方式寄存器中的方式位。

CU 中有 64 个字的数据缓冲寄存器 ADB、四个累加器和一个算术逻辑部件 ALU。CU 在执行程序过程中完成指令的流动控制和译码，向量运算时向 PE 发送控制信号、播送公共的访 PEM 存储器的地址、操作去 PE 的公用数据、接收和处理陷阱或中断信号。CU 本身还是一个强功能的标量处理机。

5.3.2 BSP 计算机

BSP 是美国 Burroughs 公司和伊利诺伊大学合作设计的用于科学计算的并行处理机，采用共享集中式主存结构，最高处理速度是每秒 5000 万次浮点运算。

BSP 计算机系统组成如图 5.38 所示，它由系统管理计算机 B7700/B7800 和 BSP 处理机两大部分组成，前者可视为后者的前端机。系统管理机负责 BSP 程序编译、与远程终端及网络的数据通信、外围设备管理等任务，大多数 BSP 作业调度和操作系统活动也是在系统管理机上完成的。BSP 处理机又可分为三部分：一是并行处理机，二是控制处理机，三是容量为 4 M 字~64 M 字的文件存储器。

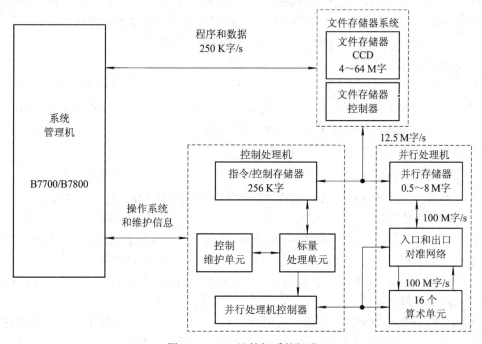

图 5.38 BSP 计算机系统组成

1. BSP 处理机

1) 并行处理机

并行处理机包含 16 个算术单元、由 17 个存储模块(与 16 最接近的质数)组成的一个无冲突访问的并行存储器和一套对准网络。

16 个算术单元对从并行处理机控制器广播来的不同数据进行同一种指令操作。除实现浮点运算操作之外,算术单元还有较强的非数值处理能力。并行处理机的时钟周期为 160 ns,使 BSP 的执行速度最高可达 50M FLOPS。并行处理机的浮点加、减和乘运算都能在两个时钟周期(320 ns)内完成。采用两个时钟周期可使并行存储器频宽与算术单元进行三元操作(由三个操作数产生一个结果的操作)时的频宽相平衡。并行处理机的浮点除运算要用 1200 ns。浮点字长为 48 位,尾数为 36 位有效值,阶码为 10 位。

进行向量运算的数据保存在由 17 个存储模块组成的并行存储器中,每个存储模块的容量可达 512 K 字,存储周期为 160 ns。数据在存储模块和算术单元之间以 100 M 字每秒的速率进行传输。17 个存储模块组成一个无冲突访问存储器。

对准网络包含完全交叉开关以及用来实现数据从一个源广播至几个目的地和当几个源寻找一个目的地时能分解冲突的硬件。在算术单元阵列和并行存储器的存储模块之间具备通用的互连特性,存储模块和对准网络的组合功能提供了并行存储器的无冲突访问能力。

2) 控制处理机

控制处理机主要用于控制并行处理机和文件存储器。此外,其中的标量处理单元用来处理存储在指令/控制存储器中的操作系统的指令和用户程序中某些串行或标量运算部分。全部的向量指令以及某些成组运算的标量指令被送到并行处理机控制器,在经过合格性检查之后,并行处理机控制器将指令转换为微操作序列去控制 16 个算术单元操作。指令/控制存储器的容量为 256 K 字,存储周期为 160 ns,每个字的字长为 56 位,其中 8 位是校验位,提供单错校正和双错检测的检纠错能力。控制维护单元是系统管理机与控制处理机的接口,用来对控制处理机进行初始化以及监控命令的通信和维护。

3) 文件存储器

文件存储器是一个高速大容量外存储器,是置于 BSP 直接控制下的唯一外围设备。BSP 的系统管理机将 BSP 的计算任务文件加载到文件存储器中,在此对这些任务进行排队后再转送指令/控制存储器,并由 BSP 的控制处理机对这些任务按序执行。文件存储器与并行存储器紧密耦合,可视为该存储器的直接扩充。

2. BSP 的并行存储器

BSP 并行处理机中的并行存储器由 17 个存储模块组成,存储周期为 160 ns。16 个算术单元在每个存储周期对并行存储器存/取 16 个字。16 个算术单元执行一次浮点加、减或乘运算需要 32 个操作数,故需要用两个存储周期从并行存储器中获得,而算术单元的浮点加、减和乘运算都能在两个周期内完成。因此,并行存储器的频宽同算术单元的浮点运算的频宽保持完全平衡,从而可将并行存储器的存取操作同 16 个算术单元的运算操作按时间重叠进行流水处理。

BSP 并行存储器的无冲突访问是它的一个独特的技术性能。实现无冲突访问的硬件技术包括:质数个存储端口(BSP 并行存储器的存储体数是质数 17)、存储器端口和 AE 之间的完全交叉开关(对准网络)，以及特殊的存储器地址生成机构。

我们通过一个较简单的例子来说明 BSP 并行存储器实现无冲突访问的原理。

设并行存储器的存储体数 $m = 7$(质数)，运算单元数 $n = 6$。有一个 4×5 的数组：

$$\begin{pmatrix} a_{00} & a_{01} & a_{02} & a_{03} & a_{04} \\ a_{10} & a_{11} & a_{12} & a_{13} & a_{14} \\ a_{20} & a_{21} & a_{22} & a_{23} & a_{24} \\ a_{30} & a_{31} & a_{32} & a_{33} & a_{34} \end{pmatrix}$$

若元素按同一列顺序存储在一个存储体中，则在并行地访问一行元素或对角线元素时不会发生访问存储体冲突。但在并行地读取同一列的元素时，则会发生访问同一个存储体的冲突。同理，如果元素按同一行顺序存储在一个存储体中，则会在并行读取同一行元素时发生冲突。为避免冲突，必须用多个存储周期串行地读取同一列(或行)的元素。

BSP 为了实现存储器的无冲突并行访问，采用特殊的地址映像算法对数组元素进行重新分布。具体方法是先将二维数组按列或者按行的顺序变换为一维数组，形成一个一维线性地址空间，地址用 a 表示。然后将地址 a 变换成并行存储器地址 (j, i)，其中 j 是存储体体号，i 是体内地址，且 $j = a \bmod m$，$i = \lceil a/n \rceil$，存储体数 m 为一质数，n 为无冲突访问的最大存储体数。图 5.39 为按上述地址映像关系将 4×5 二维数组在 $m = 7$、$n = 6$ 的并行存储器中存储的情况。

数组元素	a_{00}	a_{10}	a_{20}	a_{30}	a_{01}	a_{11}	a_{21}	a_{31}	a_{02}	a_{12}	a_{22}	a_{32}	a_{03}	a_{13}	a_{23}	a_{33}	a_{04}	a_{14}	a_{24}	a_{34}
地址a	0	1	2	3	4	5	6	7	8	9	10	11	12	13	14	15	16	17	18	19
体号j	0	1	2	3	4	5	6	0	1	2	3	4	5	6	0	1	2	3	4	5
体内地址i	0	0	0	0	0	0	1	1	1	1	1	1	2	2	2	2	2	2	3	3

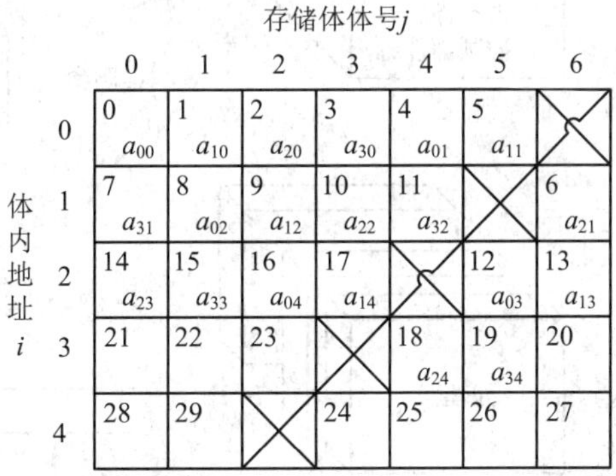

图 5.39　4×5 二维数组在 $m = 7$、$n = 6$ 的并行存储器中存放的示例

数组若按上述方法存放在并行存储器中，对数组的同一行、同一列、主对角线、次对角的元素并行地读取时都不会发生访问存储体冲突，因为它们分布在不同的存储体中。

BSP 有 16 个算术单元，即有 $n = 16$，存储体数 $m = 17$。因此，并行存储器的每个访问周期总有一个存储体未被利用，使并行存储器的空间利用率和存储器频宽都浪费了 1/17，但是这种损失却换来了对存储器的无冲突并行访问。

3. BSP 的并行流水技术

BSP 系统采用了全面的并行性技术。它并不依靠提高时钟频率获得高速，而是依靠并行性。

BSP 的共享多体存储器，通过高速互连网络与 16 个处理单元相连接，使 BSP 的 16 个 AE 组成的算术单元阵列、17 个存储体组成的并行存储器和两套互连网络(对准网络)形成了一条五级数据流水线，使连续几条向量指令能在时间上重叠起来执行。流水线结构如图 5.40 所示。五级的功能依次是：

(1) 由 17 个存储模块并行读出 16 个操作数。

(2) 经对准网络 NW1 将 16 个操作数重新排列成 16 个算术单元所需要的次序。

(3) 将重新排序的 16 个操作数送到 16 个 AE 组成的处理单元完成操作。

(4) 将所得的 16 个结果经对准网络 NW2 重新排列成在 17 个存储模块中保存所需要的次序。

(5) 写入并行存储器。

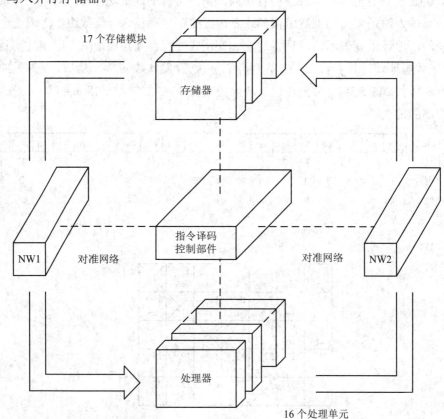

图 5.40　BSP 的五级数据流水线结构示意图

两套对准网络的作用分别是在读、写并行存储器时，使并行存储器中为保证无冲突访问而错开存放的操作数顺序能够与算术单元并行处理要求的正常顺序协调配合。整个流水线由统一的指令译码和控制部件进行控制。

这种流水线对提高系统处理效率有很大作用：第一，有效地实现了处理单元、存储器和互连网络在时间上重叠工作，在理想情况下能取得频宽的完全匹配；第二，可把大于 16

的任意长度的向量按 16 个分量的标准长度分为若干段，依次在时间上重叠起来进行处理；第三，实现不同向量指令的重叠执行。

BSP 把资源重复和时间重叠结合的做法，可以改善一般 SIMD 计算机在向量处理方面的性能。如突破向量处理机的性能随向量长度的增加才得到增强，或者向量处理机的性能取决于向量长度是否与高速寄存器组的容量或处理单元的数目相匹配等方面的局限性。相对而言，BSP 的处理效率较少受向量长度和指令建立时间的影响，所以对短向量的处理同样有利。另外，BSP 还采用标量指令与向量指令相重叠的技术，扩大了向量处理部分的功能。它把一条浮点标量指令看成是长度等于 1 的向量指令，或者把浮点标量指令序列看成是非线性向量操作序列，从而把浮点标量指令的处理也归入向量处理。在并行机改善了对短向量的处理效率的情况下，这样做有利于提高整个系统的实际处理速度，简化标量处理部件和方便编译。

在软件方面，BSP 的高水平指令系统对于显著改善其系统性能起着重要作用。它使用的高级数组指令形式，使高级机器语言与源程序配合较好，能够简化编译程序和控制部件的设计，与数据流水线协调工作。

BSP 有一个高效能的 FORTRAN 编译程序，具有很强的向量化功能，对程序中隐含的并行性能保证有较高的识别率。它不但适用于标准化的 FORTRAN 语言，而且还直接支持向量扩充的 FORTRAN 语言。向量化程序不但能够处理明显的数组操作，而且还能处理线性递归、循环内部的条件分支等进程，产生显著的加速效果。

本 章 小 结

并行处理机也称为阵列处理机。它是通过重复设置大量相同的处理单元 PE，在单一控制部件 CU 控制下，对各自分配的不同数据并行执行同一类型的操作，属于操作级并行的 SIMD 计算机。

本章讲述了具有分布式存储器结构和集中式共享存储器结构的两种并行处理机结构、并行处理机的特点以及并行算法。

互连网络是并行处理系统的核心组成部分，对并行处理系统的性能起着决定性的作用。本章阐述了互连网络的基本概念、互连函数和互连网络的特性参数；介绍了静态连接网络拓扑结构及特性，采用总线互连、交叉开关互连、多级网络互连等不同互连方式的动态连接网络拓扑结构。

最后简单介绍了几种典型的并行处理机系统的结构特点。

习 题 5

5-1 解释下列术语：

并行处理	互连网络	互连函数
结点距离	结点度	网络直径

等分带宽　　　　静态网络　　　　动态网络
交叉开关　　　　交叉开关网络　　多级互连网络
阻塞网络　　　　非阻塞网络　　　可重排非阻塞网络

5-2 简述实现并行性技术的途径。

5-3 列举 SIMD 并行处理机的主要特点。

5-4 SIMD 并行处理机在系统组成上应包含哪些部分和功能?

5-5 写出 16 台处理器由 ILLIAC 互连网络互连的互连函数。给出任意处理器 $PU_i(0\leqslant i\leqslant15)$ 与其他处理机直接互连的处理器的编号的一般表达式。

5-6 画出 16 台处理器用 ILLIAC 网络互连的互连结构图。若 PU_0 上的信息分别只经一步、二步和三步传送,能将信息传送到哪些处理器?分别写出这些处理器号。

5-7 设 16 个处理器编号分别为 0、1、…、15,用一个 $N=16$ 的互连网络互连,当互连网络实现的互连函数分别为

(1) $Cube_3$;　　　(2) $PM2_{+3}$;　　　(3) $PM2_{-0}$;

(4) Shuffle;　　　(5) Shuffle(Shuffle)

时,分别指出与第 13 号处理器连接的处理器。处理器 i 的输出通道连接互连网络的输入端 i,处理器 i 的输入通道连接互连网络的输出端 i。

5-8 阵列机 0~7 共八个处理单元互连,要求按(0,5)、(1,4)、(2,7)、(3,6)配对通信。

(1) 写出实现此功能的互连函数的一般式。

(2) 画出用三级立方体网络实现该互连函数的互连网络拓扑结构图,并标出各控制开关状态。

5-9 编号分别为 0、1、2、…、F 的 16 个处理器之间,要求按下列配对通信:(B,1)、(8,2)、(7,D)、(6,C)、(E,4)、(A,0)、(9,3)、(5,F)。试选择所用互连网络类型、控制方式,并画出该互连网络的拓扑结构,说明各级交换开关状态图。

5-10 画出端号为 0、1、…、F 共 16 个处理器之间实现多级立方体互连的互连网络,当采用级控制信号为 1100(从右至左分别控制第 0 级至第 3 级)时,9 号处理器连向哪个处理器?

5-11 试画出 $N=8$ 的三级 STARAN 网络。若要同时实现 0→2 和 3→5 的连接,问是否可以采用级控制方式?为什么?

5-12 对于采用级控制的三级立方体网络,当第 i 级($0\leqslant i\leqslant2$)为直连状态时,不能实现哪些结点之间的通信?为什么?反之,当第 i 级为交换状态呢?

5-13 画出 0~7 号共八个处理器的三级混洗交换网络,在该图上标出实现将 6 号处理器数据播送给 0~4 号,同时将 3 号处理器数据播送给其余三个处理器时的各有关交换开关的控制状态。

5-14 并行处理机有 16 个处理器,要实现相当于先四组四元交换,然后是两组八元交换,再次是一组 16 元换的交换函数功能,请写出此时各处理器之间所实现的互连函数的一般式,画出相应多级网络拓扑结构图,标出各级交换开关的状态。

5-15 具有 $N=2^n$ 个输入端的 Omega 网络,采用单元控制。

(1) N 个输入端总共可有多少种不同的排列?

(2) 该 Omega 网络通过一次可以实现的置换有多少种是不同的？

(3) 若 $N = 8$，计算出一次通过能实现的置换数占全部排列数的百分比。

5-16　给出 $N = 8$ 的蝶式变换如图 5.43 所示。

(1) 写出互连函数关系式。

(2) 如采用 Omega 网络，需几次通过才能完成此变换？

(3) 列出 Omega 网络实现此变换的控制状态图。

5-17　在 16 台 PE 的并行处理机上，要对存放在 M 个分体并行存储器中的 16×16 二维数组实现行、列、主对角线、次对角线上各元素均无冲突访问，要求 M 至少为多少？此时数组在存储器中应如何存放？写出其一般规则。证明这样存放，同时也可以无冲突访问该二维数组中任意 4×4 子数组的各个元素。

5-18　分别计算在下列各处理机中，计算点积

$$S = \sum_{i=1}^{8} a_i \cdot b_i$$

所需的时间及相对于顺序处理方式的加速比。

(1) 顺序处理方式的处理机。

(2) 具有一个流水加法器和一个流水乘法器的流水处理机，且加法器和乘法器可以同时工作。

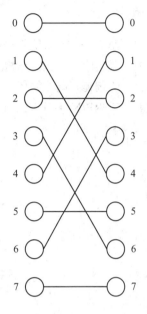

图 5.43　$N = 8$ 的蝶式变换

(3) 八个处理单元之间用双向环互连的并行处理机，相邻 PE 之间传送一次数据所需时间 Δt。

(4) 8×8 的 ILLIAC-IV 阵列处理机，且相邻处理单元之间传送一次数据需时 Δt。

假设各处理机或处理单元取数和存数的时间忽略不计，完成一次加法需时 $2\Delta t$，完成一次乘法需时 $4\Delta t$。

参 考 文 献

[1]　李学干. 计算机系统结构. 5 版. 西安：西安电子科技大学出版社，2011.

[2]　张晨曦，等. 计算机系统结构教程. 3 版. 北京：清华大学出版社，2021.

[3]　陈国良，等. 并行计算机体系结构. 2 版. 北京：高等教育出版社，2021.

[4]　CARPINELLI J D. 计算机系统组成与体系结构. 李仁发，等译. 北京：人民邮电出版社，2003.